热带气旋年鉴

2017

中国气象局　编

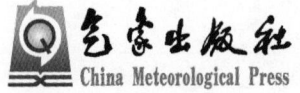

图书在版编目（CIP）数据

热带气旋年鉴 . 2017 / 中国气象局编 . -- 北京：气象出版社，2019.11

ISBN 978-7-5029-7073-4

Ⅰ. ①热… Ⅱ. ①中… Ⅲ. ①北太平洋–低压（气象）– 2017 – 年鉴 Ⅳ. ① P732.3-54

中国版本图书馆 CIP 数据核字（2019）第 232982 号

审图号：GS（2019）4813 号

Redai Qixuan Nianjian 2017

热带气旋年鉴 2017

中国气象局　编

出版发行：	气象出版社		
地　　址：	北京市海淀区中关村南大街 46 号	邮政编码：	100081
电　　话：	010-68407112（总编室）　010-68408042（发行部）		
网　　址：	http://www.qxcbs.com	E – mail：	qxcbs@cma.gov.cn
责任编辑：	隋珂珂	终　　审：	吴晓鹏
责任校对：	王丽梅	责任技编：	赵相宁
封面设计：	博雅思企划		
印　　刷：	北京中科印刷有限公司		
开　　本：	889mm×1194mm　1/16	印　　张：	14.5
字　　数：	372 千字	彩　　插：	8
版　　次：	2019 年 11 月第 1 版	印　　次：	2019 年 11 月第 1 次印刷
定　　价：	300.00 元		

本书如存在文字不清、漏印以及缺页、倒页、脱页等，请与本社发行部联系调换。

《热带气旋年鉴》编委会

主　　编：白莉娜

副 主 编：万日金　鲁小琴　许映龙　赵兵科　徐　明
　　　　　张　维

技术顾问：雷小途　余　晖　钱传海　蔡亲波　林良勋
　　　　　林　毅　高安宁　曹晓岗　潘劲松

前 言

热带气旋是热带或副热带洋面上出现并可能移向陆地的急速旋转的大气涡旋系统,也是影响我国的主要灾害性天气系统之一。在其活动的过程中,伴随有狂风、暴雨、巨浪和风暴潮。热带气旋影响陆地时,虽有解除部分地区干旱的作用,但也会给人民生命财产造成巨大损失。

我国北起辽宁,南至海南、广东、广西沿海一带,每年都有可能遭受热带气旋的袭击,其中又以登陆海南、广东、福建、浙江、台湾五省的热带气旋次数为最多。

自新中国成立以来,我国探测热带气旋的手段逐渐增多,热带气旋科研工作也取得了一定的成绩,热带气旋预报水平不断提高。为了适应农业、工业、国防和科学技术现代化的需要,满足各级气象业务服务及科研、国防、经济建设等要求,中国气象局上海台风研究所受中国气象局委托具体负责整编出版《热带气旋年鉴》。《热带气旋年鉴》(原名《台风年鉴》)自1949年起,每年出版一册,一直持续至今。

承蒙中国气象局国家气象中心、国家卫星气象中心、各有关省(区、市)的气象局及有关气象台(站)、民政部国家减灾中心的大力支持和协助,使得本年鉴中的热带气旋路径、降水、大风、卫星云图、灾情等资料的整编得以顺利完成,在此一并表示感谢。

《热带气旋年鉴2017》撰写工作由中国气象局上海台风研究所白莉娜、张维、万日金等完成,图幅由鲁小琴、白莉娜完成。2017年热带气旋最佳路径定位定强由白莉娜、鲁小琴(上海台风研究所)、许映龙(国家气象中心)、蔡亲波(海南气象台)、林良勋(广东气象台)、林毅(福建气象台)、高安宁（广西气象台）、曹晓岗（上海气象台）和潘劲松（浙江气象台）等完成。2017年热带气旋在我国影响时的降水、大风分布由万日金、张维完成。

《热带气旋年鉴2017》的内容包括热带气旋概况、路径、大风区域演变图、卫星云图，以及热带气旋在我国影响时的降水、大风分布和引发的灾情，还包括热带气旋的相关资料和图表。

说　明

1. 基本说明

本年鉴主要整编西北太平洋和南海的热带气旋概况、热带气旋路径、卫星云图、大风区域演变情况，热带气旋在我国影响时的降水量和大风的分布图以及灾情等基本资料。根据《热带气旋等级》国家标准（GB/T 19201—2006），热带气旋分为以下六个等级：

（1）热带低压（Tropical depression）：

底层中心附近最大平均风速达到 10.8 ~ 17.1 m/s（相当于风力 6 ~ 7 级）。

（2）热带风暴（Tropical storm）：

底层中心附近最大平均风速达到 17.2 ~ 24.4 m/s（相当于风力 8 ~ 9 级）。

（3）强热带风暴（Severe tropical storm）：

底层中心附近最大平均风速达到 24.5 ~ 32.6 m/s（相当于风力 10 ~ 11 级）。

（4）台风（Typhoon）：

底层中心附近最大平均风速达到 32.7 ~ 41.4 m/s（相当于风力 12 ~ 13 级）。

（5）强台风（Severe typhoon）：

底层中心附近最大平均风速达到 41.5 ~ 50.9 m/s（相当于风力 14 ~ 15 级）。

（6）超强台风（Super typhoon）：

底层中心附近最大平均风速达到 ≥ 51.0 m/s（相当于风力 16 级或以上）

本年鉴所用时间一律为北京时（特别标注除外）。

2. 热带气旋的概述及特点

统计表（表 1.1.1 ~ 表 1.1.7）中的"常年平均"均指 1951—2010 年 60 年的气候平均值。

3. 热带气旋中心位置资料表

（1）"中心气压"指热带气旋中心附近海平面最低气压。

（2）"最大风速"指热带气旋底层中心附近最大 2 分钟平均风速。

（3）"△"表示热带气旋已变性为温带气旋。

4. 热带气旋纪要表

（1）"发现点"指热带气旋路径的起始点，由于资料所限，此点不一定是它真正的源地。

（2）热带气旋在我国的登陆地点，一般精确到县或市，如广东徐闻，即广东省徐闻县。登陆地点也可跨县或市，如台湾新港花莲。除台湾、舟山、香港、海南以外，我国沿海岛屿都不作为登陆地点处理。热带气旋在我国登陆后越过海面，再次在我国登陆，则依次列出登陆地点。

（3）"转向"指路径总的趋向由偏西方向转为向偏东方向移动。

东转向：东经 140° 以东转向。中转向：东经 125° ~ 140° 之间转向。西转向：东经 120° ~ 125°

之间转向。南海转向：在南海海面或台湾海峡转向。登陆转向：在我国登陆后转向。

5. 热带气旋降水

（1）热带气旋和其他天气系统共同造成的降水，仍列入整编。

（2）"日降水量图"指前一日 20 时—当日 20 时的降水总量分布。

"总降水量图"指一次热带气旋过程在我国引起的降水总量分布。按 10 mm、25 mm、50 mm、100 mm、200 mm……等级分析等雨量线，如等值线很密时可跨级分析。大的降水中心，一般标注其最大的总降水量数值。

（3）"降水日数图"指一次热带气旋过程在我国引起的降水总量 ≥ 10 mm 的降水日数分布图。

（4）我国沿海岛屿的总降水量和降水日数，由于距离陆地较远，不进行分析，用数字标注。

6. 热带气旋大风

（1）热带气旋与其他天气系统共同造成的大风，仍列入整编。

（2）"大风区域演变图"指热带气旋过程中逐日的大风区域演变。本年鉴大风区是根据卫星微波遥感洋面风信息 ASCAT 资料分析而成，图中标注的是日期，时间为每一天 08 时；点线表示 6 级风以上区域，点短划线表示 8 级风以上区域，直线表示 10 级风以上区域。

7. 灾情

由中国民政部国家减灾中心提供。

8. 云图

卫星云图根据中国气象局国家卫星气象中心下发的 FY-2 系列绘制。

9. 500 hPa 高度场

采用 NCEP/NCAR 再分析格点（2.5° × 2.5°）资料绘制。

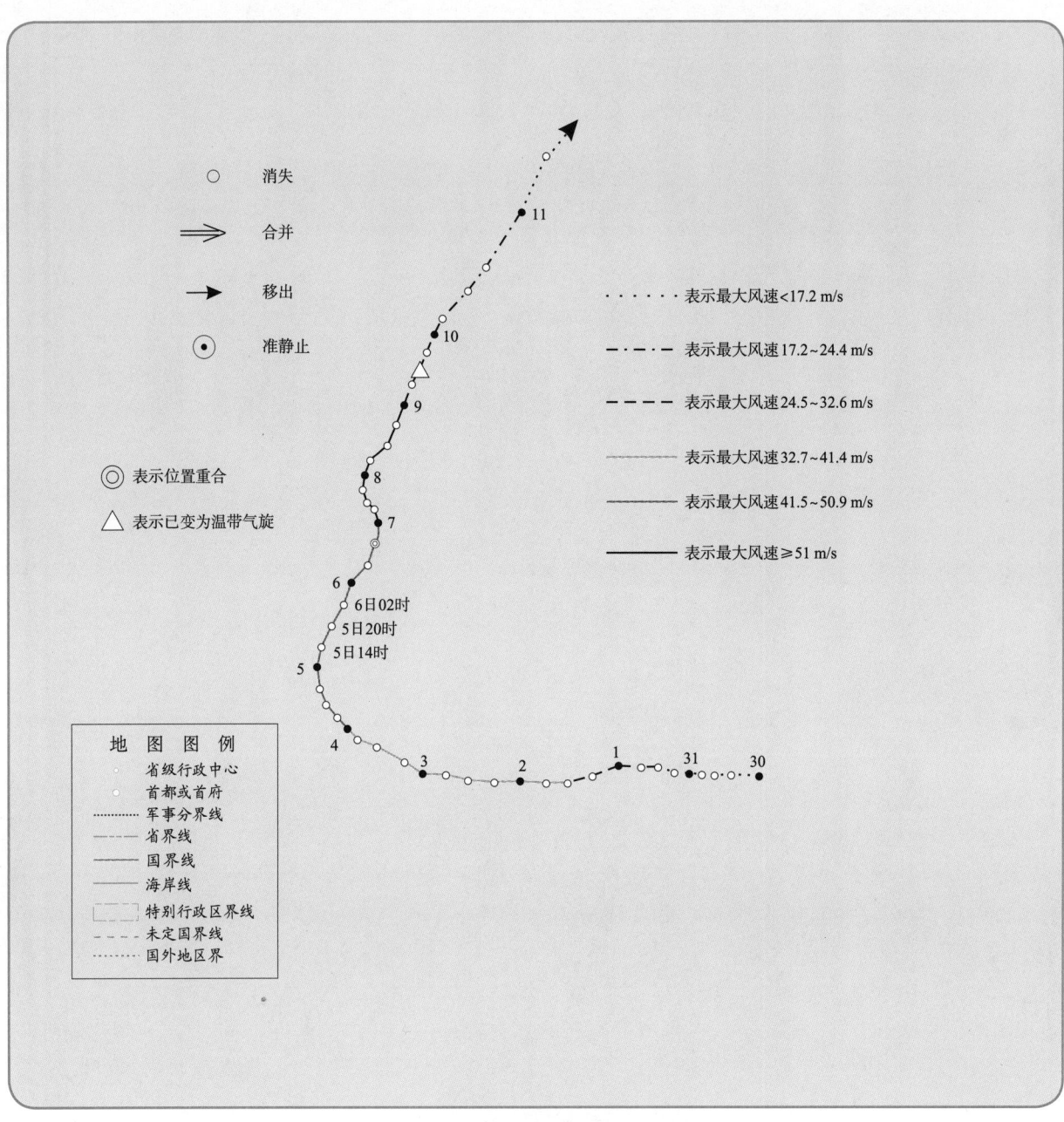

热带气旋路径图例

目 录

前 言
说 明
热带气旋路径图例

1 2017年热带气旋概述
1.1 2017年热带气旋活动特点及影响 ···（3）
1.2 2017年热带气旋纪要表 ··（13）
1.3 2017年登陆我国的热带气旋纪要表 ······································（15）
1.4 2017年热带气旋对我国的影响简表 ······································（15）
1.5 2017年热带气旋编号、名称、日期对照表 ······························（20）

2 2017年逐个热带气旋概述
2.1 热带低压（TD1701）···（25）
2.2 热带风暴"梅花"（Muifa）··（28）
2.3 强热带风暴"苗柏"（Merbok）···（32）
2.4 强热带风暴"南玛都"（Namadol）······································（38）
2.5 强热带风暴"塔拉斯"（Talas）···（44）
2.6 超强台风"奥鹿"（Noru）···（51）
2.7 热带风暴"玫瑰"（Kulap）··（58）
2.8 热带风暴"洛克"（Roke）···（62）
2.9 热带风暴"桑卡"（Sonca）··（67）
2.10 台风"纳沙"（Nesat）···（73）
2.11 热带风暴"海棠"（Haitang）··（83）
2.12 热带风暴"尼格"（Nalgae）···（95）
2.13 强台风"榕树"（Banyan）··（99）
2.14 超强台风"天鸽"（Hato）··（102）
2.15 强热带风暴"帕卡"（Pakhar）··（111）
2.16 台风"珊瑚"（Sanvu）··（118）
2.17 强热带风暴"玛娃"（Mawar）··（123）
2.18 热带风暴"古超"（Guchol）···（129）

2.19 超强台风"泰利"（Talim） ……………………………………………………（134）
2.20 强台风"杜苏芮"（Doksuri） …………………………………………………（141）
2.21 热带风暴"未命名" ……………………………………………………………（147）
2.22 热带低压（TD1702） …………………………………………………………（152）
2.23 强台风"卡努"（Khanun） ……………………………………………………（158）
2.24 超强台风"兰恩"（Lan） ………………………………………………………（165）
2.25 台风"苏拉"（Saola） …………………………………………………………（170）
2.26 强台风"达维"（Damrey） ……………………………………………………（176）
2.27 热带风暴"海葵"（Haikui） ……………………………………………………（181）
2.28 热带风暴"鸿雁"（Kirogi） ……………………………………………………（186）
2.29 热带风暴"启德"（Kai-tak） …………………………………………………（190）
2.30 台风"天秤"（Tembin） ………………………………………………………（194）

附录A 台风委员会西北太平洋和南海热带气旋命名方案 ………………………………（199）
附录B 2017年热带气旋在西北太平洋和南海活动时的气象卫星云图 …………………（205）

1 2017年热带气旋概述

1.1 2017年热带气旋活动特点及影响

1.1.1 2017年热带气旋活动特点

(1) 热带气旋生成时段集中,南海台风明显偏多

2017年西北太平洋和南海的热带气旋共有30个,其中超强台风4个,强台风4个,台风4个,强热带风暴5个,热带风暴11个,热带低压2个(图1.1.1、表1.1.1)。

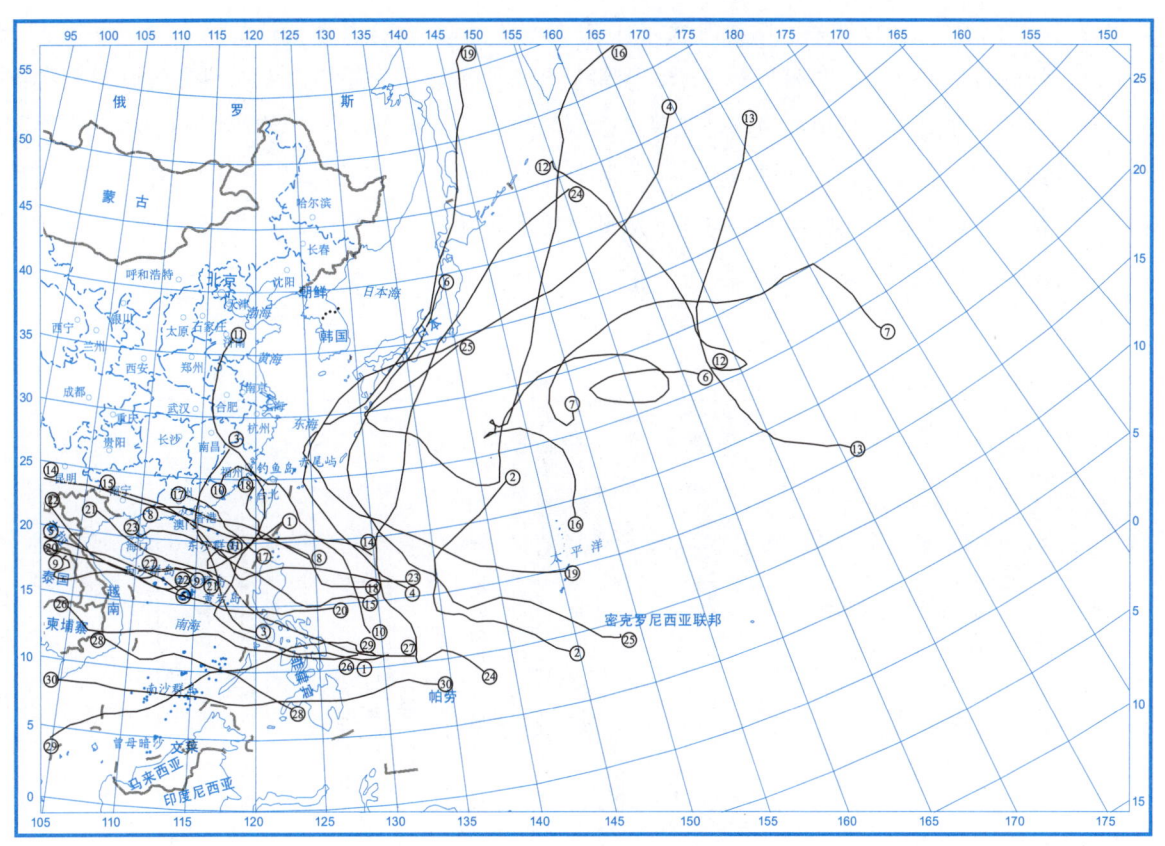

图1.1.1 2017年热带气旋路径图

从2017年西北太平洋和南海的热带气旋(除热带低压外)生成月际分布看(图1.1.2),4月、8月和10月与常年平均基本持平,6月、9月、11月较常年偏少,12月略偏多,7月明显多于常年,尤其在下旬有"奥鹿"(Noru)和"玫瑰"(Kulap)、"洛克"(Roke)和"桑卡"(Sonca)、"海棠"(Haitang)和"纳沙"(Nesat)6个热带气旋两两形成,十分罕见。

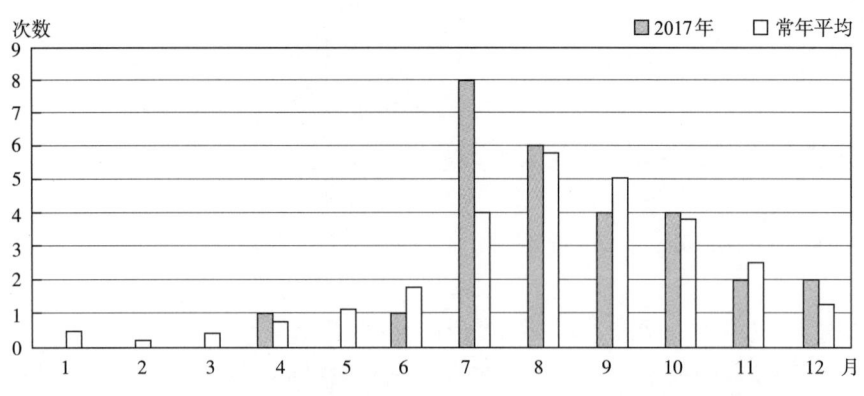

图 1.1.2　西北太平洋和南海台风、强热带风暴、热带风暴出现次数

2017年南海台风活跃度明显。南海海域共有19个热带气旋活动，其中超强台风1个、强台风3个、台风1个、强热带风暴4个、热带风暴8个、热带低压2个。热带风暴级以上的热带气旋出现次数明显多于常年平均，在南海海域生成为热带风暴级以上的热带气旋有11个，另有6个则由西北太平洋移入南海海域，共有17个，占全年总数的60.7%。月际分布与常年相比，南海海域1—5月没有热带气旋（除热带低压）活动，6月和9月与常年平均基本持平，10月偏少于常年平均，7月、8月、11月和12月比常年平均偏多（图1.1.3、表1.1.2）。

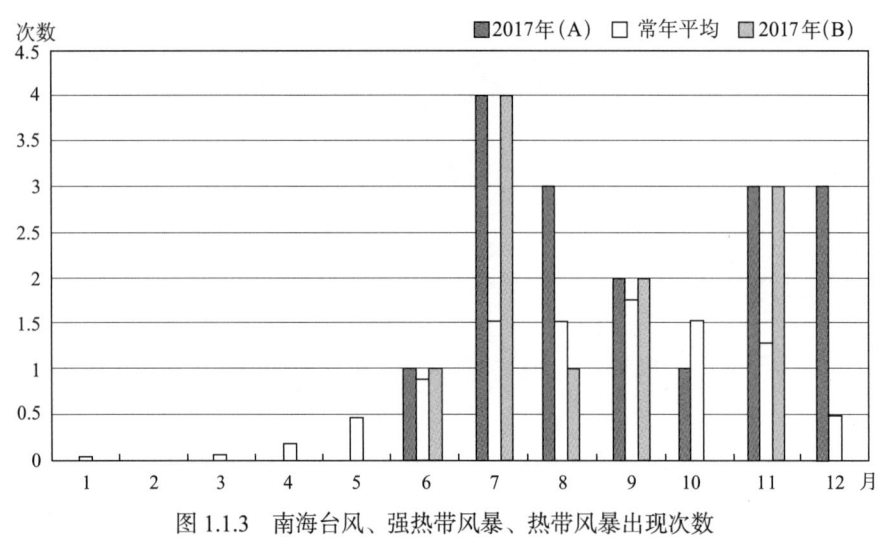

图 1.1.3　南海台风、强热带风暴、热带风暴出现次数

注：（A）西北太平洋进入南海和南海产生的台风、强热带风暴、热带风暴出现次数；
（B）南海产生的台风、强热带风暴、热带风暴或由西北太平洋产生的热带低压移入南海后加强为热带风暴级的出现次数。

（2）热带气旋生成源地偏西

2017年西北太平洋热带气旋生成源地偏西，其中135°E以西生成的热带气旋共21个，占了全年个数的 70%，其中菲律宾以东至 135°E 海域生成的热带气旋数占全年个数的 43.3%；135°E～150°E 海域生成的热带气旋共 5 个，占全年个数的 16.7%；160°E～180°E 海域生成的热带气旋共 4 个，占全年个数的 13.3%（图 1.1.4）。

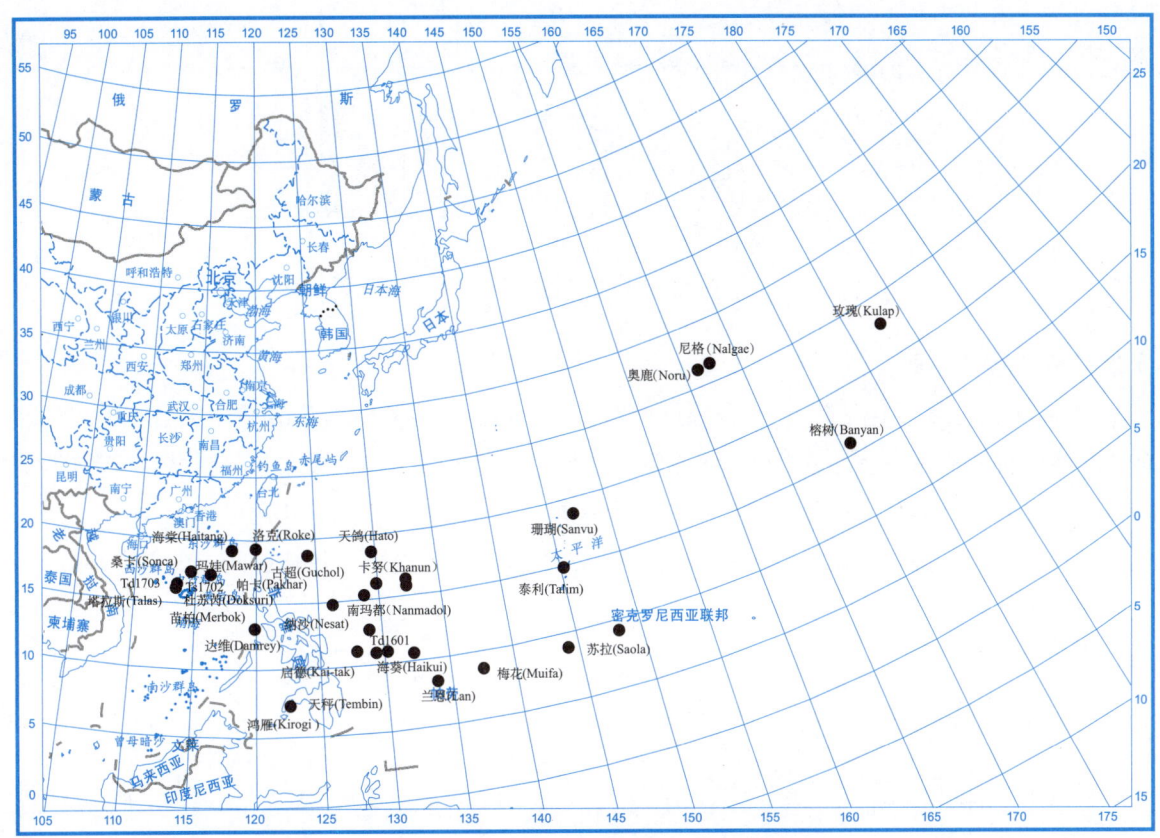

图 1.1.4　2017 年热带气旋生成源地位置图

2017 年热带气旋（除热带低压外）在西北太平洋海域生成源地最南的是第 1725 号热带风暴"鸿雁"（Kirogi），生成位置为（7.3°N、122.5°E）；最北的是 1711 号热带风暴"尼格"（Nalgae），源地在（26.5°N、162.4°E）；生成源地最西的是第 1704 号强热带风暴"塔拉斯"（Talas），形成于（16.2°N、113.3°E）；生成源地最东的是第 1706 号热带风暴"玫瑰"（Kulap），形成于（22.9°N、177.8°E）。

（3）热带气旋路径趋势以西和西北行为主

2017 年生成的热带气旋路径趋势以西行（12 个）和西北行（6 个）为主，其次为中转向 4 个、东转向 2 个、西转向 2 个，登陆后转向 1 个，南海转向 1 个，北行路径（2 个）。从转向路径的月际分布来看，4 月和 6 月转向路径多于常年平均，7—10 月少于常年平均，其余月份转向路径均未出现（图 1.1.5、表 1.1.3）。

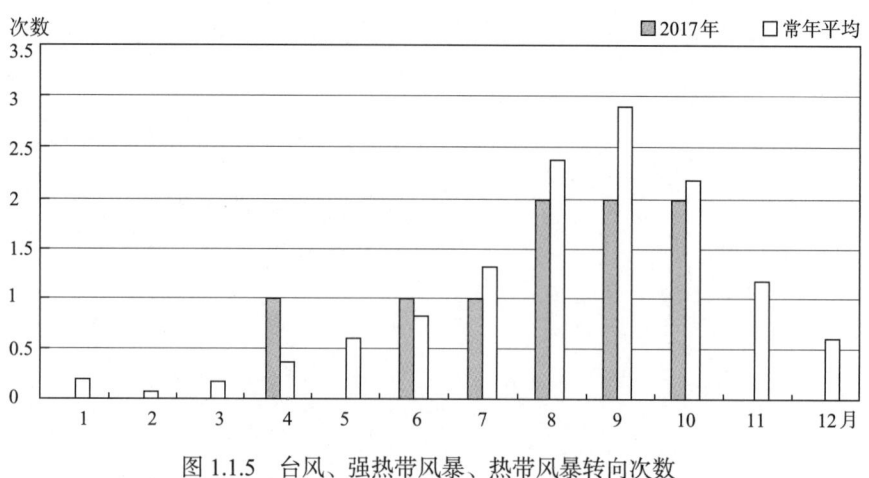

图1.1.5　台风、强热带风暴、热带风暴转向次数

（4）热带气旋强度偏弱

2017年热带气旋（不包括热带低压）强度偏弱，强台风偏少。热带风暴和强热带风暴有16个，台风、强台风和超强台风各为4个，热带风暴级的近中心最大风速极值频率（39.23%）明显高于常年平均值（14.92%）；强热带风暴以上风级的近中心最大风速极值频率都低于常年平均值（图1.1.6、表1.1.4）。但从图1.1.6看，在强台风42～45 m/s和超强台风52～55 m/s这两个风速区间内的近中心最大风速极值频率高于常年平均值。

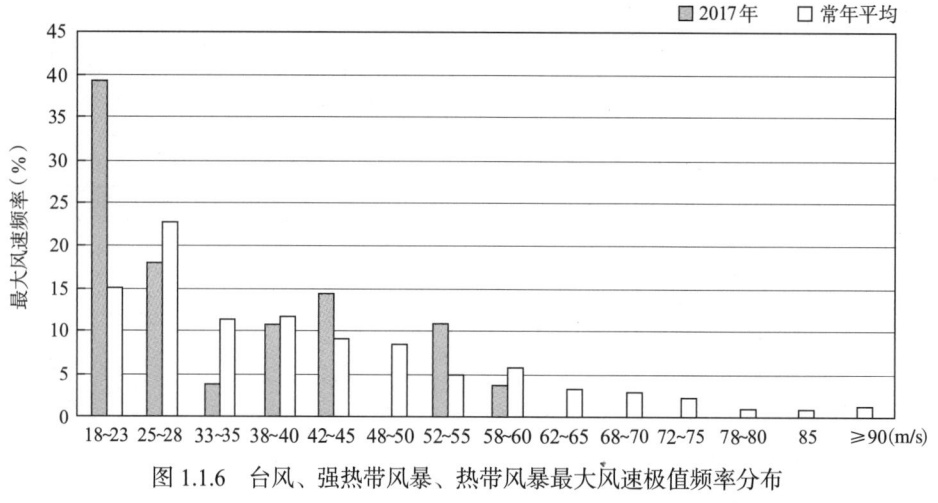

图1.1.6　台风、强热带风暴、热带风暴最大风速极值频率分布

近中心最低气压极值以990～999 hPa的频率最多，占全年频率总数的35.71%。近中心最低气压极值大于1000 hPa、980～989 hPa、960～969 hPa、920～929 hPa与常年平均值基本持平，950～959 hPa、930～939 hPa大于常年平均值，其余各级的频率小于常年平均值（图1.1.7、表1.1.5）。

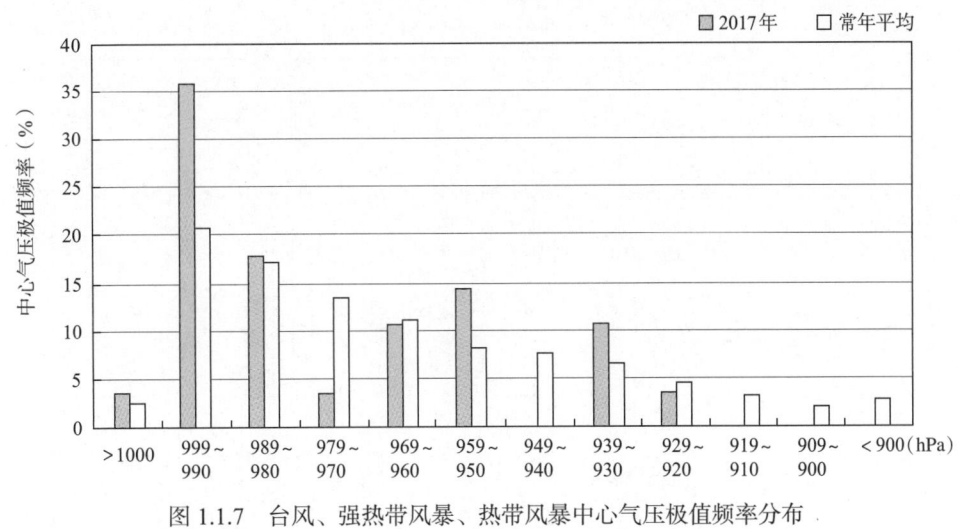

图 1.1.7 台风、强热带风暴、热带风暴中心气压极值频率分布

（5）热带气旋生命史偏短

2017 年热带气旋持续时间偏短。本年度中热带气旋生命史 7 天之内的共有 21 个，占总数的 75%（不含热带低压），其中 5 天之内占总数的 50%；8～9 天的共有 5 个，占总数的 18%；超过 10 天以上的仅有 2 个，占总数的 7%。持续时间最长的是第 1705 号超强台风"奥鹿"（Noru），它于 7 月 20 日 02 时在位于 23.4°N、161.2°E 度附近洋面上生成，生成后从 7 月 21 日开始在西北太平洋上以逆时针方向回旋一圈后，于 7 月 26 日向偏西方向移动，之后路径又向南，7 月 31 日转向西北方向移动，8 月 5 日再折向东北方向移动，9 日在日本海海域消散。超强台风"奥鹿"（Noru）是 2017 年路径最曲折的一个台风，生命史也属最长的，历经 20.5 天。持续时间最短的第 21 号"未命名"的热带风暴，它于 9 月 23 日 20 时在南海生成，生成后路径向西北偏西方向移动，25 日夜间在越南北部境内减弱消散。第 21 号"未命名"从生成到消亡历经仅 2 天。

（6）登陆地段偏南、登陆强度偏弱

2017 年登陆我国的热带气旋有 9 个，共有 11 次登陆，基本与常年持平。从月分布看，热带气旋登陆集中在 6—10 月，7 月和 10 月登陆频次要多于常年，6 月和 9 月登陆频次基本与常年持平常年，8 月登陆频次要少于常年。热带气旋登陆广东 5 次、香港 1 次，台湾 2 次，海南 1 次、福建 2 次，登陆地偏南。登陆时热带气旋的强度总体上偏弱，热带气旋登陆时有 1 次为强台风级，2 次为台风级，3 次为强热带风暴级，5 次为热带风暴级（图 1.1.8、表 1.1.6 和表 1.1.7）。2017 年登陆时强度最强的热带气旋为 1713 号"天鸽"，登陆广东珠海时中心风速达 48 m/s，945 hPa。

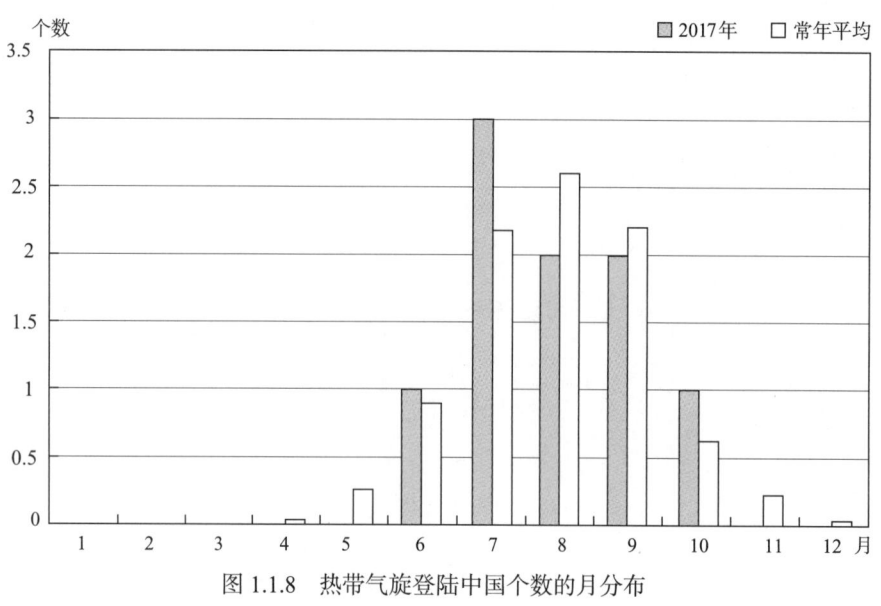

图 1.1.8　热带气旋登陆中国个数的月分布

（7）2017 年最有特点的台风

超强台风"奥鹿"（Noru）是 2017 年路径最为曲折的一个台风，且生命史也最长，历经 20.5 天。超强台风"天鸽"（Hato）是 2017 年登陆我国强度最强的一个台风，在登陆广东珠海前约一个半小时强度为超强台风级，且在近海区域强度增速快，27 个小时内增强了 27m/s，是 2017 年在西太平洋上强度增速最快的一个台风。超强台风"泰利"（Talim）从生成到消散共跨越了 42 个纬度，是 2017 年台风轨迹纬度跨度最大的一个。超强台风"兰恩"是 2017 年强度最强的一个台风，超强台风级的维持时间 30 个小时。

1.1.2　2017 年严重影响我国的热带气旋概况

2017 年共有 8 个热带气旋影响我国大陆，分别在广东、福建、江西、海南、云南、河北、山东、河南、湖南、广西、贵州、浙江的 12 个省（区）引发了不同程度的灾情和经济损失，总计受灾人数达到 587.9 万人，死亡人口 35 人，失踪人口 9 人，紧急转移人口 109.1 万人，农作物受灾面积达到 394 千公顷，绝收面积 21.5 千公顷，倒塌房屋 3900 间，直接经济损失达到 346.2 亿元。其中超强台风"天鸽"（Hato）是 2017 年影响我国时造成的灾情和经济损失最为严重的台风。

第 1713 号超强台风"天鸽"（Hato）是由 8 月 20 日凌晨位于菲律宾吕宋岛北部以东约 760 km 的西北太平洋洋面上一个热带低压发展形成。形成后低压中心向西北方向移动，20 日下午增强为热带风暴，之后转向偏西方向移动，22 日进入南海东北部海域，早晨增强为强热带风暴，17 时在南海海域已增强为台风，并转向西北方向移动，逐渐靠近广东沿海，23 日早晨增强为强台风，3 小时后强度近一步增强为超强台风级。"天鸽"（Hato）于 23 日 12 点 35 分在广东珠海登陆，登陆时近中心附近最大风速为 48 m/s（14 级），近中心最低气压为 945 hPa。登陆后向西北偏西方向移动，强度迅速减弱，当晚强度减弱为强热带风暴，24 日凌晨在广西境内减弱为热带风暴，下午减弱为热带低压并继续向西北偏西方向移动，25 日上午在云南西部境内消散。

受超强台风"天鸽"（Hato）和西南季风的影响，8 月 21—24 日，广东大部、广西部分、云南部分、贵州贞丰和瓮安、湖南郴州、南岳和桃江、福建安溪和晋江、重庆璧山和渝北、湖北宜昌、安徽黄山、浙江临安出现最大风力6～7级、阵风7～11级；广东珠江口西侧大部、福建九仙山出现最大风力8～9级、阵风10～13级；广东上川岛出现最大风力10级、阵风12级；广东珠海出现最大风力11级（29.9 m/s）、阵风16级（51.9 m/s），为本次超强台风影响过程的风极值。

受其影响，8月21—25日，海南、广东中部及北部、广西东北部、云南部分、贵州大部、重庆大部、四川中东部部分、湖南北部部分和南部部分、江西中南部部分、福建部分、浙江东南部沿海大部、湖北南部部分及北部局部、陕西南部局部、江苏江都、安徽南部局部、河南南部局部总雨量为10～50 mm；海南乐东、广东西部和东南部以及珠三角部分、广西大部及涠洲岛、云南部分、贵州西部部分、重庆西部部分和南部局部、四川中东部部分、湖南石门、河南光山、福建东南部总雨量为50～150 mm；广东西南部部分及海丰、广西东南部部分、云南西畴和大关、四川中部局部和珙县总雨量为150～256 mm；其中，广东阳春总雨量256.1 mm，为本次超强台风影响过程的总雨量极值。

8月22日，受其外围环流影响，广东局部出现大到暴雨，广东新会20时雨量70.4 mm，为本次超强台风影响过程时雨量极值；23日，受其登陆环流影响，广东南部出现大到暴雨，局部大暴雨，广西南部、涠洲岛也出现暴雨；24日，随着台风西移，海南局部、广东西南部、广西中南部大部、云南东南部、贵州西部以及四川东南部、重庆局部出现暴雨到大暴雨，其中广东雷州、广西东南部分和西南局部出现100 mm以上的大暴雨。广西浦北日降雨量到达180.2 mm，为本次超强台风影响时的日降雨量极值；25日，受其减弱环流影响，广西沿海局部、云南南部部分和四川中南部部分地区出现暴雨到大暴雨，局部大暴雨。

超强台风"天鸽"（Hato）是2017年登陆我国台风强度最强的一个台风，在登陆前约一个半小时强度为超强台风级，且在近海区域强度增速快，从22日08时到23日11时中增强了27 m/s，是2017年在西太平洋上强度增速最快的一个台风。"天鸽"（Hato）以强盛的态势正面袭击广东珠三角，带来强风和暴雨。

受超强台风"天鸽"（Hato）的影响，福建、湖南、广东、广西、贵州和云南省（区）出现了一定程度的灾情，总计受灾人数达到247.8万人，死亡人口23人，失踪人口9人，紧急转移人口23.7万人，农作物受灾面积达到123.2千公顷，绝收面积11千公顷，倒塌房屋2000间，直接经济损失达到290.3亿元（详情见表2.14.2）。此外，"天鸽"（Hato）重创澳门特别行政区，造成10人遇难，244人受伤，直接经济损失达到83.1亿澳门元。

表1.1.1　近十年西北太平洋台风、强热带风暴、热带风暴出现次数（2008—2017年）

年\月	1	2	3	4	5	6	7	8	9	10	11	12	合计
2008				1	4	1	2	4	4	2	3	1	22
2009					2	2	4	4	7	3	1		23
2010				1			2	5	4	2			14
2011					2	3	4	3	7	1		1	21
2012				1	1	4	4	5	5	3	1	1	25
2013	1	1				4	3	7	7	8			31

(续表)

年\月	1	2	3	4	5	6	7	8	9	10	11	12	合计
2014	2	1		2		2	5	1	5	2	2	1	23
2015	1	1	2	1	2	2	4	4	4	4	1	1	27
2016							4	8	6	5	2	1	26
2017				1		1	8	6	4	4	2	2	28
常年平均	0.43	0.18	0.38	0.72	1.12	1.75	4.00	5.77	5.03	3.80	2.48	1.25	26.92

表1.1.2 近十年南海台风、强热带风暴、热带风暴出现次数（2008—2017年）

年\月	1	2	3	4	5	6	7	8	9	10	11	12	合计
2008（A）				1	1	1		2	2	1	2		10
2009（A）						1	2	2	1	3	2		11
2010（A）							2	2	1	1			6
2011（A）						2	1		2	2		1	8
2012（A）			1			2	1	2	1	1	1	1	10
2013（A）	1	1				2	2	2	2	2	2		14
2014（A）			1			2	1		2	1		2	9
2015（A）			1			1	1		1	2		1	7
2016（A）							2	1	2	3	1	1	10
2017（A）						1	4	3	2	1	3	3	17
常年平均	0.03	0.00	0.05	0.17	0.47	0.88	1.53	1.52	1.75	1.52	1.28	0.48	9.68
2008（B）					1	1		1	1	1	2		7
2009（B）						1	1	1	1	2			6
2010（B）								1	2	1			4
2011（B）							2		1				3
2012（B）			1				1	1	1				4
2013（B）		1					1	1	1	1	1		6
2014（B）							1				1		2
2015（B）							1		1				2
2016（B）								1	1	1			3
2017（B）						1	4	1	2		3		11

注：（A）西北太平洋进入南海和南海产生的台风、强热带风暴、热带风暴出现次数；
（B）南海产生的台风、强热带风暴、热带风暴或由西北太平洋产生的热带低压移入南海后增强为热带风暴级的出现次数。

1 2017年热带气旋概述

表1.1.3 近十年台风、强热带风暴、热带风暴转向次数（2008—2017年）

年\月	1	2	3	4	5	6	7	8	9	10	11	12	合计
2008				1	1	1	1		2	2		1	9
2009								4	1	3			8
2010								1	4	2			7
2011					2	1	1	2	2				8
2012					1	2	1	1	2	3	1		11
2013							1	1	2	5			9
2014						1	2	1	3	2	1		10
2015					2		1	4	3	2	1		13
2016								2	3	3	2		10
2017				1		1	1	2	2	2			9
常年平均	0.20	0.08	0.18	0.38	0.62	0.83	1.32	2.37	2.90	2.17	1.17	0.62	12.83

表1.1.4 近十年台风、强热带风暴、热带风暴中心最大风速极值频率分布（2008—2017年）

年\风速(m/s) 频率(%)	18~23	25~28	33~35	38~40	42~45	48~50	52~55	58~60	62~65	68~70	72~75	78~80	85	≥90	合计
2008	36.36	13.64	9.09	9.09	9.09	9.09	9.09		4.55						100
2009	21.74	21.74	8.70	17.39	4.35	4.35	4.35	4.35	8.70	4.35					100
2010	14.29	28.58	21.43		14.29	7.14	7.14				7.14				100
2011	38.10	23.81	9.52		4.76	4.76	4.76	4.76	9.52						100
2012	12.00	28.00	4.00	12.00	16.00	8.00	4.00	8.00	8.00						100
2013	29.03	22.58	6.45	3.23	12.90	6.45	3.23	9.68	3.23			3.23			100
2014	26.09	26.09	4.35		8.70	4.35	4.35	4.35	4.35	13.04	4.35				100
2015	14.81	7.41	7.41		11.11	3.70	25.93	14.81	11.11	3.70					100
2016	30.77	19.23	3.85	0.00	7.69	7.69	11.54	3.85	3.85	3.85	7.69				100
2017	39.29	17.86	3.57	10.71	14.29	0	10.71	3.57	0	0	0	0	0	0	100
常年平均	14.92	22.73	11.39	11.58	8.98	8.48	4.95	5.70	3.34	2.79	2.35	0.93	0.74	1.12	100

表 1.1.5 近十年台风、强热带风暴、热带风暴中心气压极值频率分布（2008—2017 年）

频率(%) 气压(hPa) 年	1004~1000	999~990	989~980	979~970	969~960	959~950	949~940	939~930	929~920	919~910	909~900	<900	合计
2008	4.55	31.82	13.64	9.09	9.09	9.09	9.09	9.09		4.55			100
2009		21.74	17.39	8.70	17.39	8.70	4.35	4.35	4.35	8.70	4.35		100
2010		21.43	21.43	21.43		14.29	7.14	7.14				7.14	100
2011	4.76	28.57	19.05	14.29		4.76	4.76	9.52	4.76	9.52			100
2012		12.00	24.00	8.00	20.00	8.00	8.00		8.00	12.00			100
2013	12.90	12.90	22.58	6.45	3.23	12.90	9.68	3.23	6.45	6.45		3.23	100
2014	4.35	21.74	26.09	4.35	4.35	4.35	4.35	4.35	4.35	4.35	13.04	4.35	100
2015		18.52	3.70	7.41		11.11	7.41	33.33	7.41	7.41	3.70		100
2016		26.92	23.08	3.85		7.69	11.54	7.69	3.85	3.85	3.85	7.69	100
2017	3.57	35.71	17.86	3.57	10.71	14.29	0	10.71	3.57				100
常年平均	2.54	20.81	17.15	13.50	11.08	8.24	7.62	6.56	4.58	3.22	2.11	2.72	100

表 1.1.6 近十年在我国登陆的热带气旋个数（2008—2017 年）

月 年	1	2	3	4	5	6	7	8	9	10	11	12	合计
2008				1		1	2	2	3	1			10
2009						2	3	2	2	2			11
2010								2	4	2			8
2011						3	1	1	1	1			7
2012						1	1	5					7
2013						1	3	4	1	1			10
2014						1	2	1	3				7
2015						1	1	1	1	1			5
2016						1		2	2	2	2		9
2017						1	3	2	2	1			9
常年平均	0.00	0.00	0.00	0.03	0.27	0.90	2.18	2.60	2.20	0.63	0.23	0.03	9.08

表 1.1.7 近十年热带气旋在我国登陆的地区分布（2008—2017 年）

地区 年	广西	广东（香港）	海南	台湾	福建	浙江	上海	江苏	山东	辽宁	天津	合计
2008	0/1	4/7	2	4	0/2							10/16
2009		4/5	4	2	1/3							11/14

(续表)

地区\年	广西	广东（香港）	海南	台湾	福建	浙江	上海	江苏	山东	辽宁	天津	合计
2010		1	2	1	4/5							8/9
2011	2/4	3	1	0/1					1			7/10
2012	3		2	0/1	1		1					7/8
2013	3		2	1	3/4	1						10/11
2014	0/1	2/4	2	2/3	1/2	0/1	0/1		0/1			7/15
2015		2	1	2	0/2							5/7
2016	0/1	4	2	2	1/3							9/12
2017		6	1	2	0/2							9/11
常年平均	0.03/0.55	3.38/3.97	2.22/2.35	2.07/2.13	0.58/1.82	0.55/0.68	0.02/0.07	0.05/0.08	0.15/0.25	0.05/0.22	0/0.02	9.10/12.13

注：分母为首次和多次登陆次数，分子为第一次登陆次数，如两者相同，则用整数表示。

1.2 2017年热带气旋纪要表

2017年热带气旋纪要表

序号	中央气象台编号	国际编号	中英文名称	起讫日期（月.日）	强度	达到热带风暴强度开始日期（月.日）	中心气压极值（hPa）	最大风速极值（m/s）	发现点 北纬（度）	发现点 东经（度）	路径趋势
1				4.14—4.20	热带低压		1006	13	10.9	130.2	南海转向
2	1701	1701	梅花 Muifa	4.23—4.29	热带风暴	4.26	998	18	8.9	144.1	中转向
3	1702	1702	苗柏 Merbok	6.10—6.14	强热带风暴	6.11	980	30	13.1	119.8	登陆后转向
4	1703	1703	南玛都 Namadol	7.1—7.6	强热带风暴	7.2	985	28	15.8	132.2	西转向
5	1704	1704	塔拉斯 Talas	7.14—7.18	强热带风暴	7.15	988	25	16.2	113.3	西行
6	1705	1705	奥鹿 Noru	7.20—8.9	超强台风	7.21	935	52	26.4	161.2	中转向
7	1706	1706	玫瑰 Kulap	7.20—7.28	热带风暴	7.21	992	23	22.9	177.8	西行
8	1707	1707	洛克 Roke	7.21—7.23	热带风暴	7.22	995	20	18.7	124.2	西行
9	1708	1708	桑卡 Sonca	7.21—7.29	热带风暴	7.22	995	20	17.5	114.5	西行
10	1709	1709	纳沙 Nesat	7.25—7.31	台风	7.26	960	40	12.7	128.9	西北行
11	1710	1710	海棠 Haitang	7.27—8.3	热带风暴	7.28	985	23	19.2	117.9	北上

(续表)

序号	中央气象台编号	国际编号	中英文名称	起讫日期（月.日）	强度	达到热带风暴强度开始日期（月.日）	中心气压极值（hPa）	最大风速极值（m/s）	发现点 北纬（度）	发现点 东经（度）	路径趋势
12	1711	1711	尼格 Nalgae	8.1—8.8	热带风暴	8.2	990	23	26.5	162.4	北上
13	1712	1712	榕树 Banyan	8.11—8.17	强台风	8.11	955	42	15.9	170.7	东转向
14	1713	1713	天鸽 Hato	8.20—8.25	超强台风	8.20	935	52	18.7	129.6	西行
15	1714	1714	帕卡 Pakhar	8.24—8.28	强热带风暴	8.24	980	30	15.4	128.7	西北行
16	1715	1715	珊瑚 Sanvu	8.27—9.6	台风	8.28	960	40	18.8	147	东转向
17	1716	1716	玛娃 Mawar	8.31—9.4	强热带风暴	9.1	990	25	19.3	119.9	西北行
18	1717	1717	古超 Guchol	9.4—9.7	热带风暴	9.6	998	18	16.2	129.8	西北行
19	1718	1718	泰利 Talim	9.9—9.22	超强台风	9.9	935	52	14.9	145.2	西转向
20	1719	1719	杜苏芮 Doksuri	9.11—9.16	强台风	9.12	955	42	14.8	126.1	西行
21				9.23—9.25	热带风暴	9.24	995	20	17.3	116.2	西北行
22				10.8—10.10	热带低压		998	15	16.5	113.4	西北行
23	1720	1720	卡努 Khanun	10.11—10.16	强台风	10.12	955	42	16.3	132.2	西行
24	1721	1721	兰恩 Lan	10.15—10.24	超强台风	10.16	925	58	8.7	137.4	中转向
25	1722	1722	苏拉 Saola	10.22—10.29	台风	10.24	975	33	9.2	148.2	中转向
26	1723	1723	达维 Damrey	10.31—11.5	强台风	11.2	955	42	11.1	127.8	西行
27	1724	1724	海葵 Haikui	11.8—11.13	热带风暴	11.10	990	23	10.6	132.2	西行
28	1725	1725	鸿雁 Kirogi	11.17—11.19	热带风暴	11.18	1000	18	7.3	122.5	西行
29	1726	1726	启德 Kai—Tak	12.13—12.23	热带风暴	12.14	990	23	10.9	129.3	西行
30	1727	1727	天秤 Tembin	12.20—12.26	台风	12.21	965	38	8.3	133.8	西行

1.3 2017年登陆的热带气旋纪要表

2017年登陆我国的热带气旋纪要表

序号	中央气象台编号	国际编号	中英文名称	强度	在我国登陆			最大		中心最低气压（hPa）
					地点	时间		风力（级）	风速（m/s）	
1	1702	1702	苗柏 Merbok	强热带风暴	广东深圳	6月12日23时		10	25	988
2	1707	1707	洛克 Roke	热带风暴	香港	7月23日09时50时		8	20	995
3	1709	1709	纳沙 Nesat	台风	台湾宜兰	7月29日19点40分		13	40	960
					福建福清	7月30日6点		12	33	975
4	1710	1710	海棠 Haitang	热带风暴	台湾屏东	7月30日17点30分		9	23	985
					福建福清	7月31日2点50分		8	20	990
5	1713	1713	天鸽 Hato	超强台风	广东珠海	8月23日12点35分		14	48	945
6	1714	1714	帕卡 Pakhar	强热带风暴	广东珠海	8月27日8点20分		11	30	980
7	1716	1716	玛娃 Mawar	强热带风暴	广东陆丰	9月3日21时30分		8	20	995
8				热带风暴	海南万宁	9月24日21时20分		8	20	995
9	1720	1720	卡努 Khanun	强台风	广东徐闻	10月16日03时40分		10	25	990
10	1622	1622	海马 Haima	超强台风	广东汕尾	10月21日12时40分		13	38	970

1.4 2017年热带气旋对我国的影响简表

2017年热带气旋对我国的影响简表

中央气象台编号	中英文名称	热带气旋对我国的影响			极值
		项目	时间(月.日)	概况	
1702	苗柏 Merbok	大风	6.13	广东上川岛和东部沿海大部以及福建南部沿海出现最大风力6～7级、阵风7～10级；广东惠东和福建九仙山出现最大风力8级、阵风10级。	广东惠东 18.7（26.8）m/s
		降水	6.12—6.14	海南部分、广东部分、广西东部局部、湖南南部局部、江西南部部分、福建中北部总雨量为10～50 mm；广东大部、江西遂川、南康、福建南部总雨量为50～150 mm；广东汕尾沿海及龙门和蕉岭、江西信丰总雨量150～243 mm。	广东惠东 242.4 mm （2天）

(续表)

中央气象台编号	中英文名称	热带气旋对我国的影响			极值
		项目	时间(月.日)	概况	
1703	南玛都 Namado	降水	7.3	福建福鼎、浙江东部部分总雨量为10~50 mm,浙江台州部分地区总雨量为71~72 mm。	浙江临海 71.6 mm（1天）
1704	塔拉斯 Talas	大风	7.15—7.16	海南西沙、海南陵水和东方、广东上川岛、惠东、清远、翁源和始兴、广西玉林和来宾出现最大风力6~7级、阵风7~10级。	海南三亚 20.8（32.0）m/s
		降水	7.14—7.18	海南部分、广东北部、广西大部、云南南部和东部、贵州南部局部分、湖南南部局部、江西南部部分、福建南部总雨量为10~50 mm；海南大部、广东南部大部、广西局部、云南富宁和福建云霄总雨量为50~150 mm；海南西沙、海南南部部分及琼山、广东中南部、东南部和阳江以及上川岛总雨量150~293 mm。	海南珊瑚岛 356.2 mm （3天）
1707	洛克 Roke	大风	7.22—7.23	海南西沙、广东清远、平远、广西临桂、湖南中南部分、江西龙南和金南、福建九仙山出现最大风力6~7级、阵风7~9级。	湖南冷水滩 15.6（22.2） 湖南南岳 21.24（29.7）m/s
		降水	7.22—7.23	广东部分、广西东部部分、湖南南部部分、江西南部局部总雨量为10~50 mm；广东南部沿海局部总雨量为50~99 mm。	广东汕尾 98.5 mm（1天）
1708	桑卡 Sonca	大风	7.23—7.25	海南西沙和三亚出现最大风力6~7级、阵风7~9级。	海南三亚 14.0（23.3）m/s
		降水	7.21—7.25	海南部分、广东中西部及南部沿海大部、广西东南部分及西南局部总雨量为10~50 mm；海南大部、西沙岛和珊瑚岛、广西南部局部、涠洲岛总雨量为50~150 mm。	海南昌江 194.2 mm （4天）
1709	纳沙 Nesat	大风	7.29—7.31	湖南郴州和攸县、福建沿海大部和永安、浙江沿海大部、江西临川、进贤、武宁和庐山、安徽南部部分地区出现最大风力6~7级、阵风7~11级；福建崇武、长乐、罗源、三沙及九仙山、安徽黄山出现最大风力8级、阵风9~12级。	福建三沙 21.70（28.2）m/s 福建长乐 17.7（35.5）m/s
		降水	7.28—7.31	海南部分、广西部分、广东部分、湖南东部部分、江西大部、福建西北部及南部部分、浙江部分、江苏部分、安徽部分、湖北东部、河南南部局部及民权、山东部分总雨量为10~50 mm；海南保亭和陵水、广东东部偏东、湖南南部局部、江西南部部分和北部局部、福建大部、浙江南部部分及沿海地区、湖北阳新和武穴、安徽西南部分、江苏常州及北部部分、山东局部总雨量为50~150 mm；福建中北部沿海大部及长泰总雨量为150~249 mm。	福建平潭 248.7 mm （3天）

(续表)

中央气象台编号	中英文名称	热带气旋对我国的影响			极值
		项目	时间(月.日)	概况	
1710	海棠 Haitang	大风	7.31—8.3	广东惠来、江西北部局部和万安、福建沿海部分地区、浙江沿海大部、湖北麻城、安徽南部部分及亳州、江苏南京、南通和西连岛、山东胶州和泰山、河南嵩山出现最大风力6~7级、阵风7~10级；福建崇武和九仙山、安徽黄山出现最大风力8级、阵风10级；福建九仙山出现最大风力8级（18.9 m/s）、阵风10级（25.2 m/s）。	福建崇武 18.2（24.9）m/s 浙江平阳 15.1（26.7）m/s
		降水	7.27—8.3	海南部分、广西局部、广东西部、中南部分和东部部分、湖南东部部分和西南部局部、江西中部大部、福建西部局部、浙江大部、湖北部分、河南部分、安徽北部和东南部分、江苏部分、山东部分、河北东部部分、北京大部、天津大部、山西局部、内蒙古东南部分、辽宁中东部部分、吉林部分、黑龙江尚志、五常和阿城总雨量为10~50 mm；海南保亭和陵水、广东东部部分、湖南东部局部、江西大部、福建大部、浙江南部部分、湖北东部、安徽大部、江苏北部部分、山东中东部分、河南中东部分、河北东部和南部分、北京中南部部分、天津北部部分、辽宁西部部分、内蒙古东南部部分、吉林西北部和中部部分、黑龙江南部局部总雨量为50~150 mm；广东东南沿海局部、福建沿海大部及龙岩、江西北部局部、湖北阳新和大冶、安徽南部局部、江苏西连岛、山东局部、河北东部局部、北京房山、辽宁西部部分、内蒙古东南部局部、吉林长岭总雨量为150~323 mm。	内蒙古青龙山 373.3 mm （2天）
1713	天鸽 Hato	大风	8.21—8.24	广东大部、广西部分、云南部分、贵州贞丰和瓮安、湖南郴州、南岳和桃江、福建安溪和晋江、重庆璧山和渝北、湖北宜昌、安徽黄山、浙江临安出现最大风力6~7级、阵风7~11级；广东珠江口西侧大部、福建九仙山出现最大风力8~9级、阵风10~13级；广东上川岛出现最大风力10级、阵风12级。	广东珠海 29.9（51.9）m/s
		降水	8.21—8.25	海南、广东中部及北部、广西东北部、云南部分、贵州大部、重庆大部、四川中东部部分、湖南北部部分和南部部分、江西中南部部分、福建部分、浙江东南部沿海大部、湖北南部部分及北部局部、陕西南部局部、江苏江都、安徽南部局部、河南南部局部总雨量为10~50 mm；海南乐东、广东西部和东南部以及珠三角部分、广西大部及涠洲岛、云南部分、贵州西部部分、重庆西部部分和南部局部、四川中东部部分、湖南石门、河南光山、福建东南部总雨量为50~150 mm；广东西南部部分及海丰、广西东南部部分、云南西畴和大关、四川中部局部和珙县总雨量为150~256 mm。	广东阳春 256.1 mm （3天）

(续表)

中央气象台编号	中英文名称	热带气旋对我国的影响			极值
		项目	时间(月.日)	概况	
1714	帕卡 Pakhar	大风	8.26—8.27	广东珠江三角洲附近及陆丰和清远，广西临桂、湖南中南部局部、福建晋江和九仙山出现最大风力6~7级、阵风7~11级。	广东珠海 20.8（30.0）m/s 广东惠东 16.3（30.2）m/s
		降水	8.26—8.28	海南大部、广东部分、广西大部、云南东部部分、贵州部分、四川南部局部、重庆綦江、湖南南部部分和北部局部、江西局部、福建东北部部分和南部部分总雨量为10~50 mm；海南局部、西沙岛和珊瑚岛、广东中南部大部、广西部分、云南墨江和富宁、贵州册亨、湖南茶陵、江西井冈山和定南、福建南部偏南部分总雨量为50~150 mm；广西防城、广东珠江口西侧附近及惠阳和惠东总雨量为150~265 mm。	广东惠阳 265.0 mm （3天）
1716	玛娃 Mawar	大风	9.1—9.4	海南陵水、广东上川岛和惠来、福建东山和晋江出现最大风力6~7级、阵风7~10级；福建九仙山出现最大风力8级、阵风9级。	广东惠来 16.7（24.7）m/s
		降水	9.1—9.4	海南部分、广东大部、广西涠洲岛、东北及南部部分、湖南宜章、江西南部部分、福建沿海部分及龙岩总雨量为10~50 mm；广西金秀、广东珠江口附近大部地区及东部局部、福建东南部部分总雨量为50~166 mm。	广东珠海 251.6 mm（4天）
1717	古超 Guchol	降水	9.6—9.7	海南大部、广东大部、广西大部、江西南部部分、福建东北部和西部部分、浙江东南部部总雨量为10~50 mm；海南东部局部、广东局部、广西局部、福建屏南、浙江温州总雨量为50~127 mm。	广东云浮 126.9 mm（1天）
1718	泰利 Talim	大风	9.13—9.17	浙江沿海大部出现最大风力6~7级、阵风7~9级；浙江嵊泗和大陈岛出现最大风力8级、阵风9~10级。	浙江大陈 20.8（28.4）m/s
		降水	9.14—9.16	浙江北部沿海和上海南汇总雨量为10~55 mm。	浙江鄞州 55.0 mm （2天）
1719	杜苏芮 Doksuri	大风	9.14—9.15	海南西沙、陵水、东方和海口，广东徐闻和上川岛、广西东兴出现最大风力6~7级、阵风7~11级；海南珊瑚岛出现最大风力10级、阵风13级。	海南三亚 29.6（44.0）m/s
		降水	9.13—9.16	海南北部和西部沿海局部、广东珠江口及以西大部、广西南部部分、云南东南部部分和西南部局部总雨量为10~50 mm；海南中南部大部和西沙岛、珊瑚岛、广东徐闻和雷州、广西沿海局部总雨量为50~165 mm。	海南五指山 213.2 mm （1天）

(续表)

中央气象台编号	中英文名称	热带气旋对我国的影响			
		项目	时间(月.日)	概况	极值
"未命名"		大风	9.24—9.25	广东上川岛和珠海、广西涠洲岛和东兴出现最大风力6~7级、阵风7~8级。	广东上川岛 13.2（17.4）m/s
		降水	9.24—9.25	海南大部、西沙岛和珊瑚岛、广东西南部部分及揭西、广西南部部分、云南思茅总雨量为10~50 mm；海南局部、广西防城和东兴总雨量为50~70 mm。	海南白沙 69.2 mm（2天）
TD1702		大风	10.9—10.10	海南三亚和陵水、广东遂溪、上川岛和珠海、广西宁明出现最大风力6~7级、阵风7~10级。	海南三亚 14.8（25.8）m/s
		降水	10.9—10.11	海南局部、西沙岛和珊瑚岛、广东西南部大部、广西南部和西部部分及涠洲岛、云南中东部部分和西南局部及西北局部、贵州西部大部、四川南部局部总雨量为10~50 mm；海南大部、广东西南部局部、广西南部部分、云南东南部部分、贵州西部局部总雨量为50~150 mm；海南东南部部分总雨量150~295 mm。	海南三亚 294.8 mm（3天）
1720	卡努 Khanun	大风	10.13—10.16	海南三亚、广东沿海、广西南部和涠洲岛、福建沿海、浙江沿海出现最大风力6~7级、阵风7~10级；广东上川岛和清远、福建东山、九仙山和三沙、浙江大陈岛、石浦和嵊泗出现最大风力8~9级、阵风9~12级。	广东上川岛 23.9（35.3）m/s
		降水	10.13—10.16	海南南部及西沙岛、广东大部、广西大部、贵州东南部、湖南大部、江西大部、福建沿海大部及西南部分、浙江中南部大部、湖北东南部大部、安徽南部大部、江苏南部部分、上海部分总雨量为10~50 mm；海南北部部分、广东沿海大部、广西南部局部、湖南东南部部分、江西南部局部和北部部分、福建南部局部及柘荣、浙江沿海及北部部分、上海部分、江苏南部局部、安徽南部局部总雨量为50~150 mm；湖南南岳、浙江北部沿海大部及大陈岛总雨量为150~300 mm。	浙江石浦 344.7 mm（3天）
1722	苏拉 Saola	大风	10.27—10.28	浙江沿海大部出现最大风力6~7级、阵风7~8级。	浙江大陈岛 14.0（19.7）m/s
1723	达维 Damrey	大风	11.4	海南东方出现最大风力6级、阵风8级。	海南三亚 17.7（27.9）m/s
		降水	11.2—11.4	海南万宁、西沙岛和珊瑚岛总雨量为10~78 mm。	海南珊瑚岛 78.1 mm（2天）
1724	海葵 Haikui	大风	11.10—11.11	海南三亚出现最大风力6级、阵风8级。	海南三亚 13.3（18.9）m/s

（续表）

中央气象台编号	中英文名称	热带气旋对我国的影响			
^	^	项目	时间(月.日)	概况	极值
1724	海葵 Haikui	降水	11.11—11.13	海南中东部部分、广东珠江口附近及东南部、广西灵山、福建东南部总雨量为10～50 mm；海南琼海和万宁总雨量为50～99 mm。	海南万宁 98.7 mm（1天）
1725	鸿雁 Kirogi	降水	11.18—11.20	海南珊瑚、海南岛部分、广西东南部部分、广东局部、湖南南部局部、江西赣县总雨量为10～50 mm；海南东南部部分及临高总雨量为50～116 mm。	海南万宁 207.4 mm（1天）
1727	天秤 Tembin	大风	11.10—11.11	海南三亚出现最大风力6级、阵风8级。	海南三亚 13.1（20.7）m/s
^	^	降水	11.11—11.13	海南万宁、广西龙州和隆安、云南南部局部总雨量为10～32 mm。	云南金平 31.5 mm（1天）

* 极值一栏内，以18.7（26.8）m/s为例，前者为最大风速，括号内为阵风风速

1.5　2017年热带气旋编号、名称、日期对照表

2017年热带气旋编号、名称、日期对照表

热带气旋等级	序号	中央气象台编号	名称	起讫日期（月.日）
超强台风	6	1705	奥鹿 Noru	7.20—8.9
^	14	1713	天鸽 Hato	8.20—8.25
^	19	1718	泰利 Talim	9.9—9.22
^	24	1721	兰恩 Lan	10.15—10.24
强台风	13	1712	榕树 Banyan	8.11—8.17
^	20	1719	杜苏芮 Doksuri	9.11—9.16
^	23	1720	卡努 Khanun	10.11—10.16
^	26	1723	达维 Damrey	10.31—11.5
台风	10	1709	纳沙 Nesat	7.25—7.31
^	16	1715	珊瑚 Sanvu	8.27—9.6
^	25	1722	苏拉 Saola	10.22—10.29
^	30	1727	天秤 Tembin	12.20—12.26
强热带风暴	3	1702	苗柏 Merbok	6.10—6.14
^	4	1703	南玛都 Namadol	7.1—7.8
^	5	1704	塔拉斯 Talas	7.14—7.18
^	15	1714	帕卡 Pakhar	8.24—8.28
^	17	1716	玛娃 Mawar	8.31—9.4

(续表)

热带气旋等级	序号	中央气象台编号	名称	起讫日期（月.日）
热带风暴	2	1701	梅花 Muifa	4.23—4.29
	7	1706	玫瑰 Kulap	7.20—7.28
	8	1707	洛克 Roke	7.21—7.23
	9	1708	桑卡 Sonca	7.21—7.29
	11	1710	海棠 Haitang	7.27—8.3
	12	1711	尼格 Nalgae	8.1—8.8
	18	1717	古超 Guchol	9.4—9.7
	21		未命名	9.23—9.25
	27	1724	海葵 Haikui	11.8—11.13
	28	1725	鸿雁 Kirogi	11.17—11.19
	29	1726	启德 Kai-tak	12.13—12.23
热带低压	1		TD1701	4.14—4.20
	22		TD1702	10.8—10.10

2　2017年逐个热带气旋概述

2.1 热带低压(TD1701)

热带低压(TD1701)于4月14日下午在菲律宾棉兰老岛东北约450 km的西北太平洋洋面上形成。形成后低压中心稳定地向西方向移动,并于15日晚在菲律宾萨马岛南部沿海登陆,之后继续向西方向移动,16日上午移动方向转为西北,17日早晨进入南海海域,夜间热带低压在黄岩岛西南海面上转向东北方向移动,20日下午在台湾东南部海面上减弱消散。

表2.2.1是热带低压(TD1701)的中心位置和强度。图2.1.1~图2.1.3分别是热带低压(TD1701)的路径图和2017年4月19日08时500 hPa高度场图。

表2.1.1 热带低压(TD1701)中心位置和强度

4月14—20日

年	月	日	时	中心位置		中心气压（hPa）	最大风速（m/s）
				北纬（°N）	东经（°E）		
2017	4	14	14	10.9	130.2	1010	10
	4	14	20	10.7	129	1010	10
	4	15	2	10.7	128	1010	10
	4	15	8	10.9	127.2	1008	13
	4	15	14	11.1	126.3	1008	13
	4	15	20	11.4	125.4	1008	13
	4	16	2	11.4	124.2	1008	13
	4	16	8	11.4	123.1	1008	10
	4	16	14	11.8	122.1	1008	10
	4	16	20	12.2	121.1	1010	10
	4	17	2	12.6	119.7	1010	10
	4	17	8	13.2	118	1010	10
	4	17	14	13.9	116.9	1010	10
	4	17	20	14.4	116.4	1010	10
	4	18	2	14.9	116.6	1010	10
	4	18	8	15.3	116.9	1006	13
	4	18	14	15.9	117.1	1006	13
	4	18	20	16.4	117.5	1006	13
	4	19	2	16.9	117.8	1006	13
	4	19	8	17.5	118	1006	13

（续表）

年	月	日	时	中心位置		中心气压（hPa）	最大风速（m/s）
				北纬（°N）	东经（°E）		
	4	19	14	18.2	118.1	1008	13
	4	19	20	19.2	118.6	1008	13
	4	20	2	20.2	119.6	1010	10
	4	20	8	20.8	120.8	1010	10
	4	20	14	21.7	122.1	1010	10
消散							

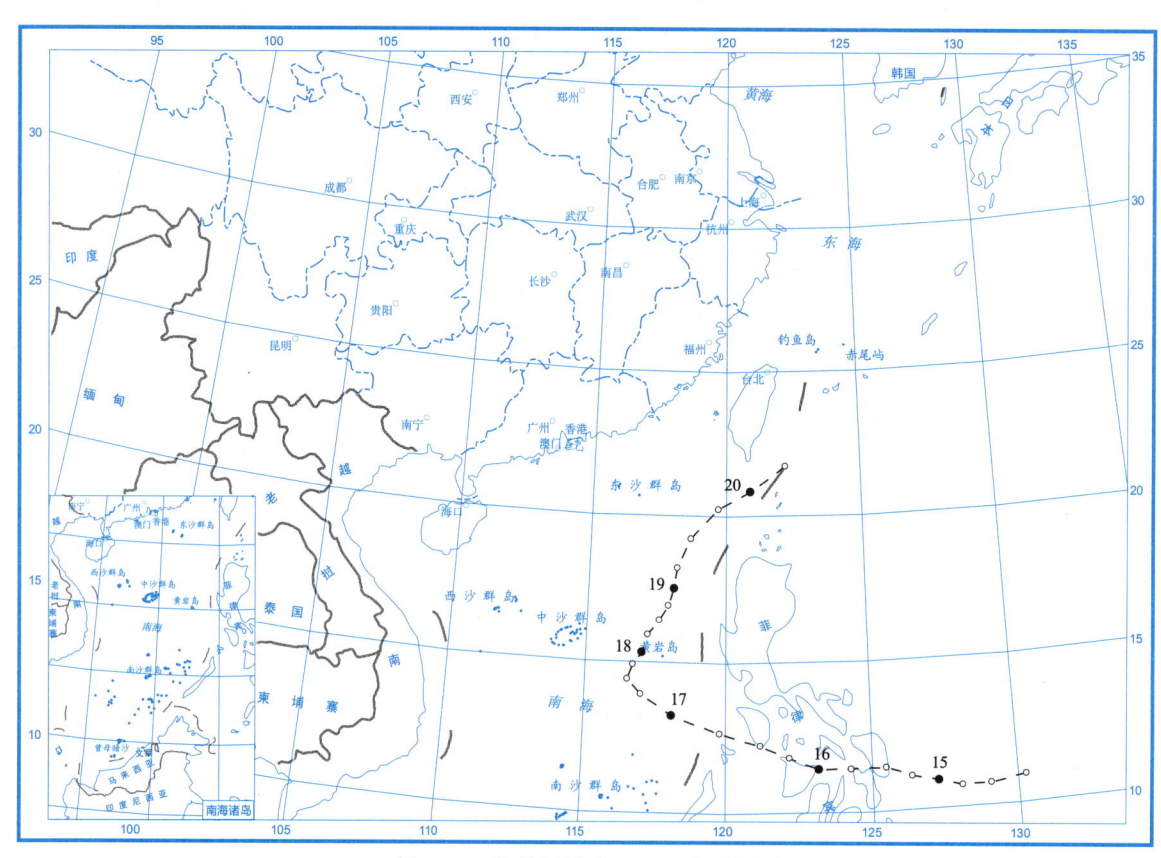

图 2.1.1　热带低压（TD1701）路径图

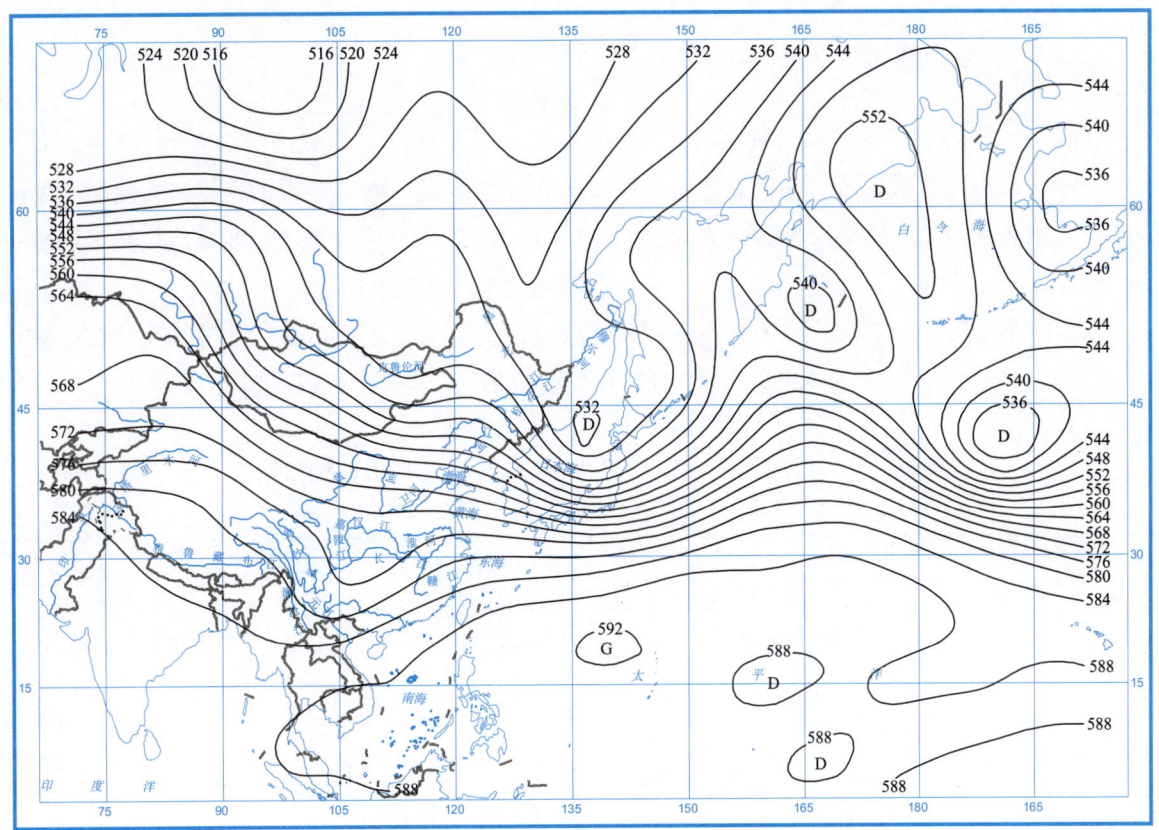

图 2.1.2　2017 年 4 月 19 日 08 时 500 hPa 高度场图（dagpm）

2.2 热带风暴"梅花"(Muifa)

第1701号热带风暴"梅花"(Muifa)是由4月23日凌晨位于关岛以南约500 km的西北太平洋洋面上一个热带低压发展形成。热带低压形成后向西北方向移动，25日热带低压逐渐转向西北偏西方向，26日凌晨加强为热带风暴，当天夜间折向偏北方向移动，27日晚强度减弱，28日凌晨热带风暴"梅花"(Muifa)再次转向东北方向移动，29日下午在西北太平洋洋面上消散。

表2.2.1是热带风暴"梅花"(Muifa)的中心位置和强度。图2.2.1~图2.2.3分别是热带风暴"梅花"(Muifa)路径图、大风区域演变图和2017年4月27日08时500 hPa高度场图。

表2.2.1 1701号热带风暴"梅花"(Muifa)中心位置和强度
4月23—29日

年	月	日	时	中心位置		中心气压（hPa）	中心风速（m/s）
				北纬（°N）	东经（°E）		
2017	4	23	2	8.9	144.1	1002	13
	4	23	8	9.4	143.2	1002	13
	4	23	14	10.1	142.4	1002	13
	4	23	20	10.7	141.8	1002	13
	4	24	2	11.3	140.8	1002	13
	4	24	8	11.9	139.8	1000	15
	4	24	14	12.3	138.8	1000	15
	4	24	20	12.4	138.2	1000	15
	4	25	2	12.5	137.5	1000	15
	4	25	8	12.7	137	1000	15
	4	25	14	13	136.7	1000	15
	4	25	20	13.2	136.4	1000	15
	4	26	2	13.3	136.1	998	18
	4	26	8	13.3	135.7	998	18
	4	26	14	13.5	135	998	18
	4	26	20	13.8	134.4	998	18
	4	27	2	14.4	134.3	998	18
	4	27	8	15	134.3	998	18
	4	27	14	15.9	134.6	998	18
	4	27	20	16.9	134.7	1000	15
	4	28	2	17.8	134.8	1002	13

(续表)

年	月	日	时	中心位置		中心气压（hPa）	中心风速（m/s）
				北纬（°N）	东经（°E）		
	4	28	8	18.5	135.5	1002	13
	4	28	14	19	136.3	1002	13
	4	28	20	19.9	137.7	1002	13
	4	29	2	20.7	139.2	1002	13
	4	29	8	21.6	140.3	1002	13
	4	29	14	22.9	142	1002	13
消散							

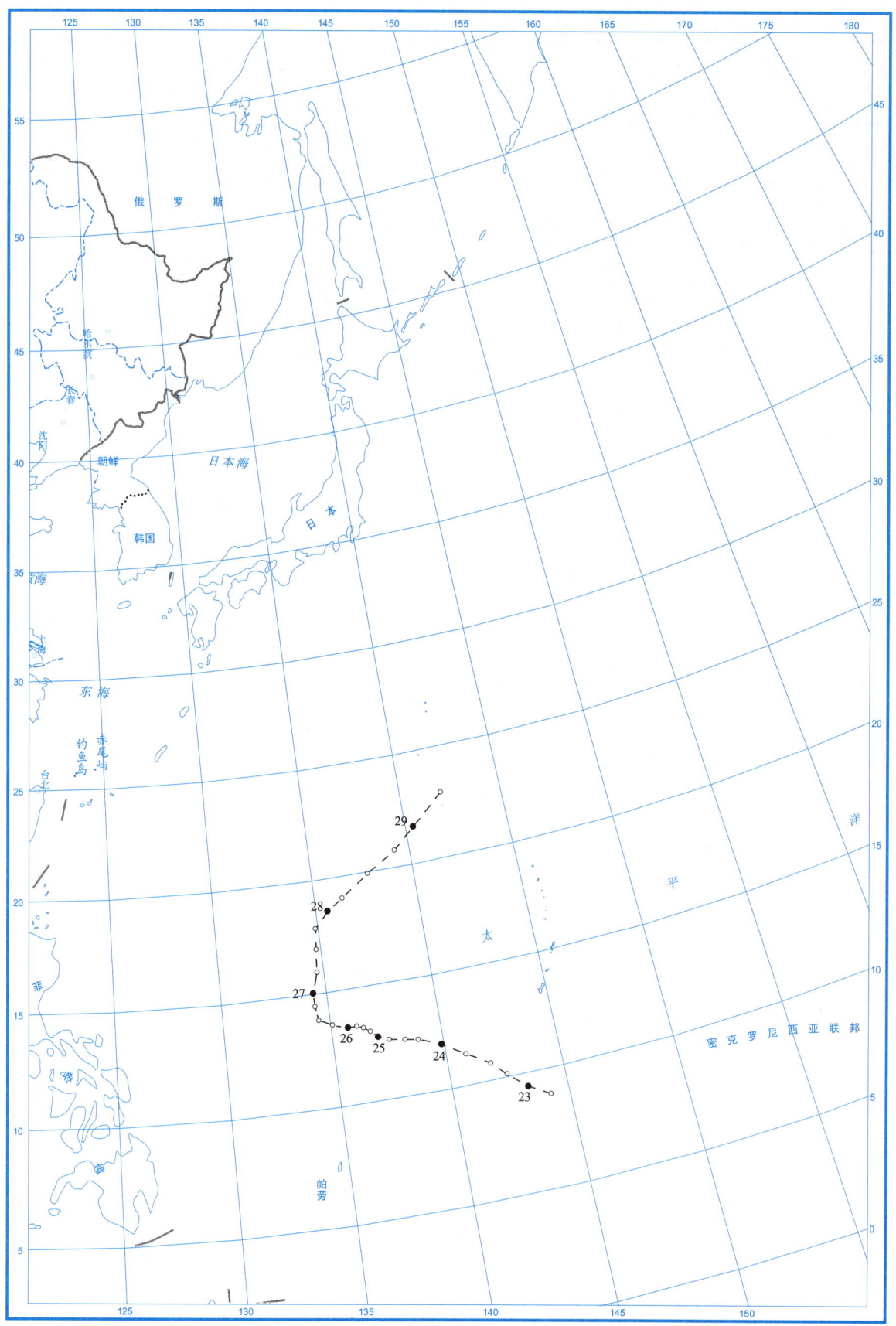

图 2.2.1　1701 号热带风暴"梅花"(Muifa)路径图

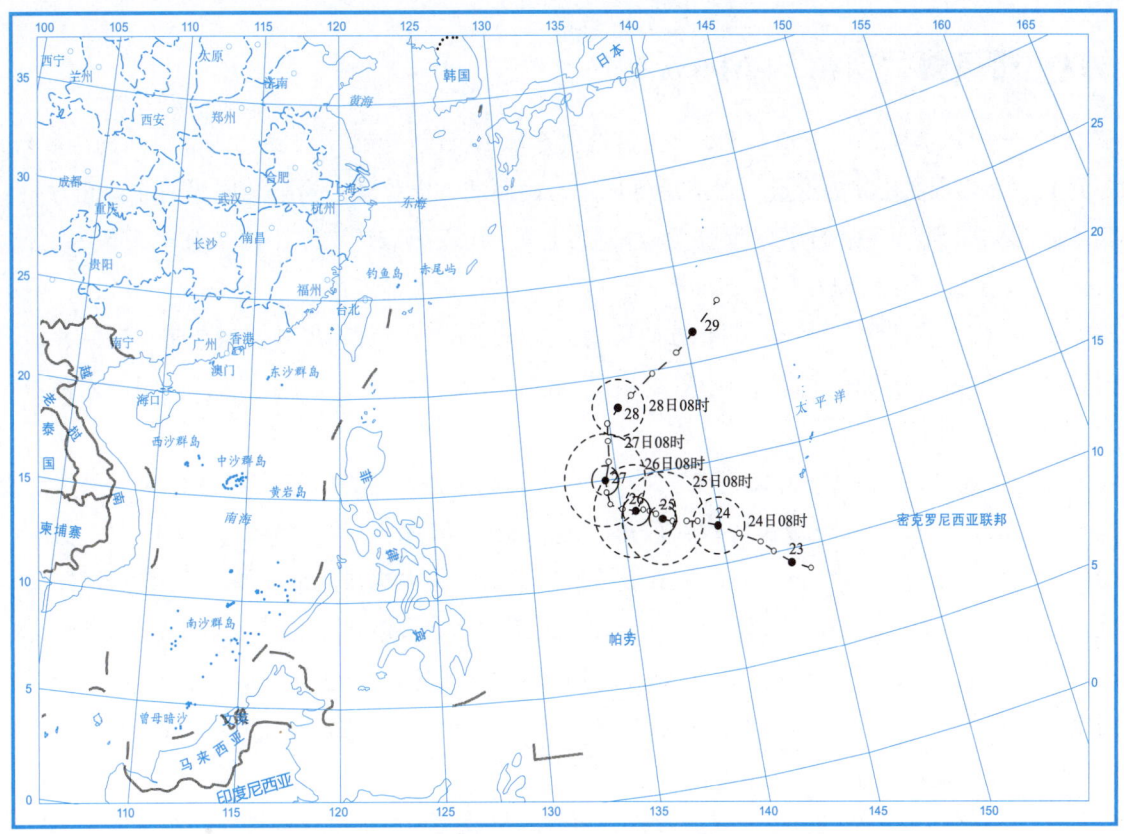

图 2.2.2　1701 号热带风暴"梅花"(Muifa)大风区域演变图

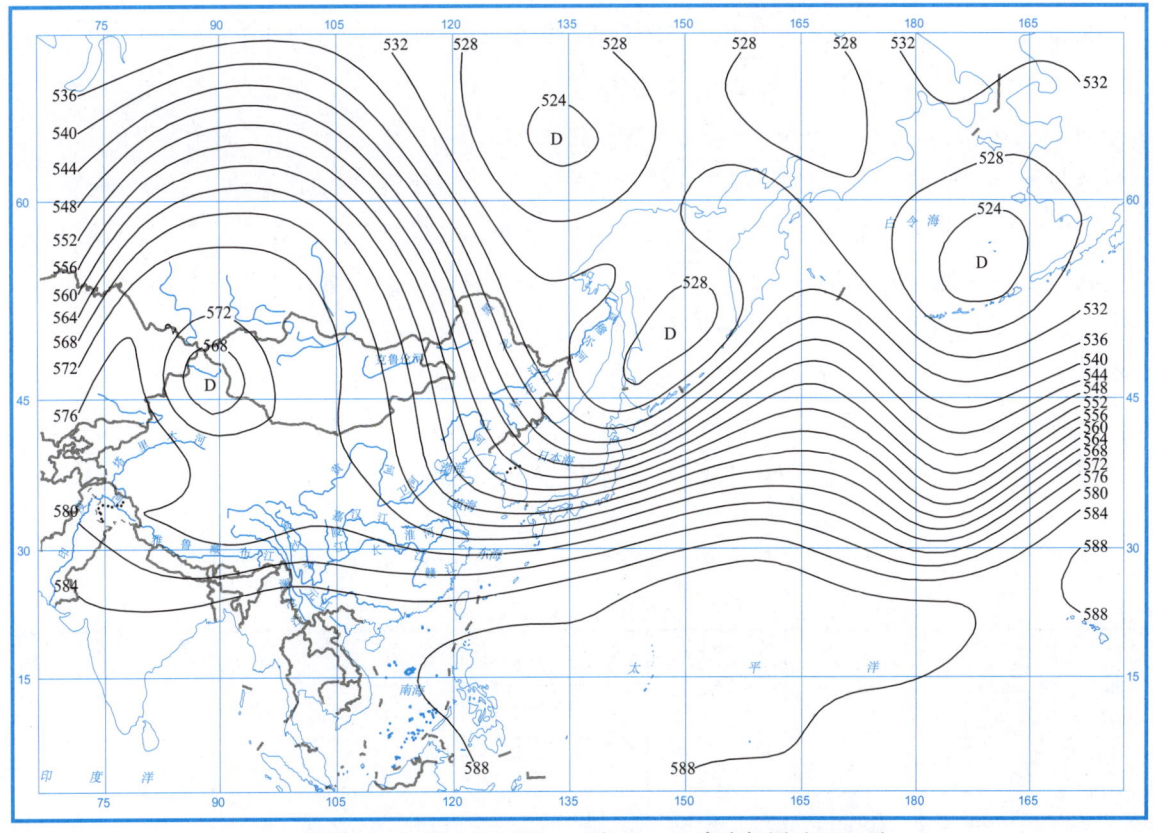

图 2.2.3　2017 年 4 月 27 日 08 时 500 hPa 高度场图(dagpm)

2.3 强热带风暴"苗柏"(Merbok)

第1702号强热带风暴"苗柏"(Merbok)是由6月10日位于菲律宾民都洛岛以西约100 km的南海海面上一个热带低压发展形成。形成后低压中心向西北方向移动,当晚转向为西北偏北方向,11日晚间增强为热带风暴,12日下午增强为强热带风暴,并逐渐靠近广东沿海。强热带风暴"苗柏"(Merbok)于6月12日23时在广东深圳登陆,登陆时中心附近最大风速为25 m/s(10级),中心最低气压为988 hPa。登陆之后继续向偏北方向移动,强度减弱,13日凌晨减弱为热带风暴,并转向东北方向移动,08时减弱为热带低压,中午之后进入江西,继续向东北方向移动,夜间进入福建,14日凌晨在福建省西北部境内消散。

受强热带风暴"苗柏"影响,6月13日,广东上川岛和东部沿海大部以及福建南部沿海出现最大风力6~7级、阵风7~10级;广东惠东和福建九仙山出现最大风力8级、阵风10级;其中广东惠东出现最大风力8级(18.7 m/s)、阵风10级(26.8 m/s),为本次强热带风暴影响过程风极值。

受其影响,6月12—14日,海南部分、广东部分、广西东部局部、湖南南部局部、江西南部部分、福建中北部总雨量为10~50 mm;广东大部、江西遂川、南康、福建南部总雨量为50~150 mm;广东汕尾沿海及龙门和蕉岭、江西信丰总雨量150~243 mm;广东惠东总雨量242.4 mm,为本次强热带风暴影响过程总雨量极值。

6月13日受强热带风暴"苗柏"登陆影响,福建漳州地区和莆田以及连江、广东东南大部出现大面积暴雨到大暴雨,其中惠州和海丰及深圳部分地区出现100 mm以上的大暴雨;6月14日广东东北部、中部和东南部沿海部分地区及阳西,福建中部和南部部分地区,江西赣州部分地区出现50 mm以上暴雨,其中广东龙门和陆丰、江西信丰出现100 mm以上的大暴雨;广东惠东13日雨量218.4 mm,广东深圳13日08时雨量66.6 mm,分别为本次强热带风暴影响过程的日雨量和时雨量极值。

强热带风暴"苗柏"是2017年首个登陆我国的台风,具有路径移动速度快、生命史较短、结构不对称、登陆之后出现较强降雨等特征。受其影响,江西、福建和广东三省出现了一定程度的灾情,总计受灾人数达到22.4万人,紧急转移人口2.4万人,农作物受灾面积达到21.8千公顷,绝收面积1.1千公顷,倒塌房屋0.04万间,直接经济损失达到6亿元(详情见表2.3.2)。

表2.3.1是强热带风暴"苗柏"(Merbok)的中心位置和强度。图2.3.1~图2.3.8分别是强热带风暴"苗柏"(Merbok)的路径图、总降水日数图、大风分布图、总降水量图、2017年6月13—14日的日降水量图、大风区域演变图和2017年6月12日20时500 hPa高度场图。

表2.3.1 1702号强热带风暴"苗柏"(Merbok)中心位置和强度

6月10—14日

年	月	日	时	中心位置		中心气压 (hPa)	中心风速 (m/s)
				北纬(°N)	东经(°E)		
2017	6	10	8	13.1	119.8	1006	13
	6	10	14	13.4	118.7	1006	13

(续表)

年	月	日	时	中心位置		中心气压（hPa）	中心风速（m/s）
				北纬（°N）	东经（°E）		
	6	10	20	14.1	117.9	1002	13
	6	11	2	14.9	117.4	1002	13
	6	11	8	16	116.9	1000	15
	6	11	14	17.2	116.6	1000	15
	6	11	20	18.1	116.3	998	18
	6	11	23	18.7	116	995	20
	6	12	2	19.3	115.8	995	20
	6	12	5	19.8	115.5	995	20
	6	12	8	20.2	115.1	990	23
	6	12	11	20.6	114.8	990	23
	6	12	14	21.1	114.6	988	25
	6	12	17	21.6	114.5	982	28
	6	12	20	22	114.5	980	30
	6	12	23	22.5	114.5	988	25
	6	13	2	22.9	114.6	990	23
	6	13	8	23.9	114.8	998	15
	6	13	14	25.2	115.5	1002	13
	6	13	20	26.2	116.4	1005	10
	6	14	2	27.5	117.3	1006	10
				消散			

表 2.3.2　1702 号强热带风暴"苗柏"（Merbok）在江西、福建和广东三省引发的灾情

受灾省（区）	受灾人口（万人）	死亡人口（人）	失踪人口（人）	紧急转移人口（万人）	农作物		倒塌房屋（万间）	直接经济损失（亿元）
					受灾面积（千公顷）	绝收面积（千公顷）		
江西省	0.7	0	0	0	0.8	0	0.01	0.1
福建省	6.7	0	0	1.2	2.1	0.3	0.02	2.9
广东省	15	0	0	1.2	18.9	0.8	0.01	3
合计	22.4	0	0	2.4	21.8	1.1	0.04	6

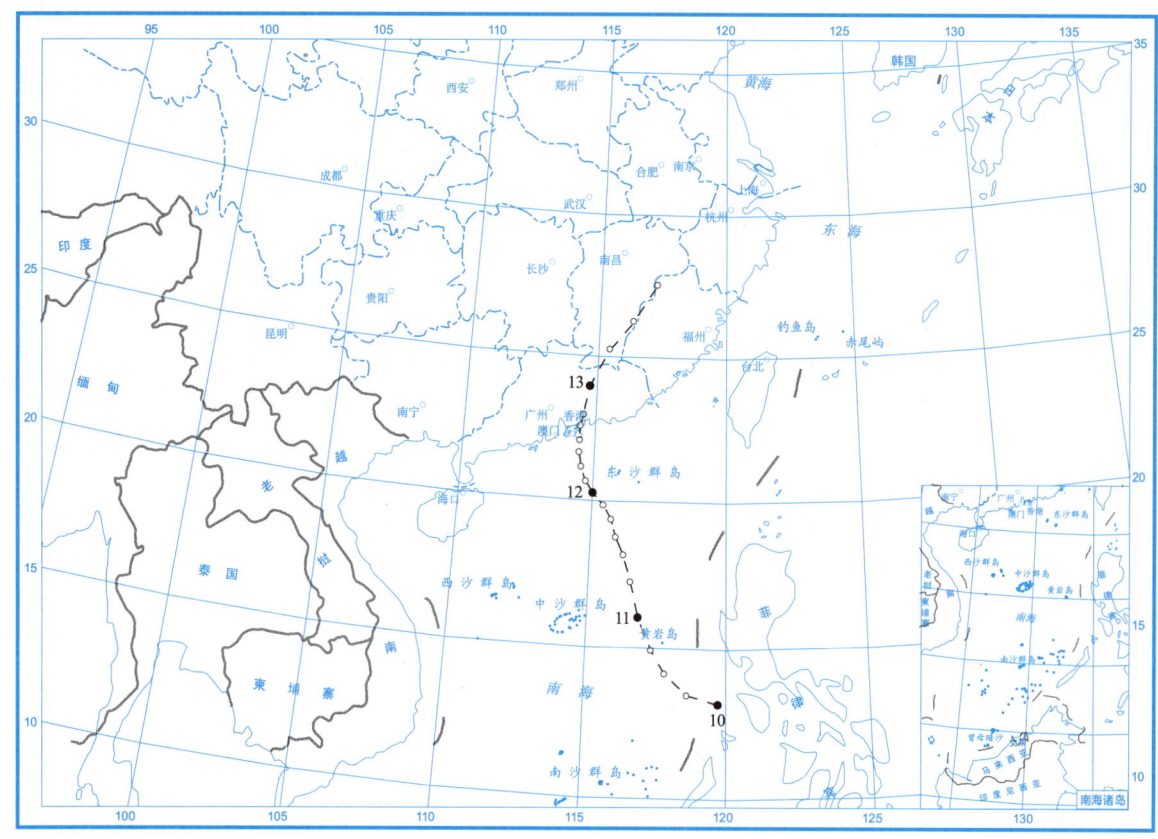

图 2.3.1　1702 号强热带风暴"苗柏"（Merbok）路径图

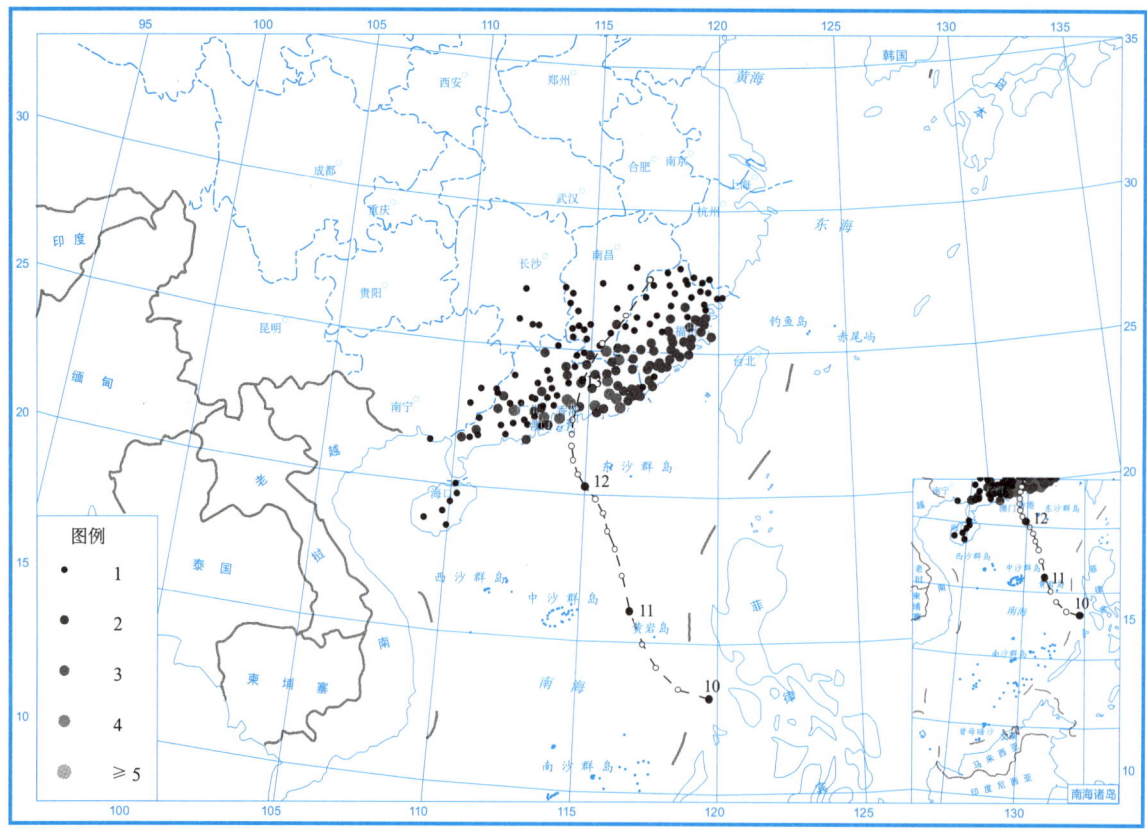

图 2.3.2　1702 号强热带风暴"苗柏"（Merbok）总降水日数图（6月12—14日）（天）

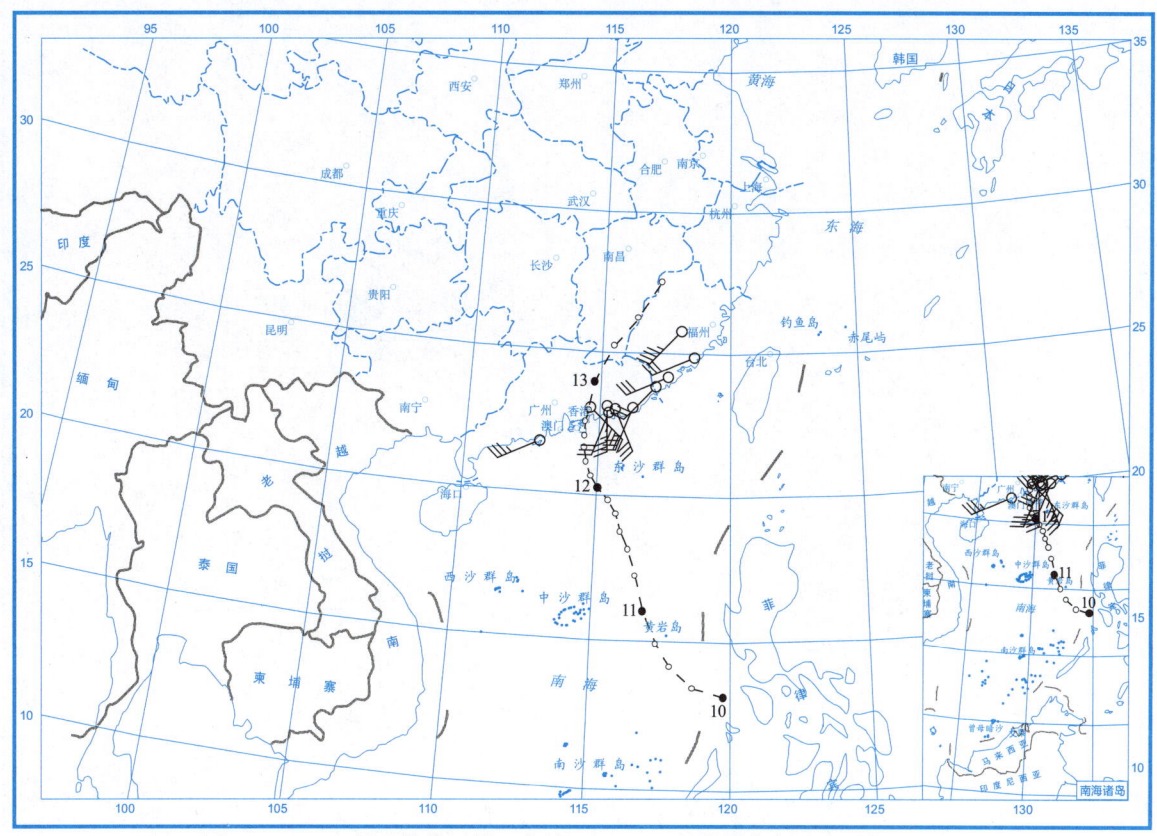

图 2.3.3　1702 号强热带风暴"苗柏"（Merbok）大风分布图（6 月 13 日）

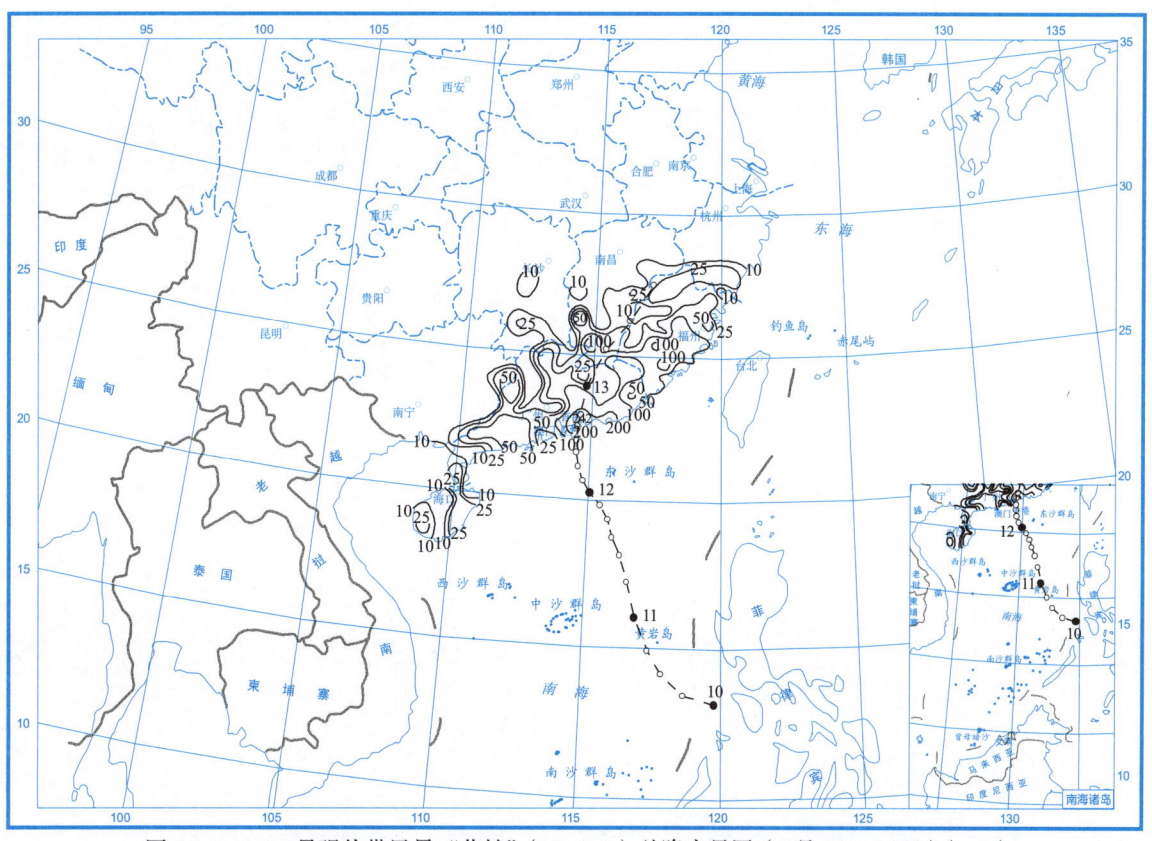

图 2.3.4　1702 号强热带风暴"苗柏"（Merbok）总降水量图（6 月 12—14 日）（mm）

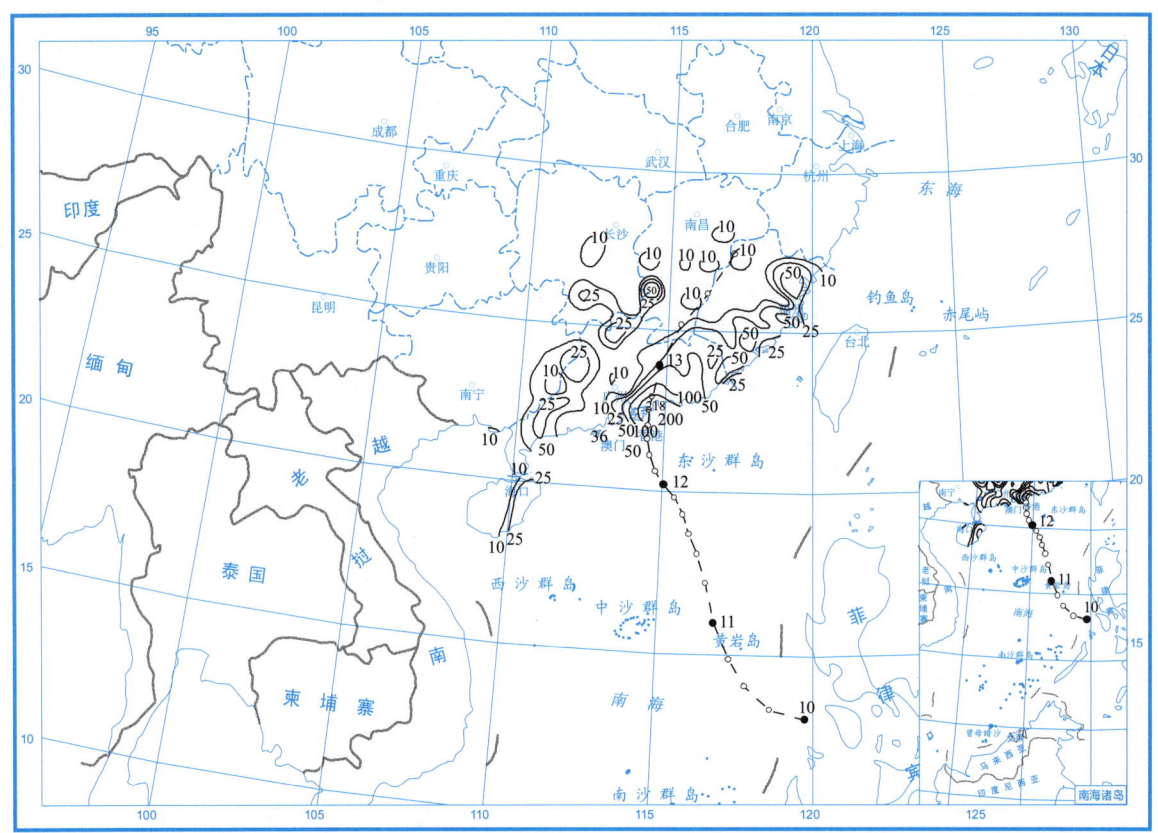

图 2.3.5　2017 年 6 月 13 日的日降水量图（mm）

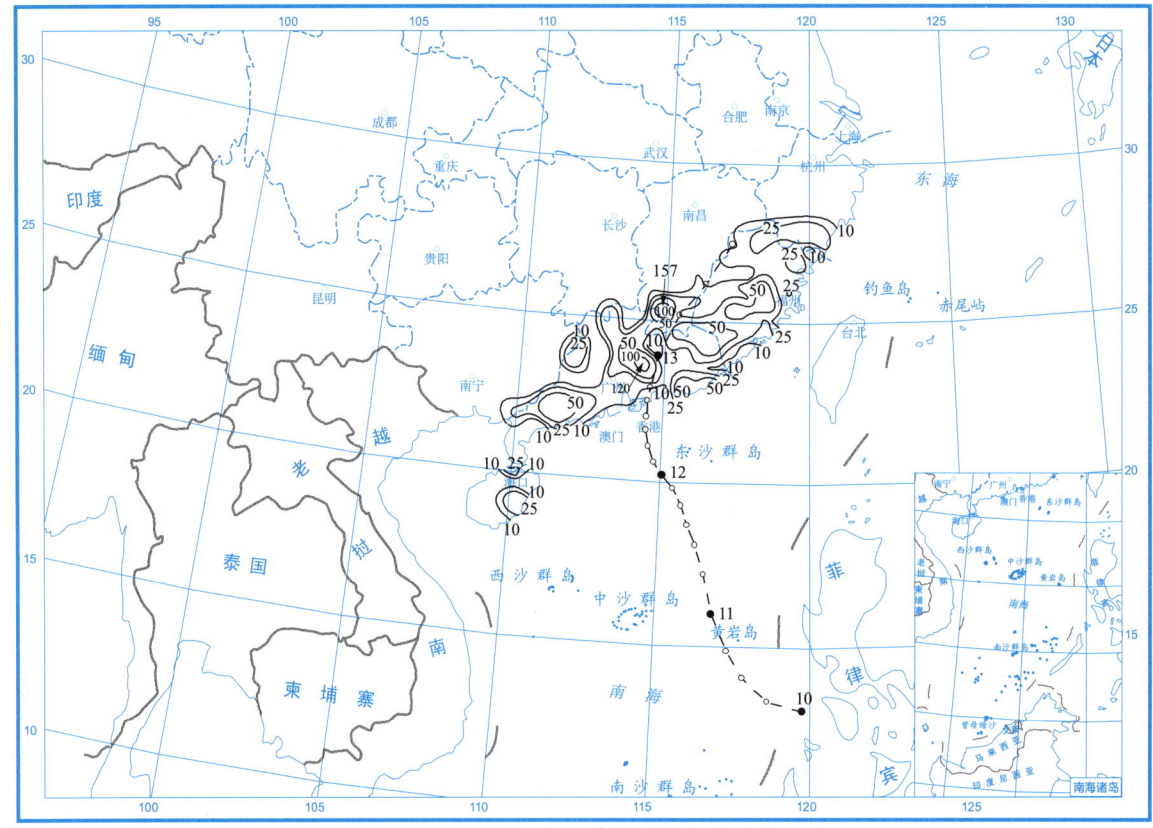

图 2.3.6　2017 年 6 月 14 日的日降水量图（mm）

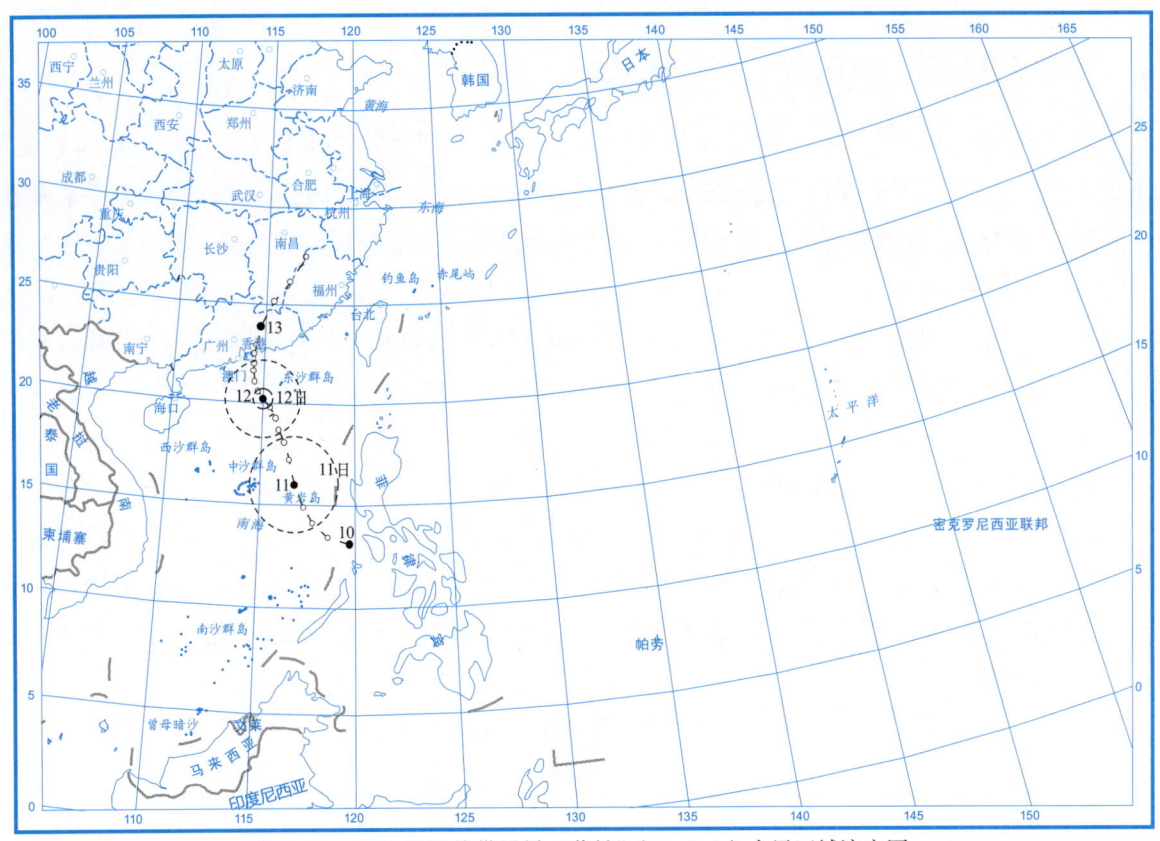

图 2.3.7　1702 号强热带风暴"苗柏"（Merbok）大风区域演变图

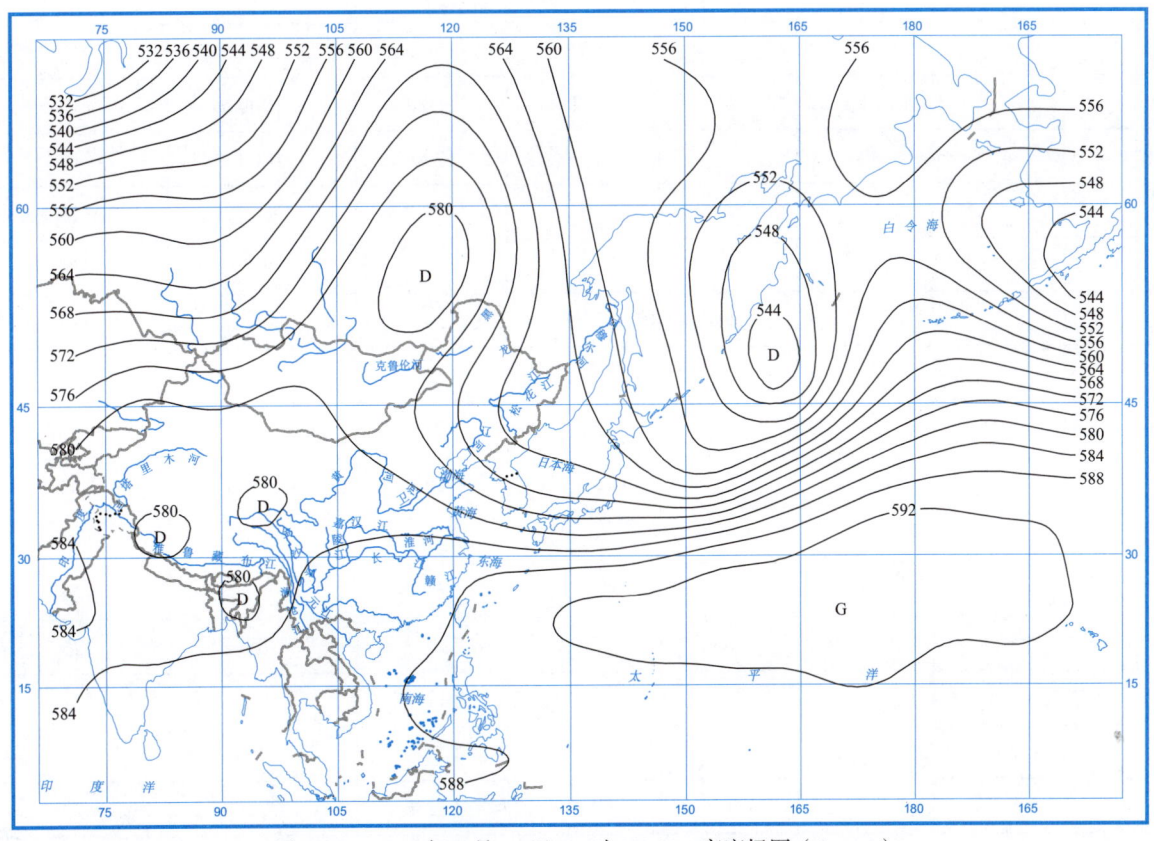

图 2.3.8　2017 年 6 月 12 日 20 时 500 hPa 高度场图（dagpm）

2.4 强热带风暴"南玛都"(Namadol)

第1703号强热带风暴"南玛都"(Namadol)是由7月1日下午位于菲律宾马尼拉以东约1200 km的西北太平洋洋面上一个热带低压发展形成。形成后低压中心稳定地向西北方向移动，2日早晨加强为热带风暴，3日凌晨在东海赤尾屿附近海面转向东北偏北方向移动，早晨增强为强热带风暴，下午移动方向转向东北，强热带风暴"南玛都"(Namadol)于4日早晨在日本鹿儿岛沿海登陆，登陆后向偏东方向移动，下午进入日本四国岛，之后继续向偏东方向移动，傍晚前后进入太平洋，5日凌晨减弱为热带风暴，08时已变性为温带气旋并转向东北方向移动，6日在太平洋上消散。

受强热带风暴"南玛都"影响，7月3日，福建福鼎、浙江东部部分总雨量为10～50 mm，浙江台州部分地区总雨量为71～72 mm，其中，浙江临海71.6 mm，为本次过程总雨量及日雨量极值，浙江三门3日17时雨量38.2 mm，为本次过程时雨量极值。

表2.4.1是强热带风暴"南玛都"(Namadol)的中心位置和强度。图2.4.1～图2.4.5分别是强热带风暴"南玛都"(Namadol)路径图、总降水日数图、总降水量图、大风区域演变图和2017年7月3日14时500 hPa高度场图。

表2.4.1 1703号强热带风暴"南玛都"(Namadol)中心位置和强度

7月1—6日

年	月	日	时	中心位置		中心气压（hPa）	最大风速（m/s）
				北纬（°N）	东经（°E）		
2017	7	1	14	15.8	132.2	1002	13
	7	1	20	17	130.3	1000	15
	7	2	2	18.8	128.8	1000	15
	7	2	8	20.7	126.8	998	18
	7	2	14	22.2	125.7	998	18
	7	2	20	23.5	124.7	995	20
	7	3	2	24.8	124	992	23
	7	3	8	26.2	124.3	988	25
	7	3	14	27.8	124.9	985	28
	7	3	20	29.5	126.2	985	28
	7	4	2	31.3	127.7	988	25
	7	4	8	32.9	130.3	988	25
	7	4	14	33.7	133.8	988	25
	7	4	20	34.1	138.2	988	25
	7	5	2	35.1	142.6	992	23

(续表)

年	月	日	时	中心位置		中心气压（hPa）	最大风速（m/s）
				北纬（°N）	东经（°E）		
△	7	5	8	36	146	998	18
	7	5	14	36.8	150.5	998	18
	7	5	20	38.2	155	996	15
	7	6	2	40	160	996	15
	7	6	8	42.5	165	996	15
	7	6	14	46.4	169	996	15
	消散						

热带气旋年鉴 2017

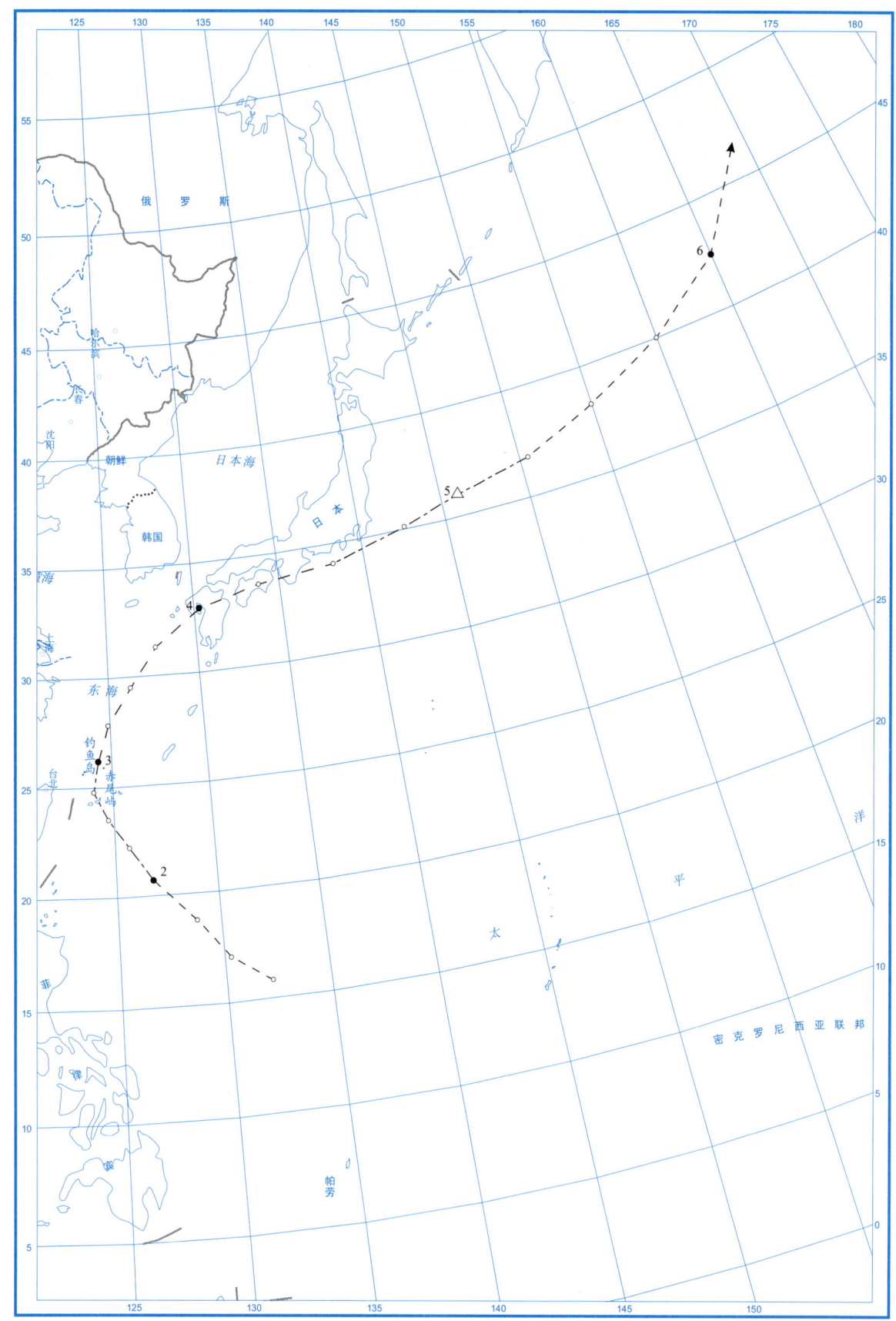

图 2.4.1　1703 号强热带风暴"南玛都"（Namadol）路径图

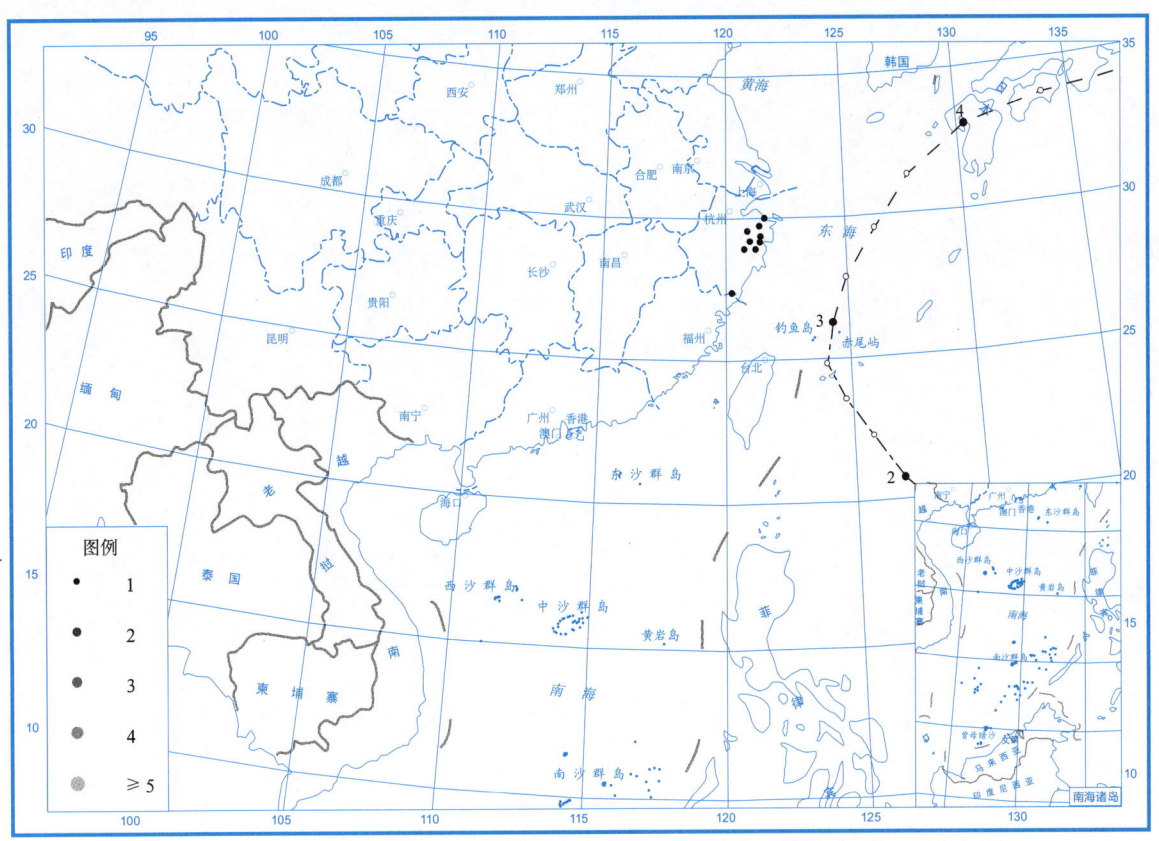

图 2.4.2　1703 号强热带风暴"南玛都"（Namadol）总降水日数图（7月3日）（天）

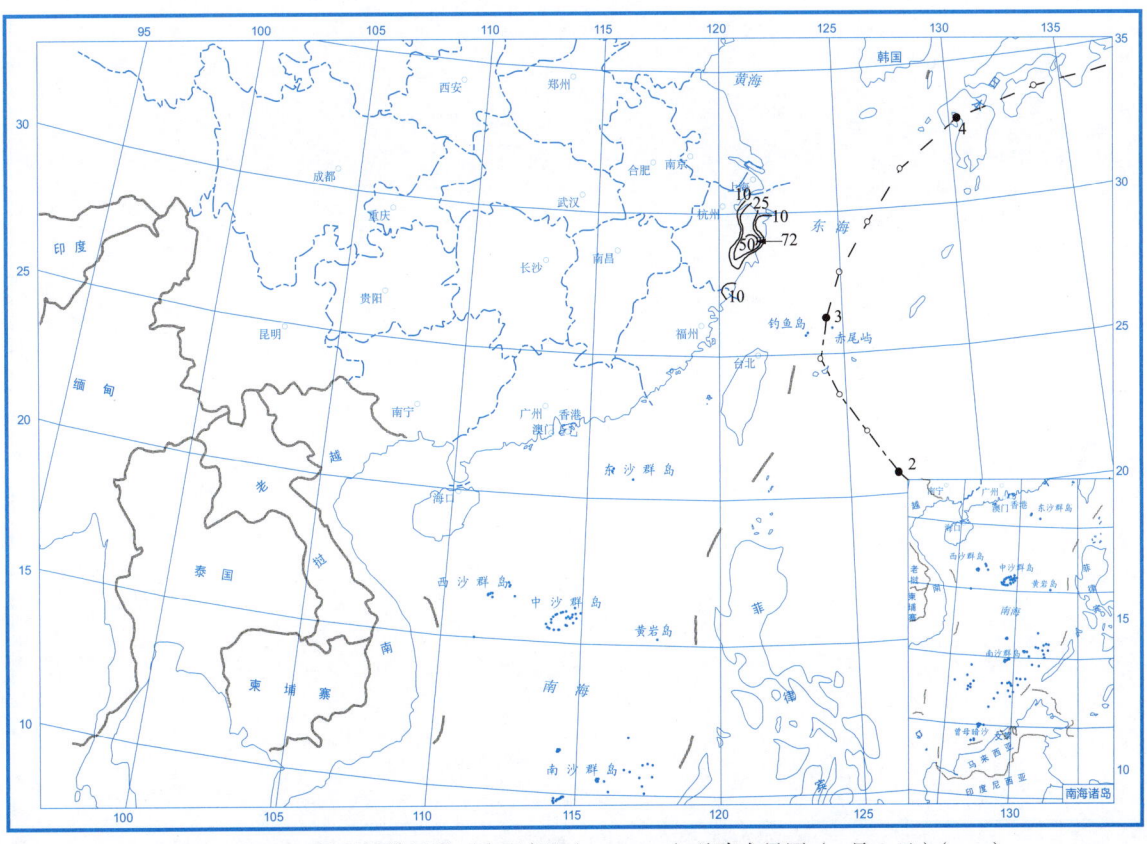

图 2.4.3　1703 号强热带风暴"南玛都"（Namadol）总降水量图（7月3日）（mm）

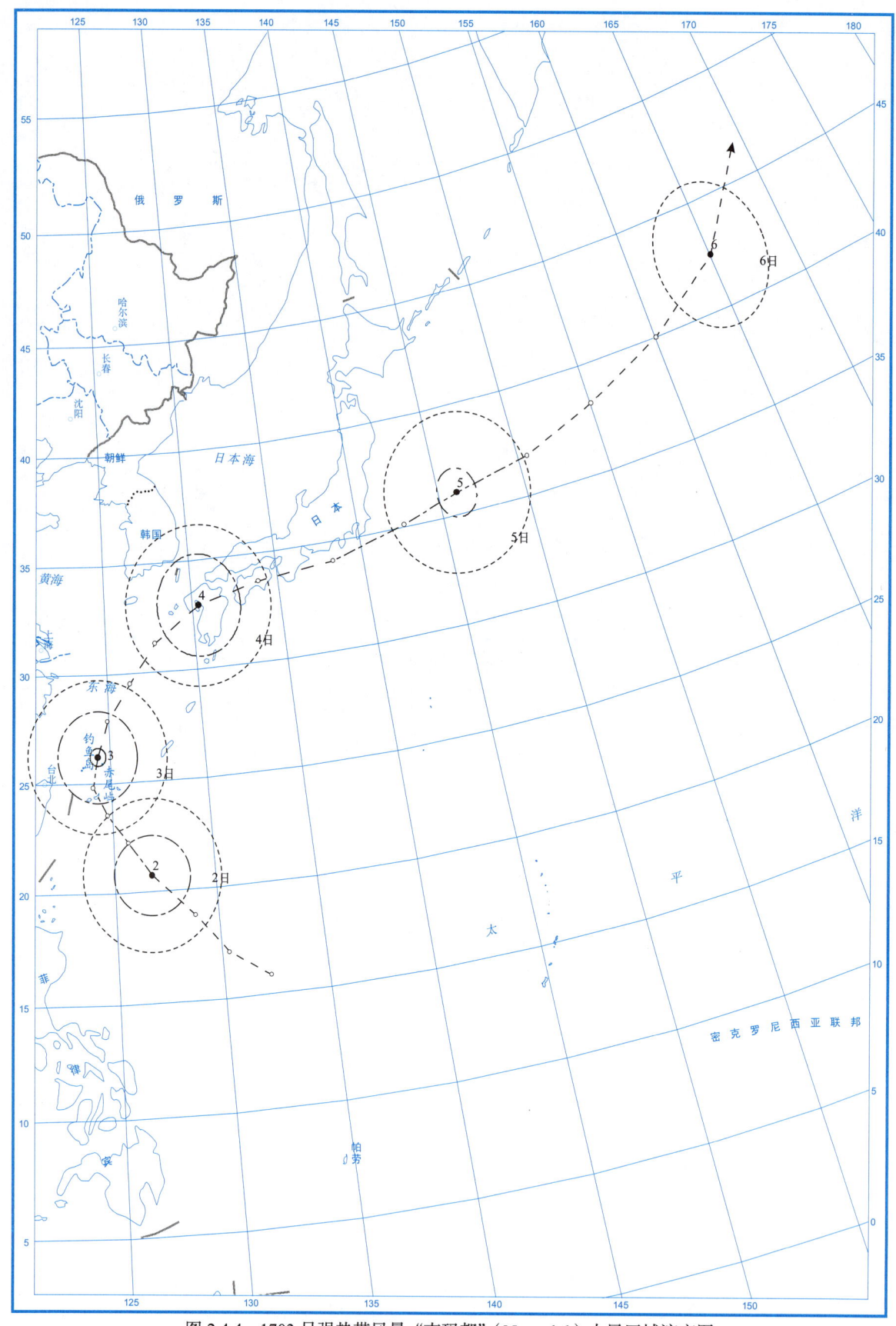

图 2.4.4 1703 号强热带风暴"南玛都"(Namadol)大风区域演变图

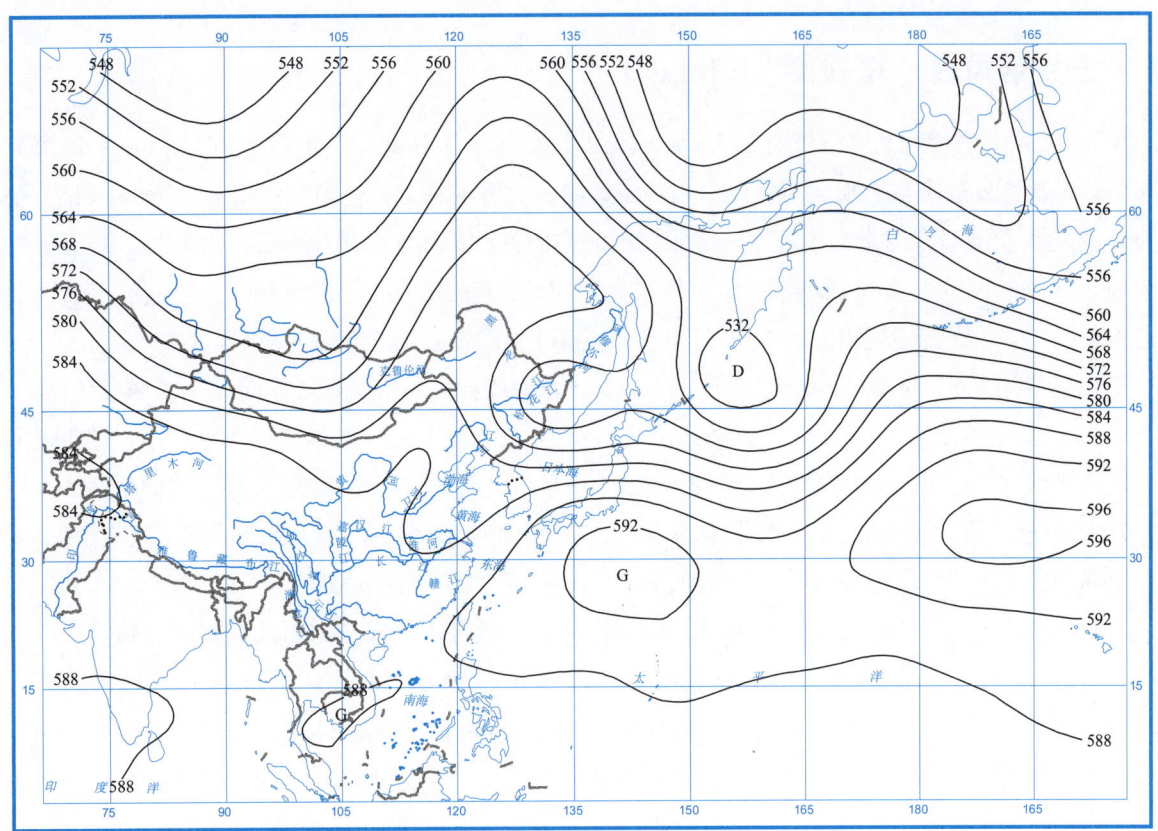

图 2.4.5 2017 年 7 月 3 日 14 时 500 hPa 高度场图（dagpm）

2.5 强热带风暴"塔拉斯"(Talas)

第1704号强热带风暴"塔拉斯"(Talas)是由7月14日下午离三沙市东南约125 km的南海海面上一个热带低压发展形成。形成后低压中心稳定地向西北方向移动,逐渐向海南岛靠近。15日下午增强为热带风暴,16日在海南岛南部海域继续向西北方向移动,逐渐向越南东部沿海靠近,当天下午增强为强热带风暴,17日凌晨强热带风暴"塔拉斯"(Talas)在越南河静沿海登陆,登陆后继续西北行并进入老挝,下午在老挝境内减弱为热带低压,18日凌晨后在泰国北部境内消散。

受强热带风暴"塔拉斯"影响,7月15—16日,海南西沙、海南陵水和东方、广东上川岛、惠东、清远、翁源和始兴、广西玉林和来宾出现最大风力6~7级、阵风7~10级;海南三亚出现最大风力8级(20.8 m/s)、阵风11级(32.0 m/s)为本次强热带风暴影响过程的风极值。

7月14—18日,海南部分、广东北部、广西大部、云南南部和东部、贵州南部部分、湖南南部局部、江西南部部分、福建南部总雨量为10~50 mm;海南大部、广东南部大部、广西局部、云南富宁和福建云霄总雨量为50~150 mm;海南西沙、海南南部部分及琼山、广东中南部、东南部和阳江以及上川岛总雨量150~293 mm;海南珊瑚岛雨量356.2 mm,为本次强热带风暴影响过程总雨量极值。

7月15日,受"塔拉斯"正面袭击,海南珊瑚出现大暴雨,日雨量246.1 mm,17时雨量50.5 mm,分别为本次强热带风暴影响过程日雨量和时雨量极值;16日,广东西南部分地区、海南南部西沙和珊瑚两岛出现暴雨到大暴雨;17—18日,受其外围环流影响,海南局部、广东南部沿海部分地区出现暴雨,局部大暴雨。

受其影响,云南省和海南省出现了一定程度的灾情。总计受灾人数达到21.2万人,紧急转移人数达到4万人,农作物受灾面积达到2.8千公顷,农作物绝收面积1.1千公顷,倒塌房屋400间,直接经济损失达到0.5亿元(详情见表2.5.2)。

表2.5.1是强热带风暴"塔拉斯"(Talas)的中心位置和强度。图2.5.1~图2.5.9分别是强热带风暴"塔拉斯"(Talas)路径图、总降水日数图、大风分布图、总降水量图、2017年7月16—18日的日降水量图、大风区域演变图和2017年7月16日14时500 hPa高度场图。

表2.5.1 1704号强热带风暴"塔拉斯"(Talas)中心位置和强度

7月14—18日

年	月	日	时	中心位置		中心气压(hPa)	最大风速(m/s)
				北纬(°N)	东经(°E)		
2017	7	14	14	16.2	113.3	1002	13
	7	14	20	16.4	112.9	1002	13
	7	15	2	16.6	112.6	1000	15
	7	15	8	16.8	112.3	1000	15
	7	15	14	17	111.8	998	18

(续表)

年	月	日	时	中心位置		中心气压 （hPa）	最大风速 （m/s）
				北纬（°N）	东经（°E）		
2017	7	15	20	17.2	111.1	998	18
	7	16	2	17.5	110.3	995	20
	7	16	8	17.7	109.6	992	23
	7	16	14	18.1	108.4	988	25
	7	16	20	18.4	107.1	988	25
	7	17	2	18.5	105.7	988	25
	7	17	8	18.9	104	996	18
	7	17	14	19	102.3	998	15
	7	17	20	19.3	100.9	998	15
	7	18	2	19.7	99.9	1000	13
				消散			

表 2.5.2　1704 号强热带风暴"塔拉斯"（Talas）在云南省和海南省引发的灾情

受灾省	受灾人口 （万人）	死亡人口 （人）	失踪人口 （人）	紧急转移 人口 （万人）	农作物		倒塌房屋 （万间）	直接经济 损失 （亿元）
					受灾面积 （千公顷）	绝收面积 （千公顷）		
海南省	21	0	0	4	2.8	0	0	0.5
云南省	0.2	0	0	0	0	0	0	0
合计	21.2	0	0	4	2.8	0	0	0.5

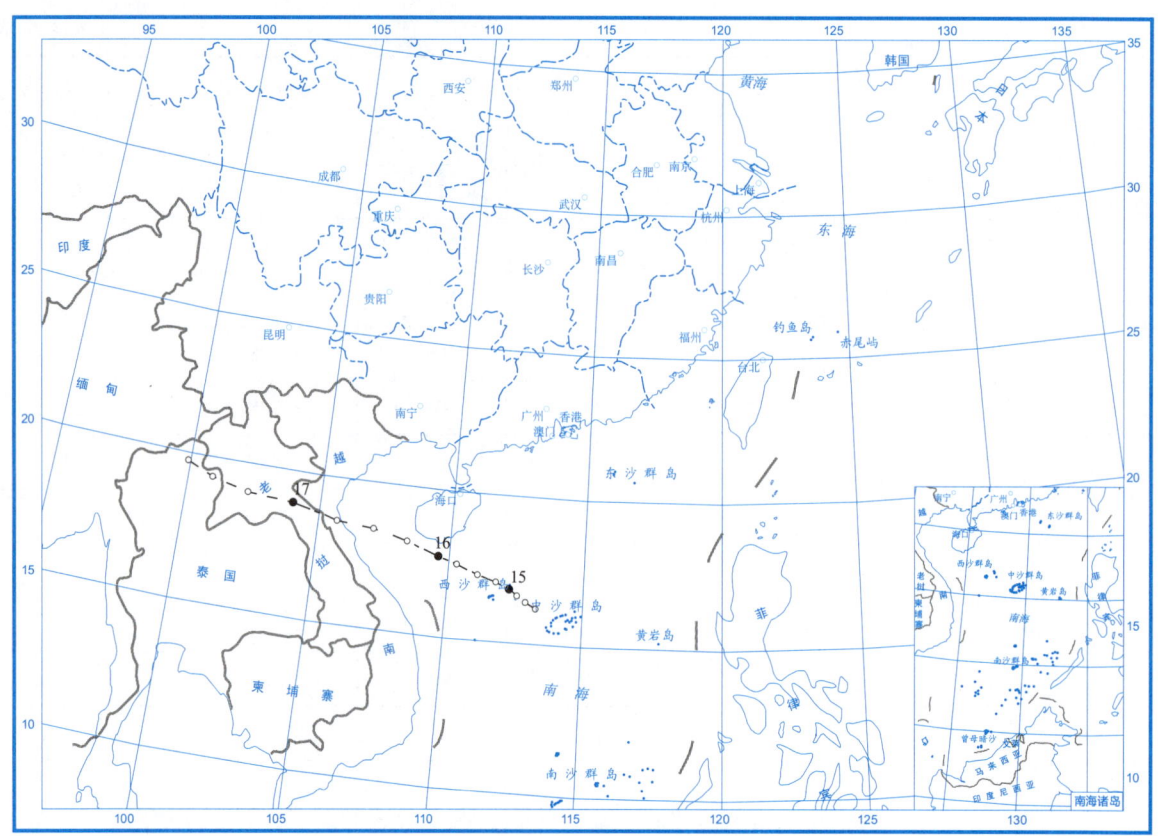

图 2.5.1　1704 号强热带风暴"塔拉斯"（Talas）路径图

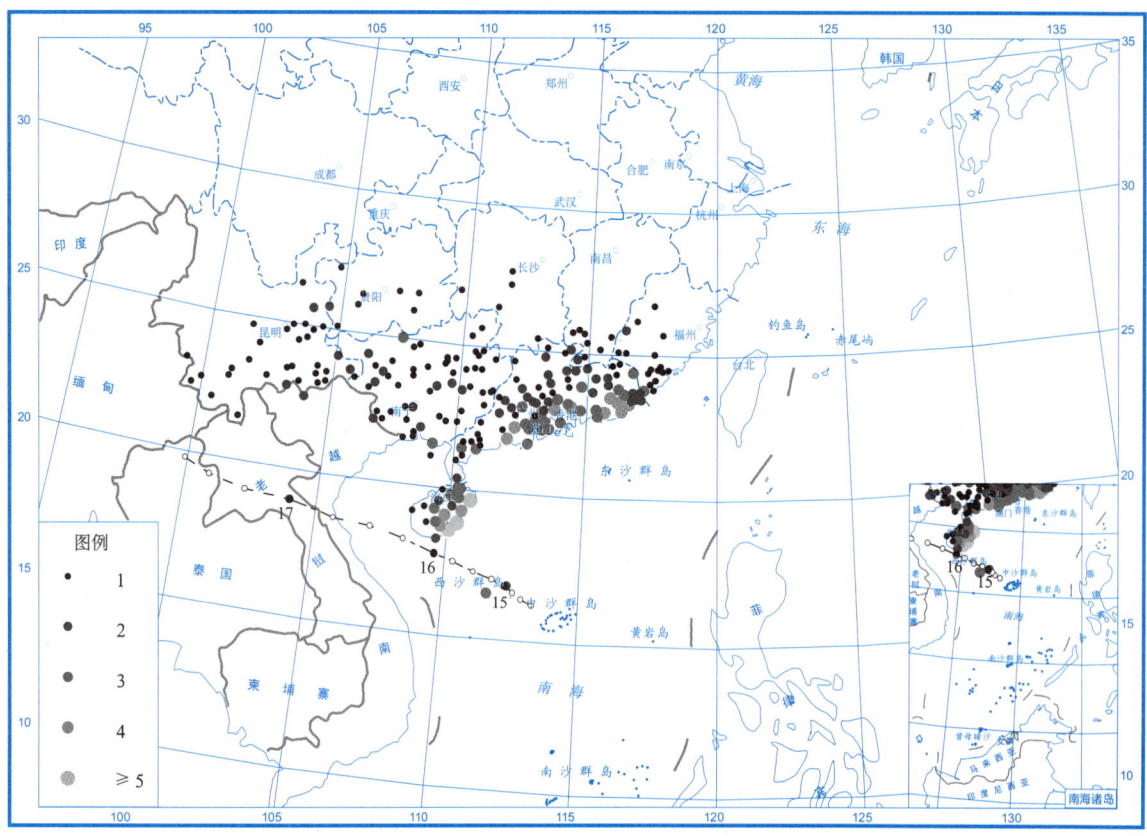

图 2.5.2　1704 号强热带风暴"塔拉斯"（Talas）总降水日数图（7月14—18日）（天）

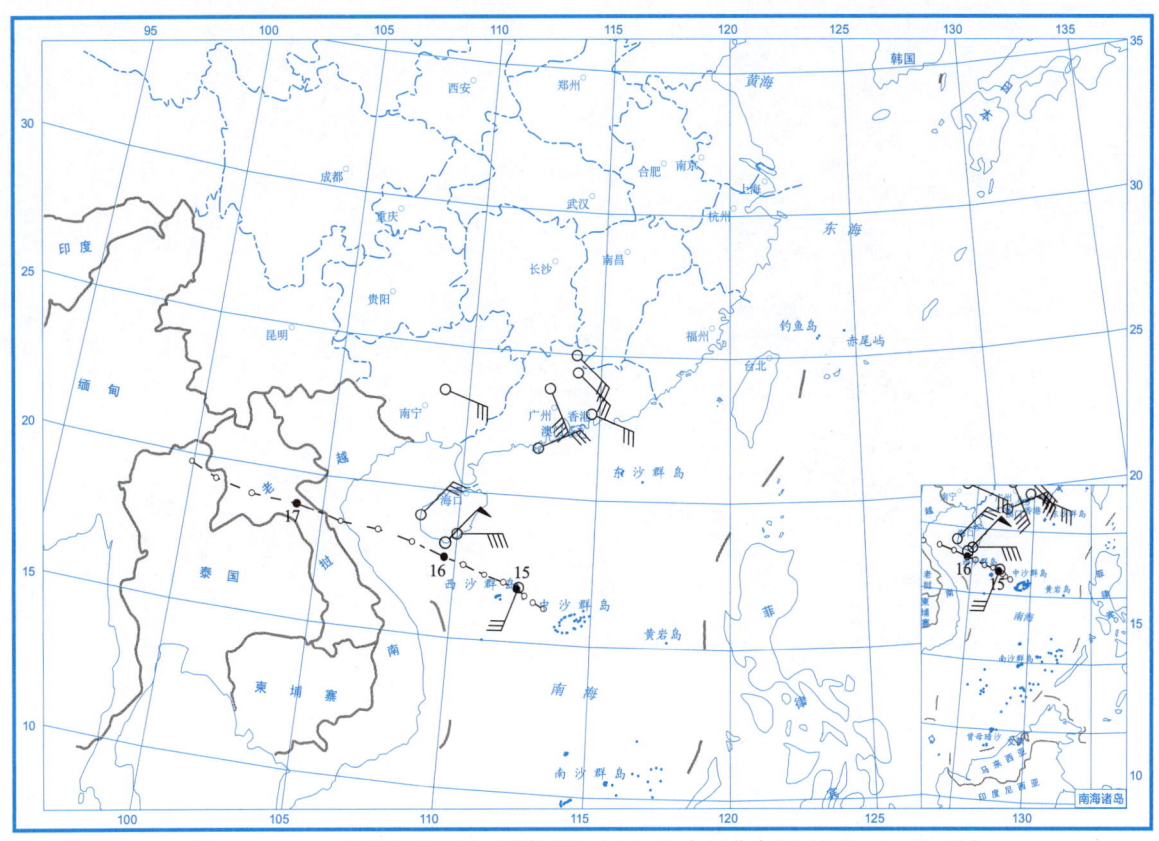

图 2.5.3　1704 号强热带风暴"塔拉斯"(Talas)大风分布图（7月15—16日）

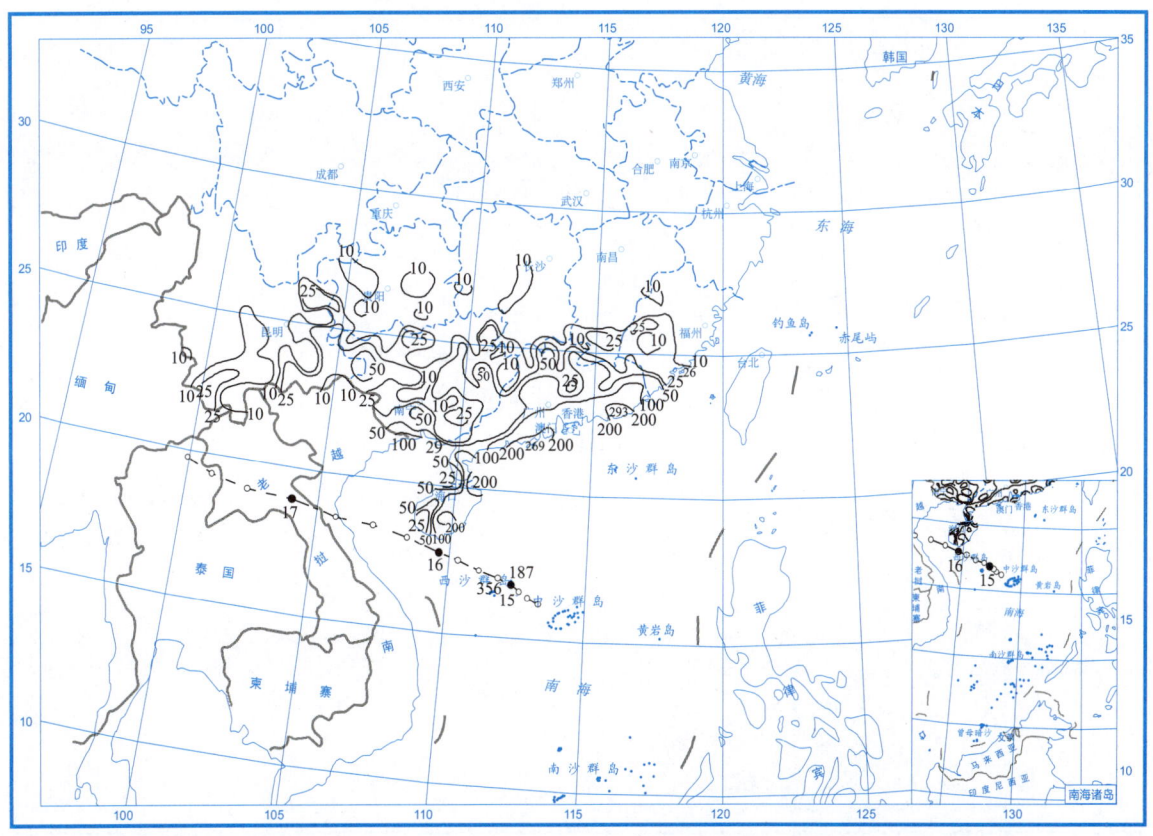

图 2.5.4　1704 号强热带风暴"塔拉斯"(Talas)总降水量图（7月14—18日）(mm)

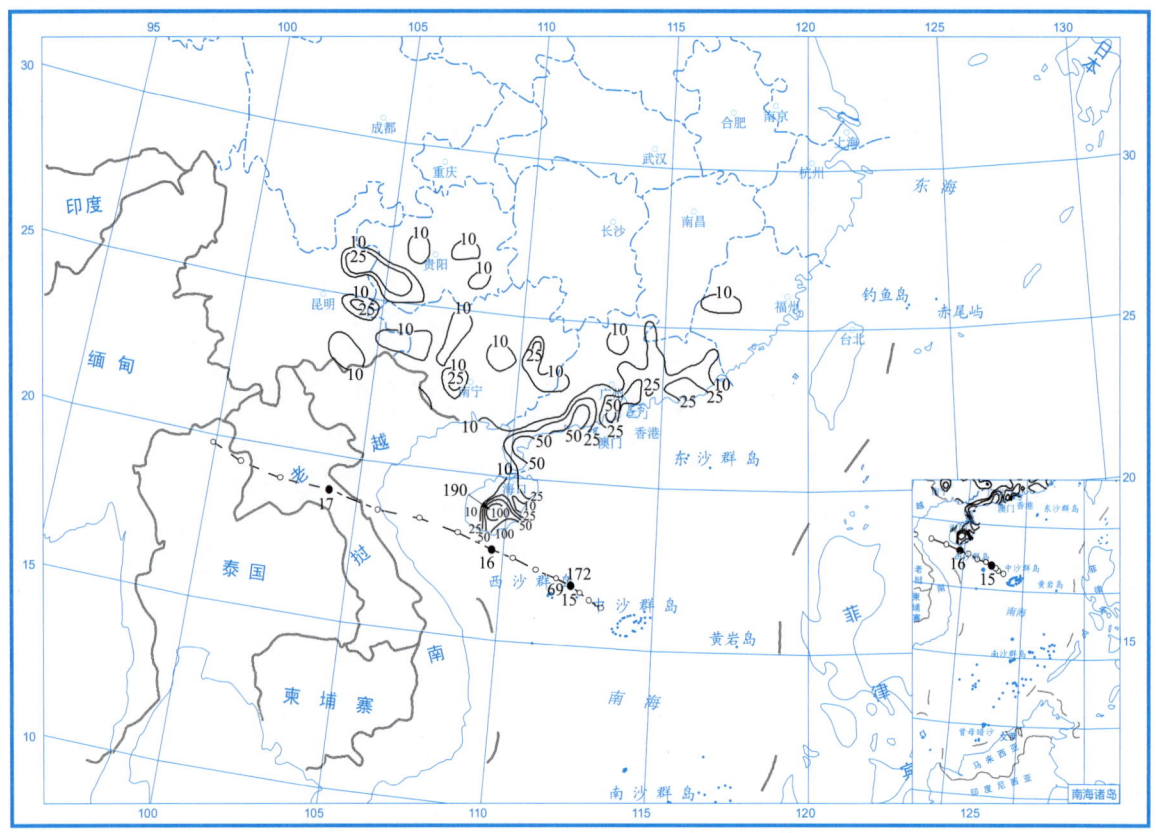

图 2.5.5　2017 年 7 月 16 日的日降水量图（mm）

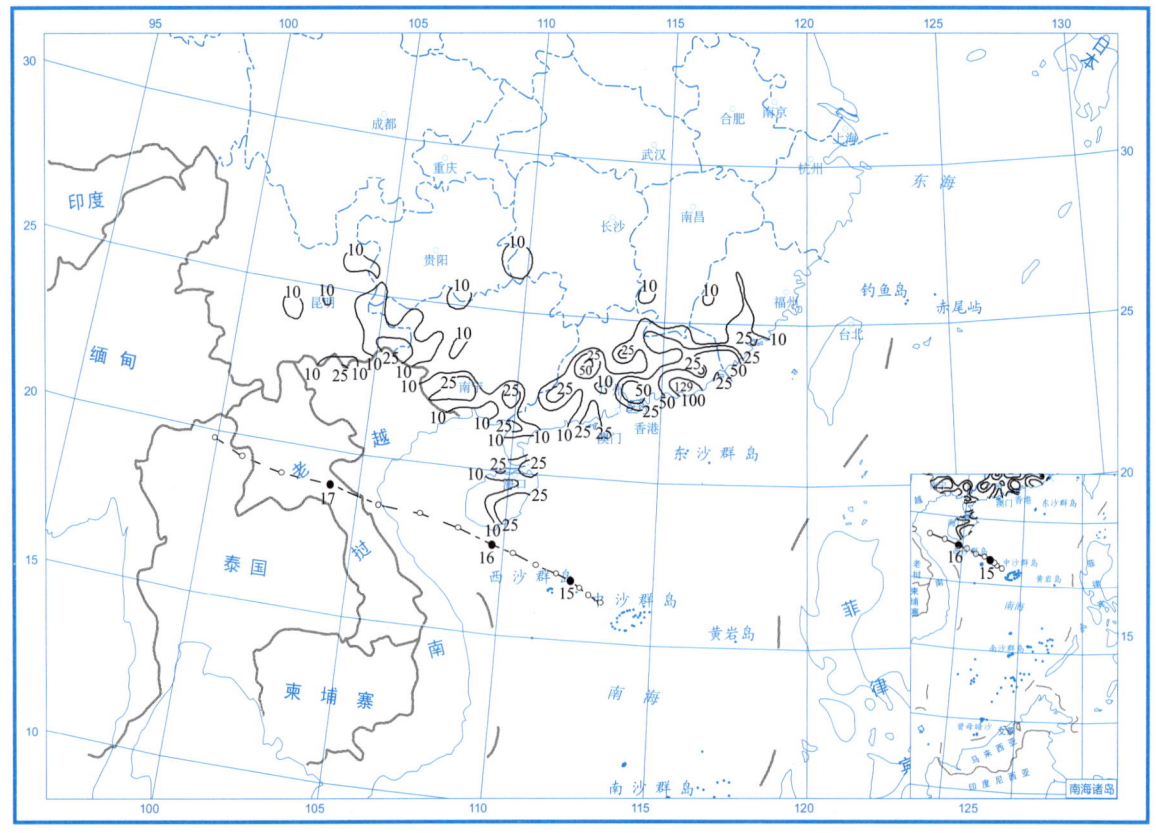

图 2.5.6　2017 年 7 月 17 日的日降水量图（mm）

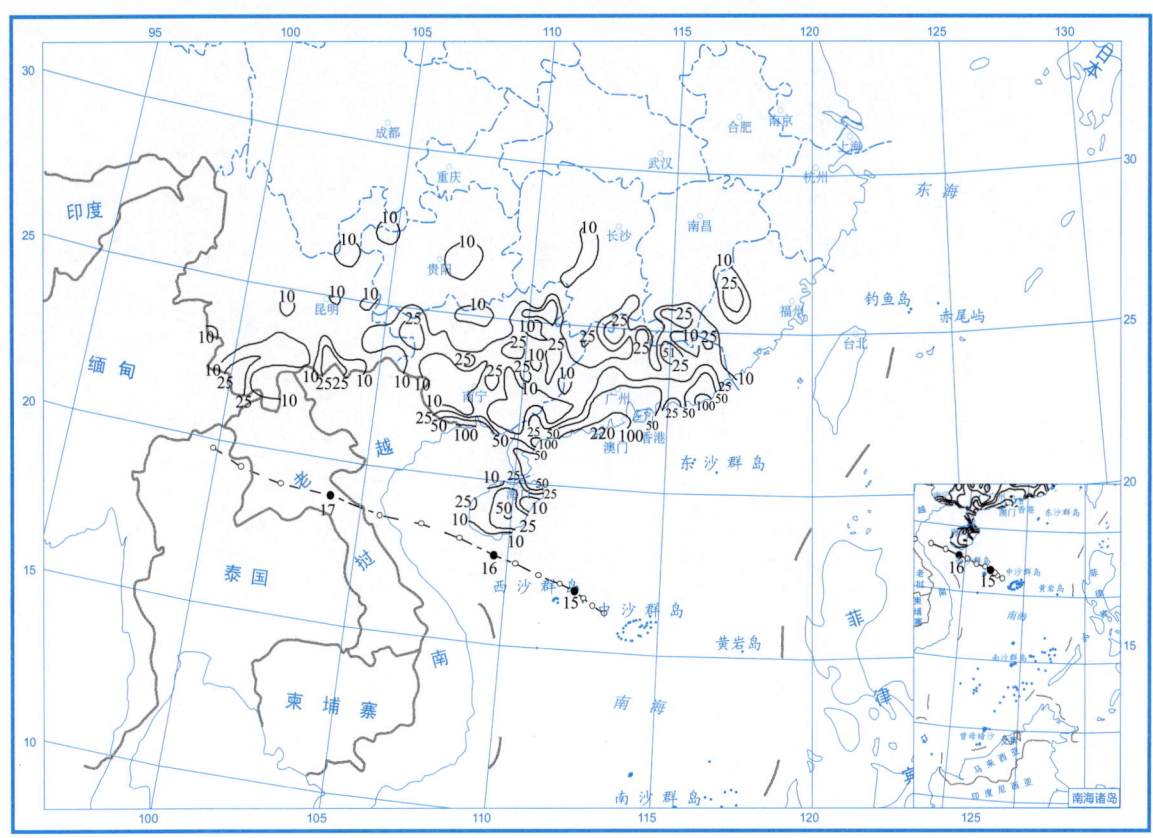

图 2.5.7 2017 年 7 月 18 日的日降水量图（mm）

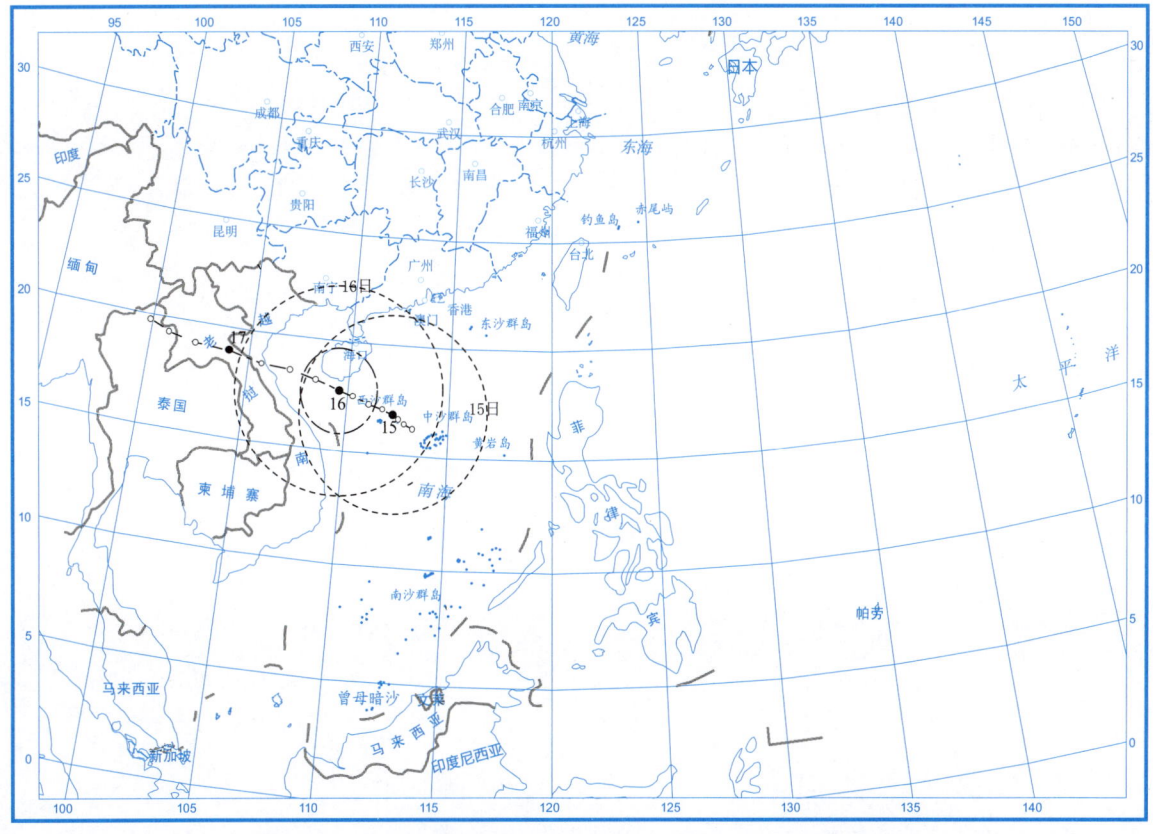

图 2.5.8 1704 号强热带风暴"塔拉斯"（Talas）大风区域演变图

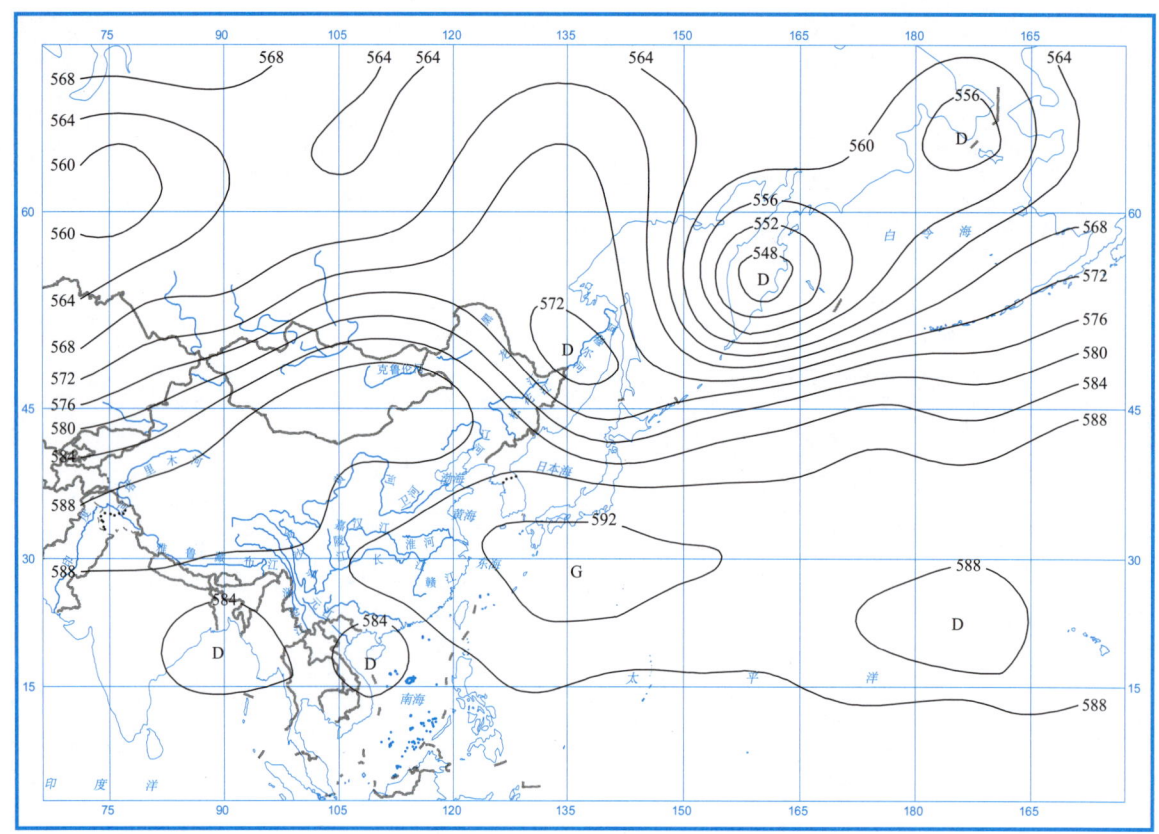

图 2.5.9　2017 年 7 月 16 日 14 时 500 hPa 高度场图（dagpm）

2.6 超强台风"奥鹿"(Noru)

第 1705 号超强台风"奥鹿"(Noru)是由 7 月 20 日凌晨位于威克岛西北约 970 km 的西北太平洋洋面上一个热带低压发展形成。形成后低压中心向西北偏西方向移动,21 日早晨增强为热带风暴,强度增强缓慢,23 日凌晨增强为强热带风暴,当日 08 时之后移速缓慢,夜间转向东南移动,强度增强为台风,移速略有加快,24 日"奥鹿"(Noru)移动路径逐渐偏东,25 日早晨移动路径转向东北,夜间又折向北,26 日凌晨移动路径转向西北,"奥鹿"(Noru)以逆时针方向回旋一圈后向西北方向移动,强度略有减弱。27 日夜间再次转向西南,29 日早晨减弱为强热带风暴并转向偏南方向移动,30 日 08 时强度再次增强为台风,强度迅速增强,并折向偏西方向移动,31 日凌晨"奥鹿"(Noru)增强为超强台风,达到其生命史最大强度,中心附近最大风速为 52 m/s,中心最低气压为 935 hPa。夜间又转向西北方向移动,8 月 1 日强度减弱为强台风,8 月 3 日晚减弱为台风,4 日"奥鹿"(Noru)移速减慢,5 日夜间转向东北方向移动,6 日沿着日本西南部海岸线附近海域移动,7 日上午在日本四国东南部沿海登陆,登陆后继续向东北方向移动,下午强度减弱为强热带风暴,8 日凌晨在日本中部减弱为热带风暴,之后进入日本海,下午"奥鹿"(Noru)变性为温带气旋,夜间减弱为低压,9 日上午在日本海海域消散。

超强台风"奥鹿"(Noru)是 2017 年路径最为曲折和生命史也属最长的一个台风,历经 20.5 天。

表 2.6.1 是超强台风"奥鹿"(Noru)的中心位置和强度。图 2.6.1~图 2.6.3 分别是超强台风"奥鹿"(Noru)路径图、大风区域演变图和 2017 年 8 月 5 日 20 时 500 hPa 高度场图。

表 2.6.1　1705 号超强台风"奥鹿"(Noru)中心位置和强度

7 月 20 日—8 月 9 日

年	月	日	时	中心位置		中心气压 (hPa)	最大风速 (m/s)
				北纬(°N)	东经(°E)		
2017	7	20	2	26.4	161.2	1008	13
	7	20	8	26.8	160.6	1008	13
	7	20	14	27.1	160	1008	13
	7	20	20	27.3	159.1	1006	15
	7	21	2	27.6	158.3	1006	15
	7	21	8	28	157.7	1004	18
	7	21	14	28.2	156.9	1004	18
	7	21	20	28.4	155.7	1004	18
	7	22	2	28.6	154.7	1004	18
	7	22	8	28.7	153.8	998	20
	7	22	14	28.7	153.2	998	20
	7	22	20	28.6	152.5	992	23

(续表)

年	月	日	时	中心位置		中心气压 （hPa）	最大风速 （m/s）
				北纬（°N）	东经（°E）		
2017	7	23	2	28.5	151.9	990	25
	7	23	8	28.3	151.3	985	28
	7	23	14	28.2	151.2	980	30
	7	23	20	28.1	151.4	975	33
	7	24	2	27.5	151.7	975	33
	7	24	8	27.1	152.3	965	38
	7	24	14	26.8	152.9	960	40
	7	24	20	26.3	154.2	960	40
	7	25	2	25.9	155.6	960	40
	7	25	8	25.7	156.6	960	40
	7	25	14	25.9	157.5	960	40
	7	25	20	26.2	158.1	960	40
	7	26	2	27	158.4	965	38
	7	26	8	28	157.9	970	35
	7	26	14	29	157.1	970	35
	7	26	20	29.9	155.6	970	35
	7	27	2	30.4	154.1	970	35
	7	27	8	30.8	152.2	970	35
	7	27	14	31	150.6	970	35
	7	27	20	30.8	148.5	970	35
	7	28	2	30.4	146.9	970	35
	7	28	8	29.6	145.3	975	33
	7	28	14	28.8	144.4	975	33
	7	28	20	28.2	143.4	975	33
	7	29	2	27.8	143	975	33
	7	29	8	27.2	142.6	980	30
	7	29	14	26.3	142.2	980	30
	7	29	20	25.3	141.9	980	30
	7	30	2	24.5	141.8	980	30

(续表)

年	月	日	时	中心位置		中心气压（hPa）	最大风速（m/s）
				北纬（°N）	东经（°E）		
2017	7	30	8	23.9	141.6	975	33
	7	30	14	23.4	141.5	970	35
	7	30	20	22.9	141.4	955	42
	7	31	2	22.8	140.9	935	52
	7	31	8	22.8	140.4	935	52
	7	31	14	22.9	139.9	935	52
	7	31	20	23	139.3	935	52
	8	1	2	23.3	138.8	945	48
	8	1	8	23.6	138.3	945	48
	8	1	14	24	137.7	950	45
	8	1	20	24.5	137.2	950	45
	8	2	2	25	136.7	950	45
	8	2	8	25.4	136.4	950	45
	8	2	14	25.8	136	950	45
	8	2	20	26.2	135.6	950	45
	8	3	2	26.7	135.4	950	45
	8	3	8	27.4	134.9	955	42
	8	3	14	27.9	134.1	955	42
	8	3	20	28.1	133.4	960	40
	8	4	2	28.3	132.4	960	40
	8	4	8	28.5	131.4	960	40
	8	4	14	28.7	131.1	965	38
	8	4	20	28.9	130.8	965	38
	8	5	2	29.2	130.4	965	38
	8	5	8	29.6	130.2	965	38
	8	5	14	29.8	130.1	965	38
	8	5	20	30	130.1	965	38
	8	6	2	30.3	130.5	975	33
	8	6	8	30.7	130.9	975	33

（续表）

年	月	日	时	中心位置		中心气压（hPa）	最大风速（m/s）
				北纬（°N）	东经（°E）		
2017	8	6	14	31.1	131.4	975	33
	8	6	20	31.7	132.2	975	33
	8	7	2	32.5	132.9	975	33
	8	7	8	33.2	133.8	975	33
	8	7	14	34	135	980	30
	8	7	20	35.1	136.3	982	28
	8	8	2	35.9	136.9	985	23
	8	8	8	36.8	137.7	990	18
△	8	8	14	37.7	138.2	990	18
	8	8	20	38.5	138.6	992	15
	8	9	2	38.9	138.9	994	13
	8	9	8	39.3	139.3	994	13
				消散			

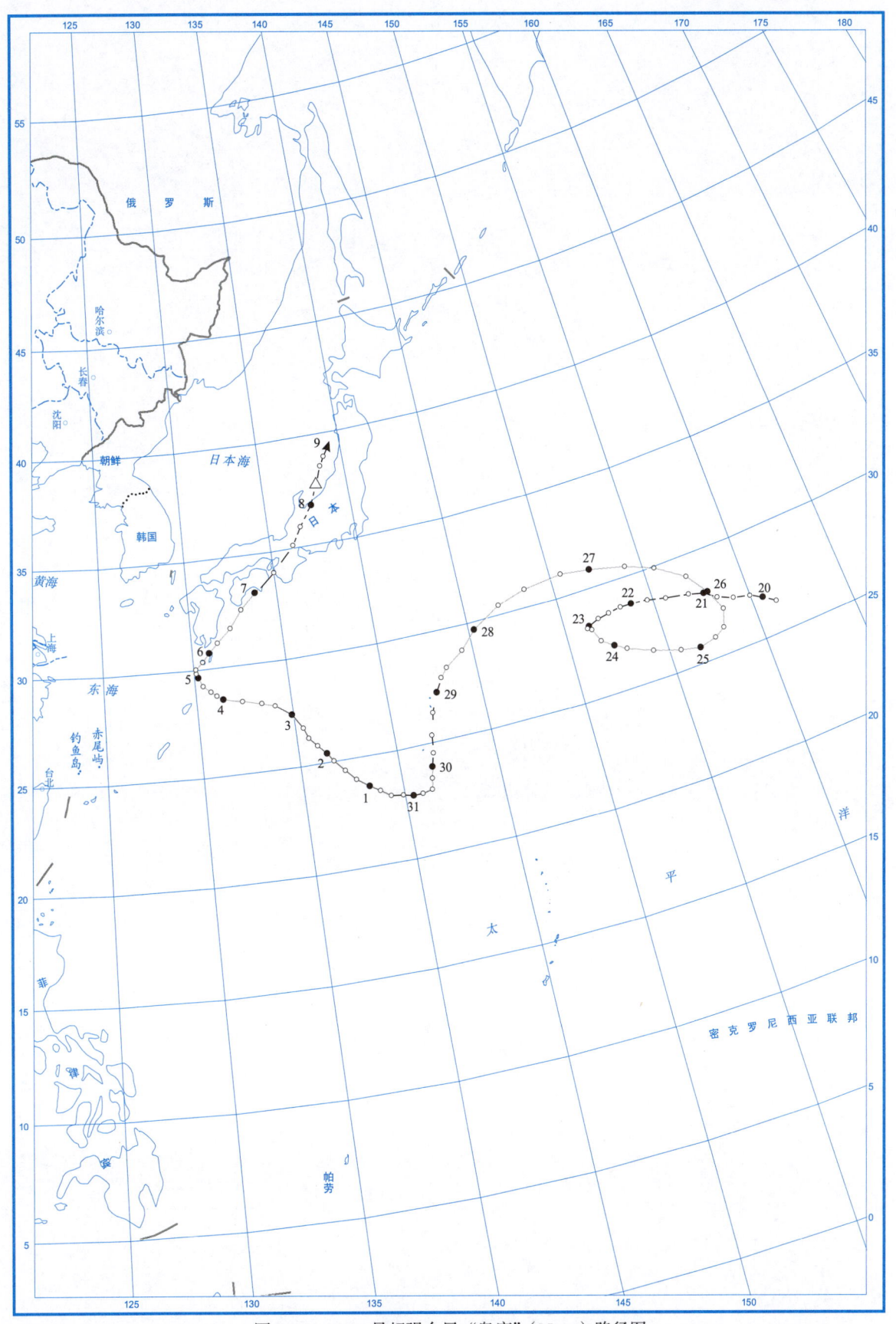

图 2.6.1　1705 号超强台风"奥鹿"（Noru）路径图

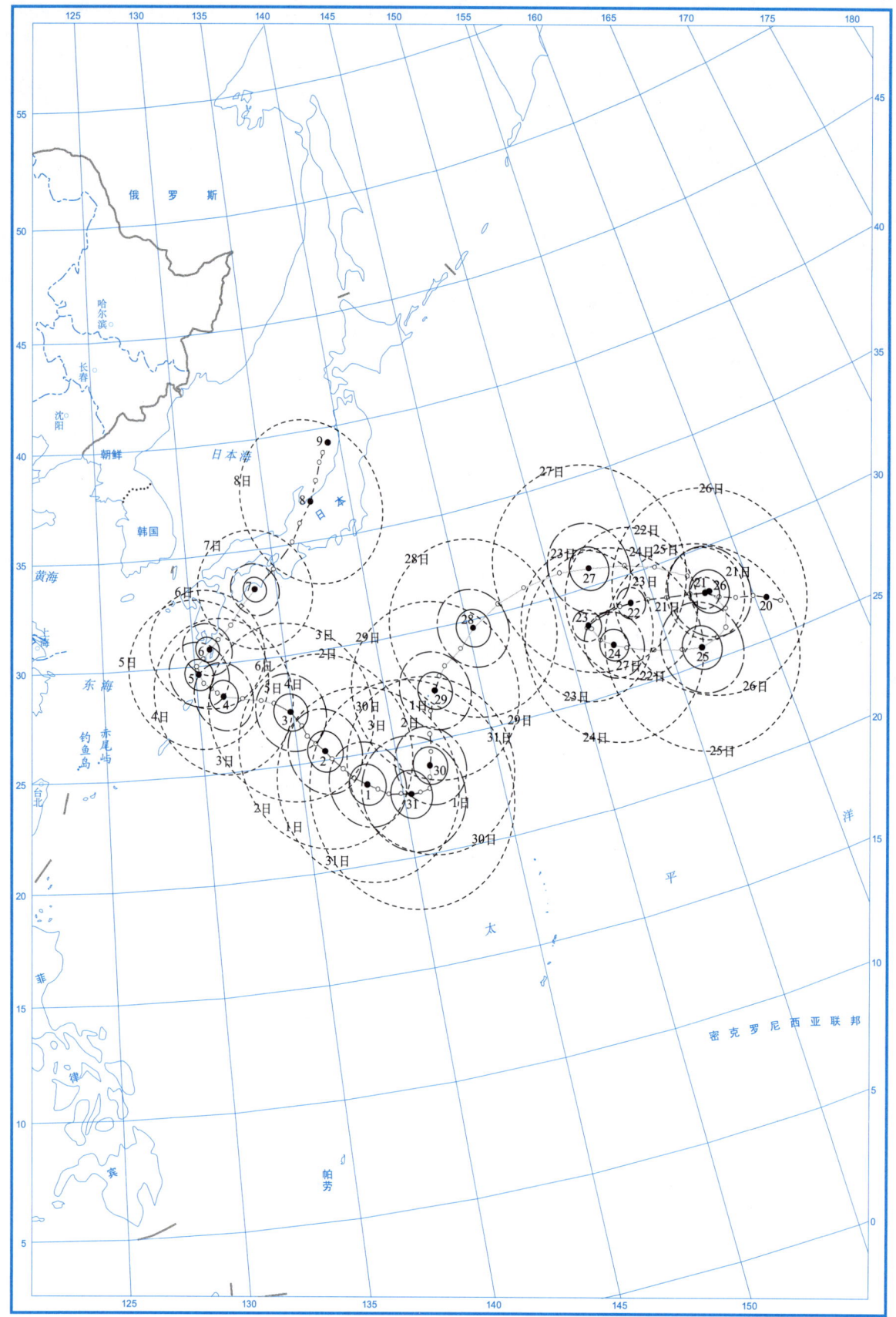

图 2.6.2　1705 号超强台风"奥鹿"（Noru）大风区域演变图

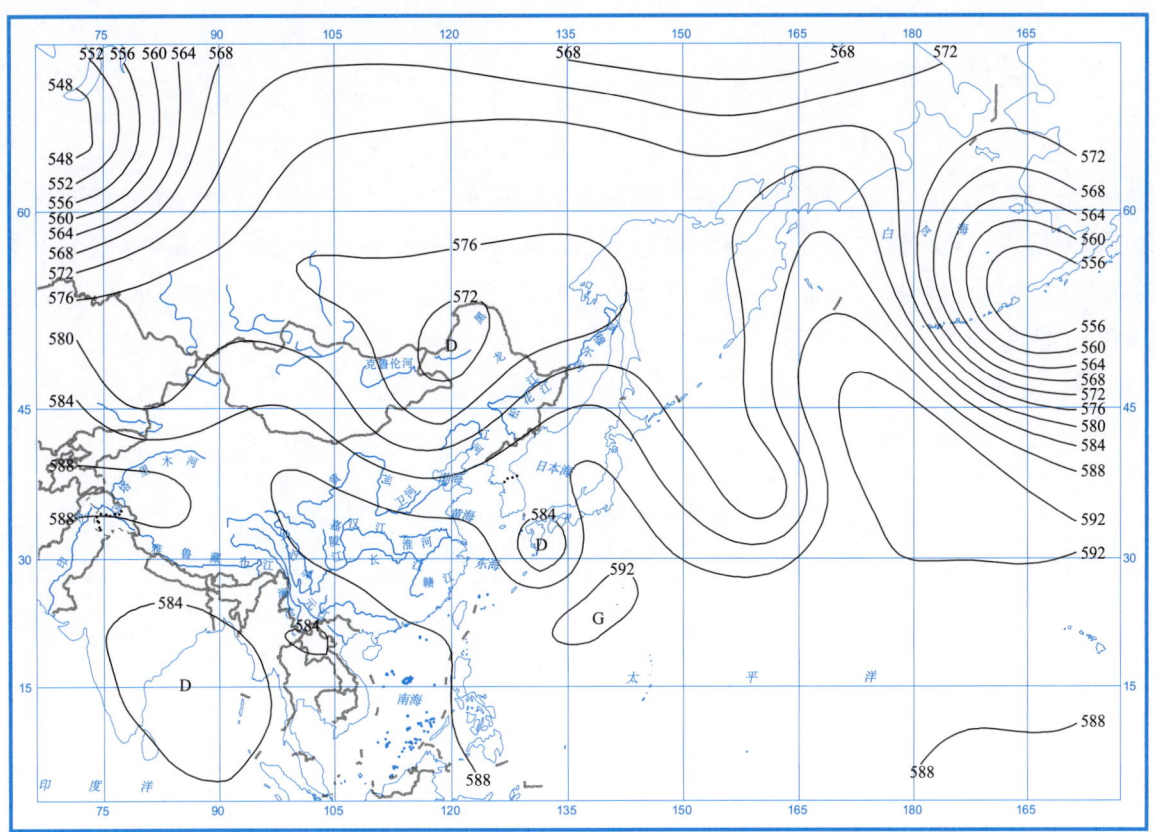

图 2.6.3　2017 年 8 月 5 日 20 时 500 hPa 高度场图（dagpm）

2.7 热带风暴"玫瑰"(Kulap)

第1706号热带风暴"玫瑰"(Kulap)是由7月20日凌晨位于中途岛西南约750 km的西北太平洋洋面上一个热带低压发展形成。热带低压形成后向偏北方向移动，21日下午加强为热带风暴，22日凌晨转向偏西方向移动，强度维持，23日逐渐转向西北偏西方向移动，24日晚转向偏西方向移动，25日下午路径转向西南，夜间"玫瑰"(Kulap)强度减弱为热带低压，27日凌晨路径向南移，于28日上午在西北太平洋洋面上消散。

表2.7.1是热带风暴"玫瑰"(Kulap)的中心位置和强度。图2.7.1～图2.7.3分别是热带风暴"玫瑰"(Kulap)路径图、大风区域演变图和2017年7月25日14时500 hPa高度场图。

表2.7.1 1706号热带风暴"玫瑰"(Kulap)中心位置和强度

7月20—28日

年	月	日	时	中心位置		中心气压（hPa）	最大风速（m/s）
				北纬（°N）	东经（°E）		
2017	7	20	8	22.9	177.8	1010	10
	7	20	14	23.2	177.5	1008	13
	7	20	20	23.8	177.4	1008	13
	7	21	2	24.6	177.2	1006	15
	7	21	8	25.4	177.1	1006	15
	7	21	14	26.5	177	1004	18
	7	21	20	28.2	176.3	1004	18
	7	22	2	30.2	175.2	1004	18
	7	22	8	30.5	172.1	1004	18
	7	22	14	30.2	170.7	1004	18
	7	22	20	30.1	169.4	1000	20
	7	23	2	30.3	168.3	1000	20
	7	23	8	30.5	167.2	1000	20
	7	23	14	30.7	166.4	1000	20
	7	23	20	31.1	165.2	1000	20
	7	24	2	31.5	164.4	1000	20
	7	24	8	31.9	163.4	992	23
	7	24	14	32.6	161.7	992	23
	7	24	20	33	160	992	23

(续表)

年	月	日	时	中心位置		中心气压（hPa）	最大风速（m/s）
				北纬（°N）	东经（°E）		
2017	7	25	2	33.2	158.3	995	20
	7	25	8	33.1	156.4	998	18
	7	25	14	32.8	155	998	18
	7	25	20	32.4	153.7	1000	15
	7	26	2	32	152.3	1000	15
	7	26	8	31.7	151.1	1002	13
	7	26	14	31.2	149.8	1002	13
	7	26	20	30.2	148.6	1004	10
	7	27	2	29.2	147.7	1004	10
	7	27	8	28.1	147.3	1004	10
	7	27	14	26.8	147.5	1004	10
	7	27	20	26	148.3	1004	10
	7	28	2	26.3	149.1	1004	10
	7	28	8	27	149.2	1004	10
				消散			

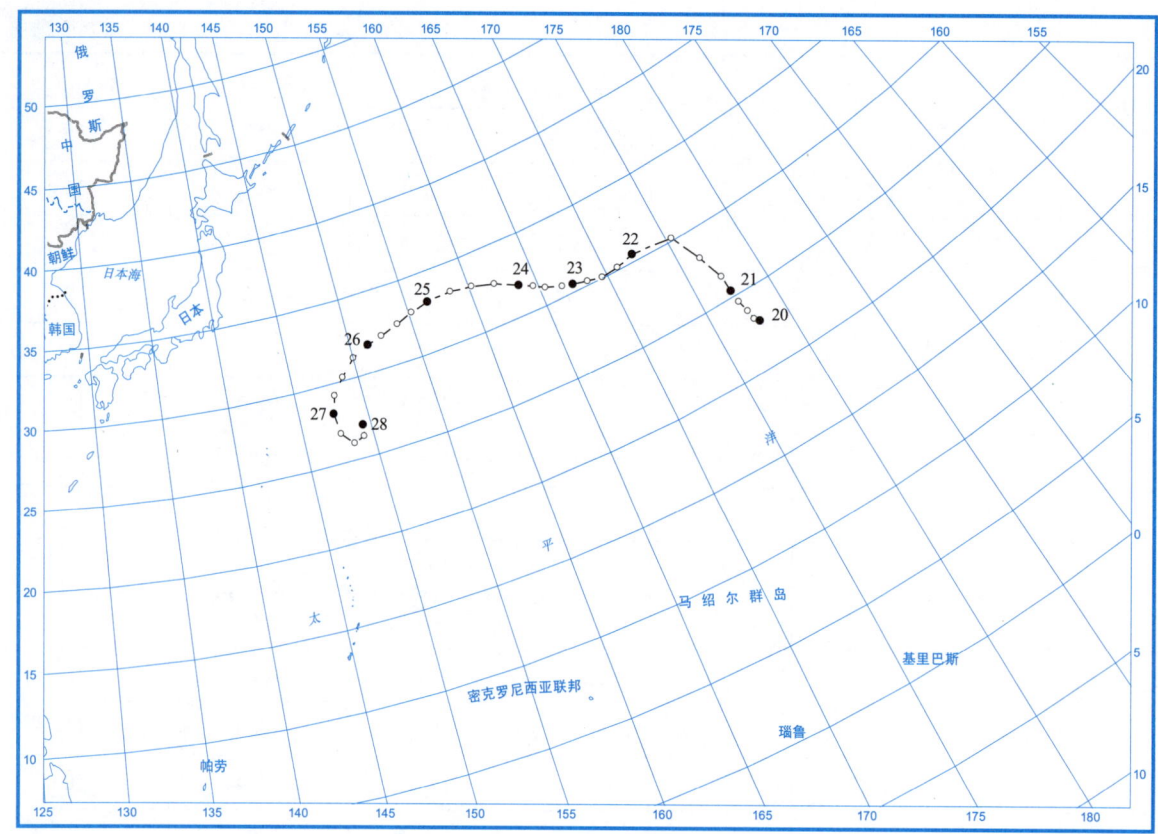

图 2.7.1 1706 号热带风暴"玫瑰"(Kulap)路径图

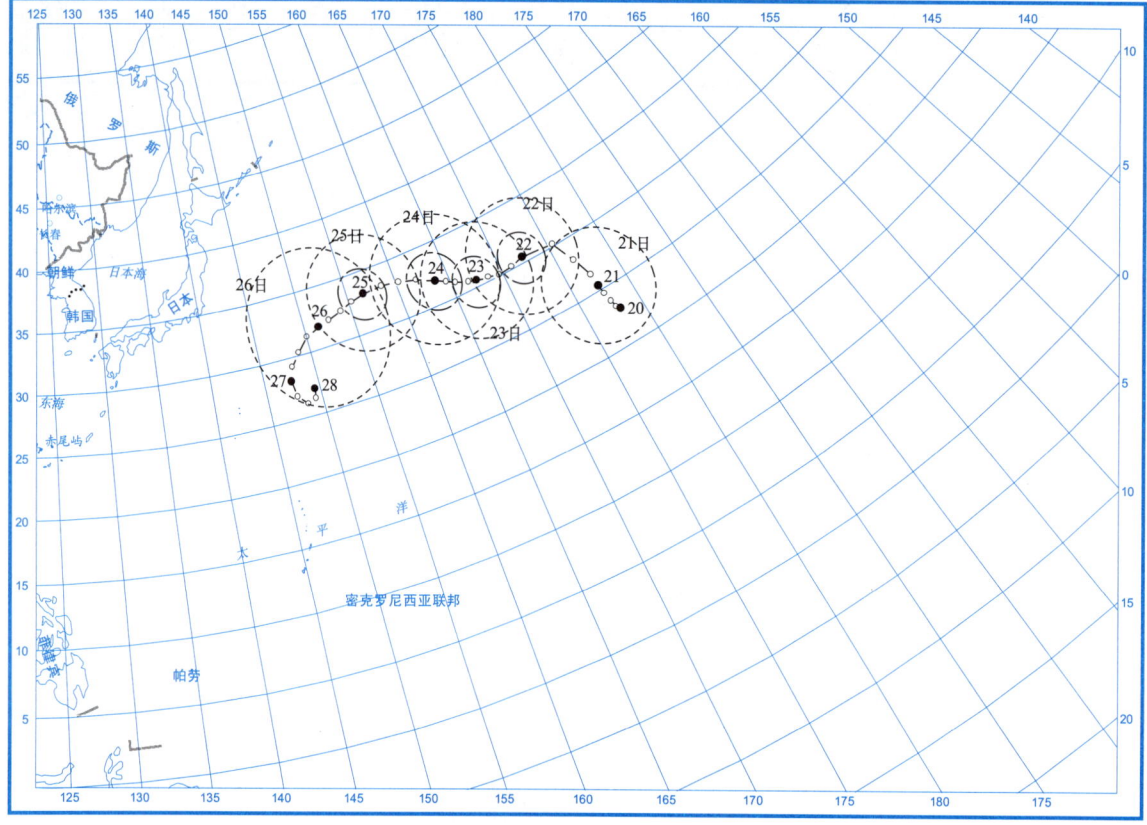

图 2.7.2 1706 号热带风暴"玫瑰"(Kulap)大风区域演变图

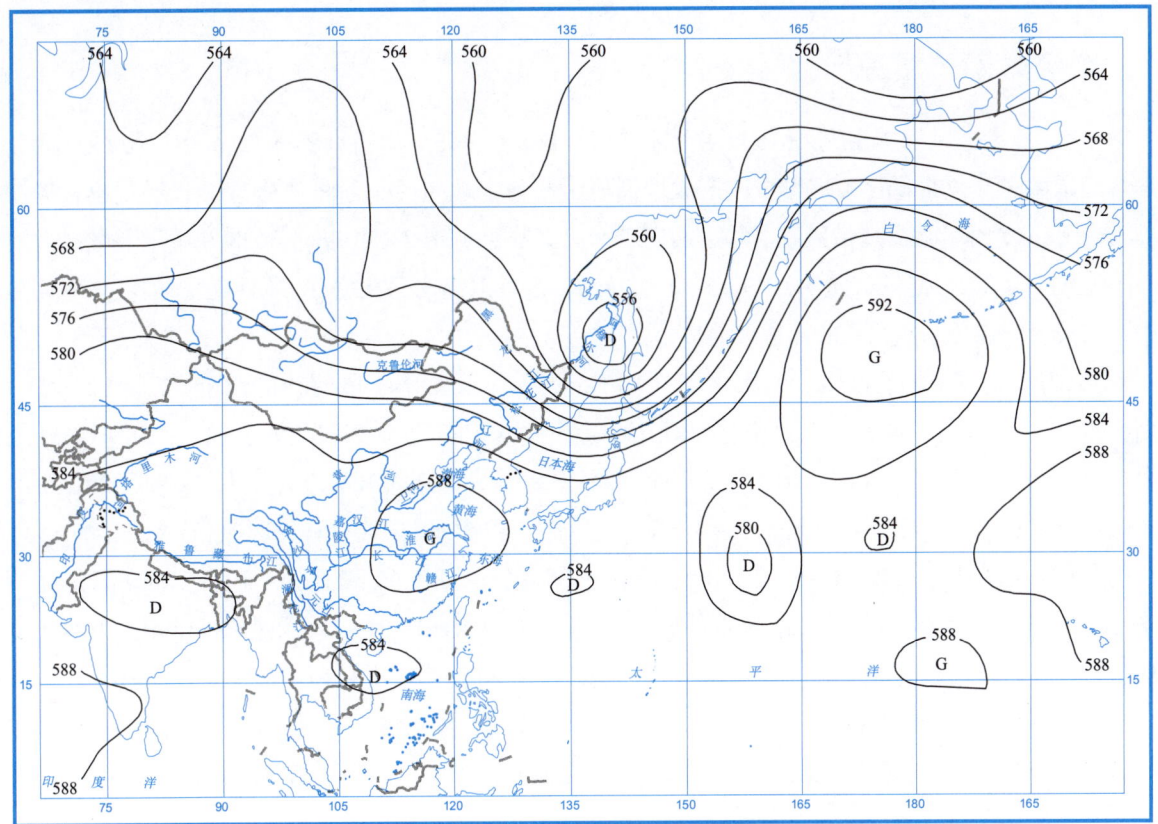

图 2.7.3　2017 年 7 月 25 日 14 时 500 hPa 高度场图（dagpm）

2.8 热带风暴"洛克"(Roke)

第 1707 号热带风暴"洛克"(Roke)是由 7 月 14 日下午在菲律宾吕宋岛东北端约 200 km 西北太平洋洋面上的一个热带低压发展形成,形成后低压中心稳定地向西北方向移动,22 日经过巴林塘海峡后进入南海,17 时增强为热带风暴,并逐渐向广东沿海靠近。于 23 日 09 时 50 时在香港登陆,登陆时中心附近风力 8 级,风速 20 m/s,中心气压 995 hPa。之后逐渐向西北偏西方向移动,强度减弱为热带低压,当天夜间在广东高州市北部地区消散。

受热带风暴"洛克"和热带风暴"桑卡"(Sonca)以及西南季风的共同影响,7 月 22—23 日,海南西沙、广东清远、平远、广西临桂、湖南中南部部分、江西龙南和金南、福建九仙山出现最大风力 6～7 级、阵风 7～9 级;湖南冷水滩和南岳(高山站)分别出现最大风力 7、9 级(15.6 m/s、21.4 m/s)、阵风 9、11 级(22.2 m/s、29.7 m/s),为本次热带风暴影响过程的风极值。

受其影响,7 月 22—23 日,广东部分、广西东部部分、湖南南部部分、江西南部局部总雨量为 10～50 mm;广东南部沿海局部总雨量为 50～99 mm;广东汕尾 23 日总雨量 98.5 mm,为本次影响过程总雨量及日雨量极值;湖南衡山 23 日 17 时雨量 42.3 mm,为本次影响过程时雨量极值。

表 2.8.1 是热带风暴"洛克"(Roke)的中心位置和强度。图 2.8.1～图 2.8.7 分别是热带风暴"洛克"(Roke)路径图、总降水日数图、大风分布图、总降水量图、大风区域演变图和 2017 年 7 月 23 日 08 时 500 hPa 高度场图。

表 2.8.1　1707 号热带风暴"洛克"(Roke)中心位置和强度

7 月 21—23 日

年	月	日	时	中心位置		中心气压（hPa）	最大风速（m/s）
				北纬(°N)	东经(°E)		
2017	7	21	14	18.7	124.2	1002	13
	7	21	20	19.3	123.1	1002	13
	7	22	2	20	121.9	1002	13
	7	22	8	20.7	120.7	1000	15
	7	22	11	21	119.9	1000	15
	7	22	14	21.3	119.1	1000	15
	7	22	17	21.5	118.5	998	18
	7	22	20	21.6	117.7	998	18
	7	22	23	21.7	116.9	998	18
	7	23	2	21.8	116.2	998	18
	7	23	5	22	115.5	998	18

（续表）

年	月	日	时	中心位置		中心气压（hPa）	最大风速（m/s）
				北纬（°N）	东经（°E）		
2017	7	23	8	22.3	114.8	995	20
	7	23	14	22.7	113.3	1000	15
	7	23	20	22.6	111.1	1004	13
消散							

图 2.8.1　1707 号热带风暴"洛克"（Roke）路径图

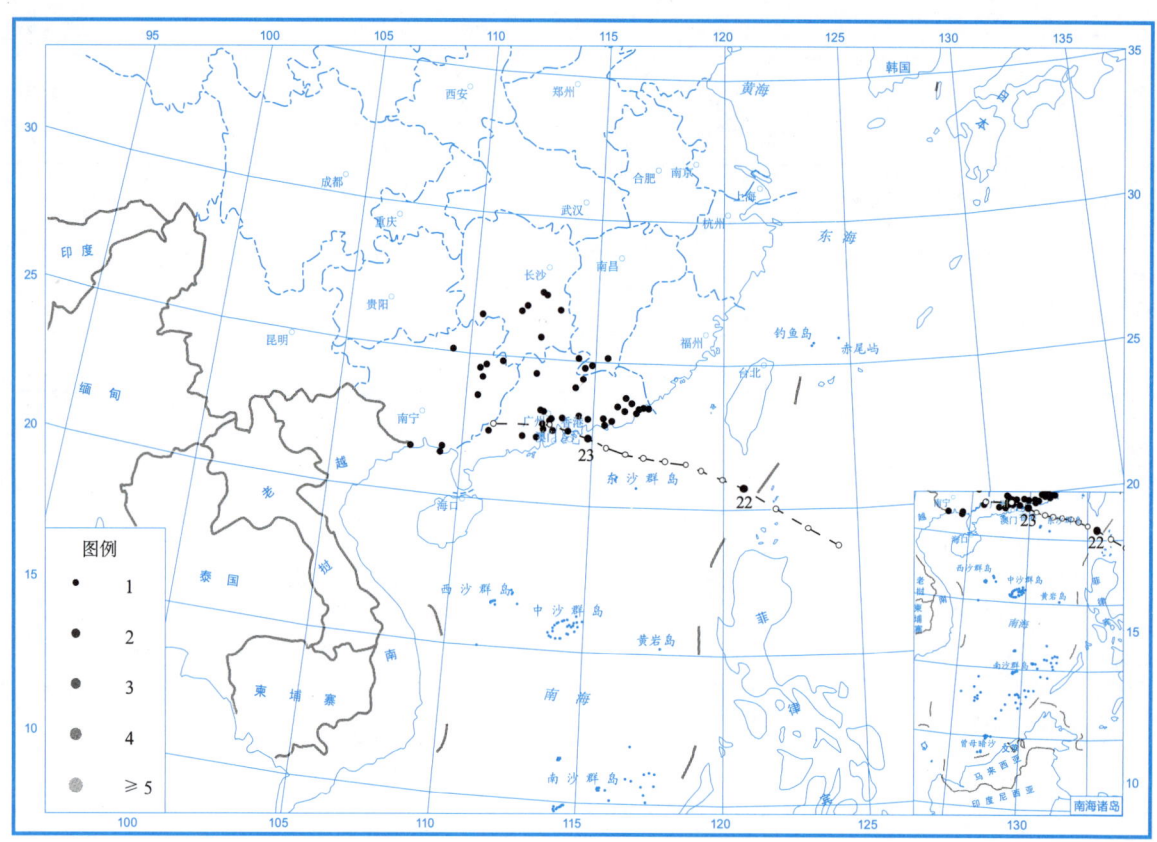

图 2.8.2　1707 号热带风暴"洛克"（Roke）总降水日数图（7月22—23日）（天）

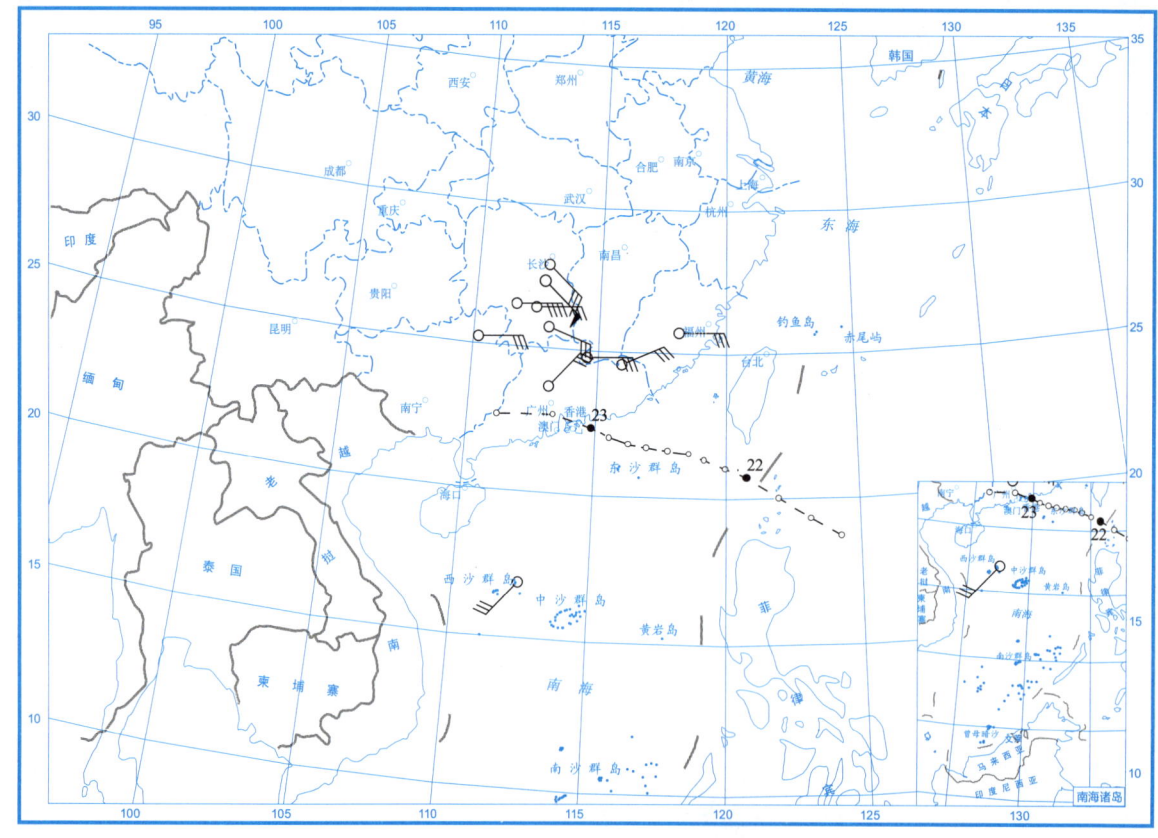

图 2.8.3　1707 号热带风暴"洛克"（Roke）大风分布图（7月22—23日）

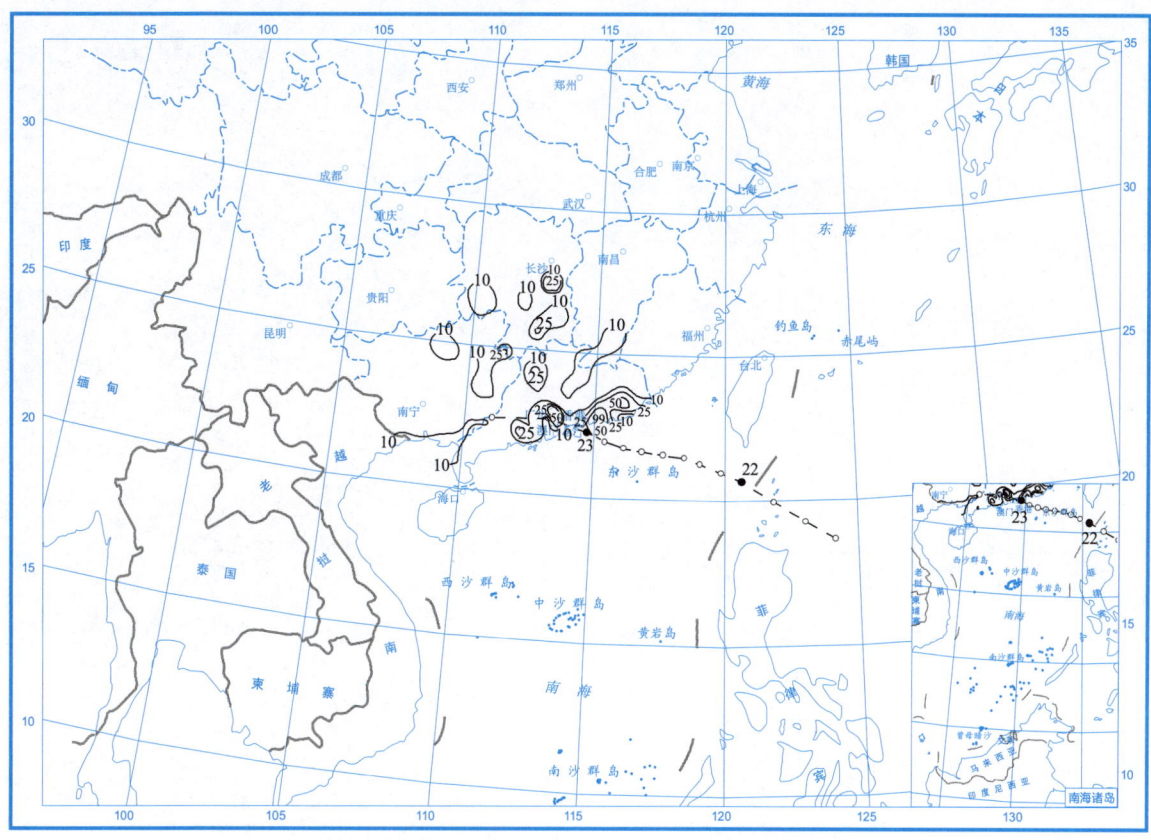

图 2.8.4　1707 号热带风暴"洛克"(Roke)总降水量图(7月22—23日)(mm)

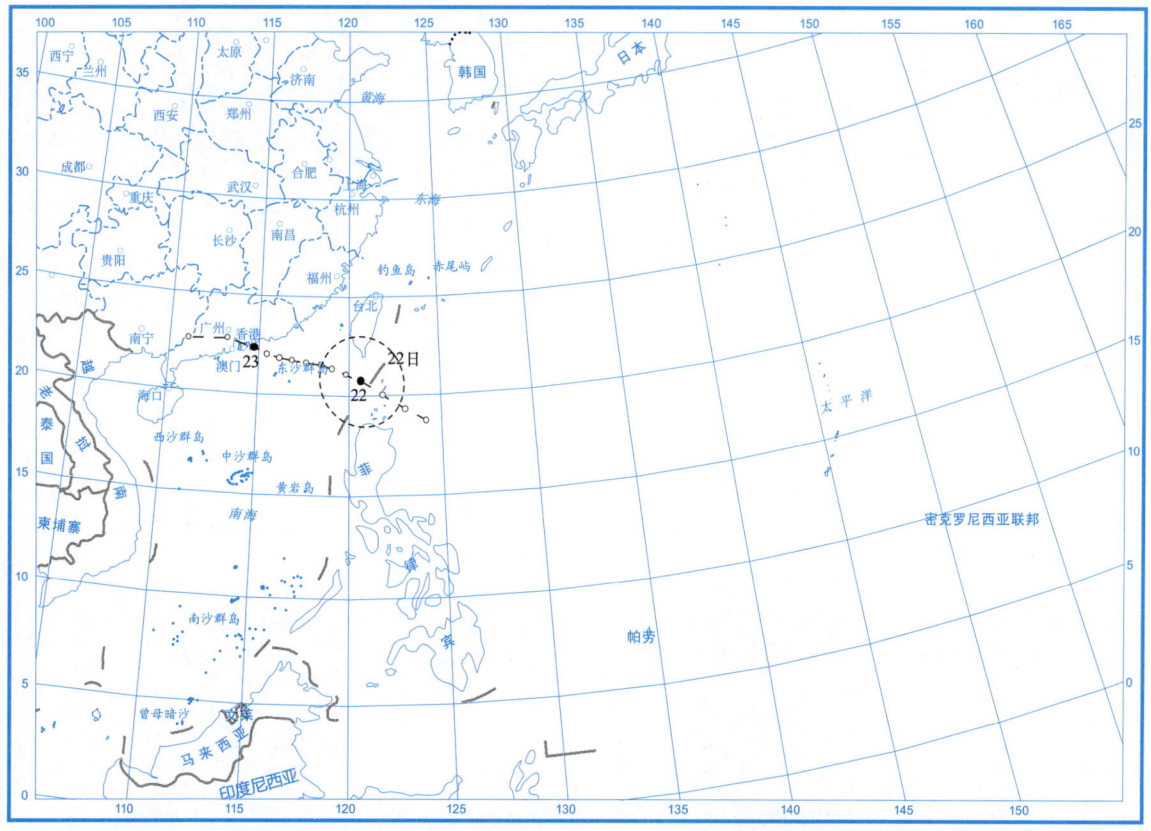

图 2.8.5　1707 号热带风暴"洛克"(Roke)大风区域演变图

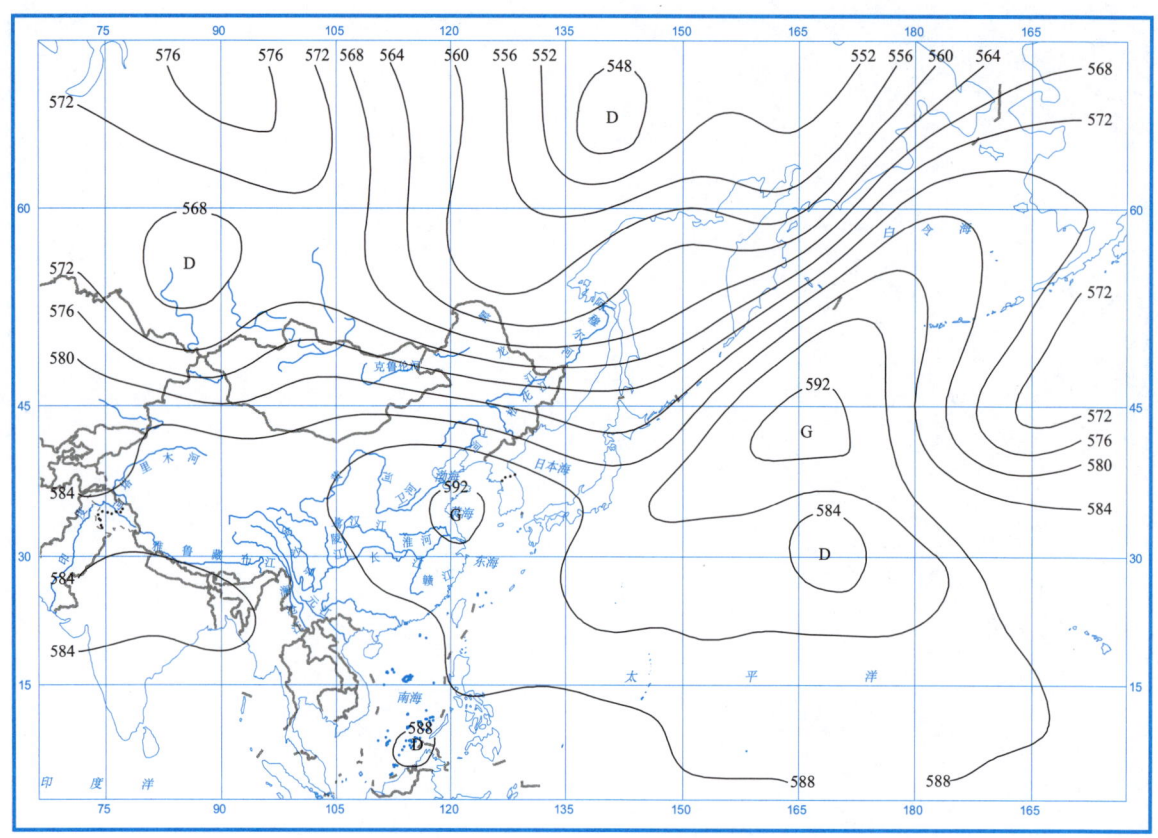

图 2.8.6　2017 年 7 月 23 日 08 时 500 hPa 高度场图（dagpm）

2.9 热带风暴"桑卡"(Sonca)

第1708号热带风暴"桑卡"(Sonca)是由7月21日上午位于三沙市东北约250 km的南海海面上一个热带低压发展形成。形成后低压中心向偏西方向移动,22日移速缓慢,当夜增强为热带风暴,23日02时之后热带风暴"桑卡"(Sonca)折向南移,24日凌晨在海南岛南部附近海域向偏西方向移动,逐渐向越南东部沿海靠近,25日下午登陆越南广治省,登陆后强度减弱为热带低压,并向偏西方向移动,27日凌晨折向东北,28日转向偏北方向移动,29日在泰国东北部境内消散。

受热带风暴"桑卡"和热带风暴"洛克"及西南季风的共同影响,7月23—25日,海南西沙和三亚出现最大风力6~7级、阵风7~9级;海南三亚出现最大风力7级(14.0 m/s)、阵风9级(23.3 m/s)为本次热带风暴影响过程风极值。

受其影响,7月21—25日海南部分、广东中西部及南部沿海大部、广西东南部部分及西南局部总雨量为10~50 mm;海南大部、西沙岛和珊瑚岛,广西南部局部、涠洲岛总雨量为50~150 mm;海南昌江总雨量194.2 mm,21日雨量73.1 mm,21日17时雨量42.2 mm,分别为本次热带风暴影响过程的总雨量、日雨量和时雨量极值。24日广西涠洲岛出现了暴雨,25日海南保亭和陵水出现了暴雨。

表2.9.1是热带风暴"桑卡"(Sonca)的中心位置和强度。图2.9.1~图2.9.6分别是热带风暴"桑卡"(Sonca)路径图、总降水日数图、大风分布图、总降水量图、大风区域演变图和2017年7月25日08时500 hPa高度场图。

表2.9.1 1708号热带风暴"桑卡"(Sonca)中心位置和强度

7月21—29日

年	月	日	时	中心位置		中心气压 (hPa)	最大风速 (m/s)
				北纬(°N)	东经(°E)		
2017	7	21	8	17.5	114.5	1004	13
	7	21	14	17.8	113.7	1004	13
	7	21	20	17.9	113.1	1004	13
	7	22	2	17.9	112.7	1004	13
	7	22	8	17.8	112.3	1004	13
	7	22	14	17.7	112	1000	15
	7	22	20	17.7	111.7	998	18
	7	23	2	17.7	111.5	998	18

(续表)

年	月	日	时	中心位置		中心气压（hPa）	最大风速（m/s）
				北纬（°N）	东经（°E）		
2017	7	23	8	17.6	111.4	998	18
	7	23	14	17.5	111.4	998	18
	7	23	20	17.4	111.4	998	18
	7	24	2	17.2	111.4	998	18
	7	24	8	17.1	111.2	998	18
	7	24	14	17	110.9	998	18
	7	24	20	16.9	110.3	995	20
	7	25	2	17	109.6	995	20
	7	25	8	17.2	108.7	995	20
	7	25	14	17.1	107.3	995	20
	7	25	20	16.8	106	998	18
	7	26	2	16.3	104.9	998	15
	7	26	8	16.1	104.2	998	15
	7	26	14	16.1	103.7	998	15
	7	26	20	16.1	103.3	998	15
	7	27	2	16.2	103	998	15
	7	27	8	16.5	103.1	998	15
	7	27	14	16.7	103.5	998	15
	7	27	20	16.9	103.8	1000	13
	7	28	2	17.1	104.2	1000	13
	7	28	8	17.4	104.1	1002	10
	7	28	14	17.6	104	1002	10
	7	28	20	17.6	103.8	1002	10

年	月	日	时	中心位置		中心气压（hPa）	最大风速（m/s）
				北纬（°N）	东经（°E）		
	7	29	2	17.7	103.6	1004	10
	7	29	8	17.8	103.7	1004	10
	7	29	14	17.9	103.8	1004	10
				消散			

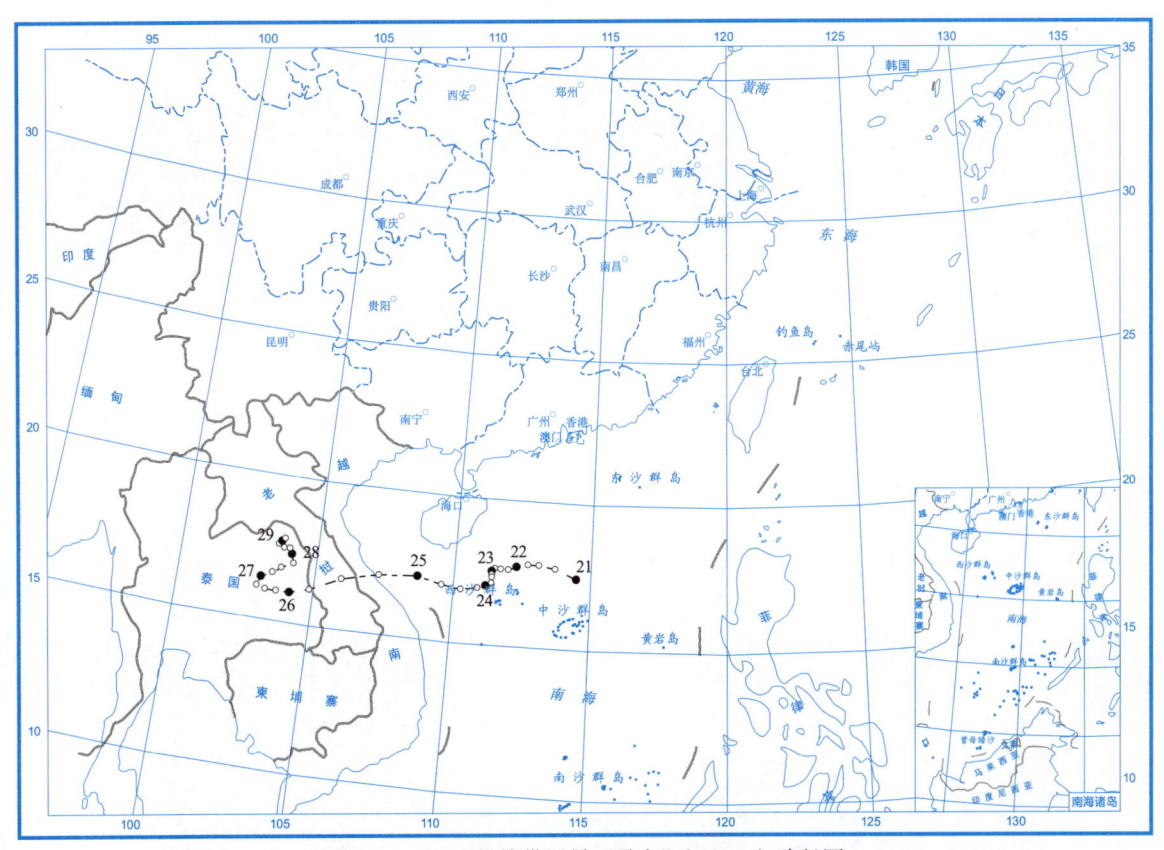

图 2.9.1　1708 号热带风暴"桑卡"（Sonca）路径图

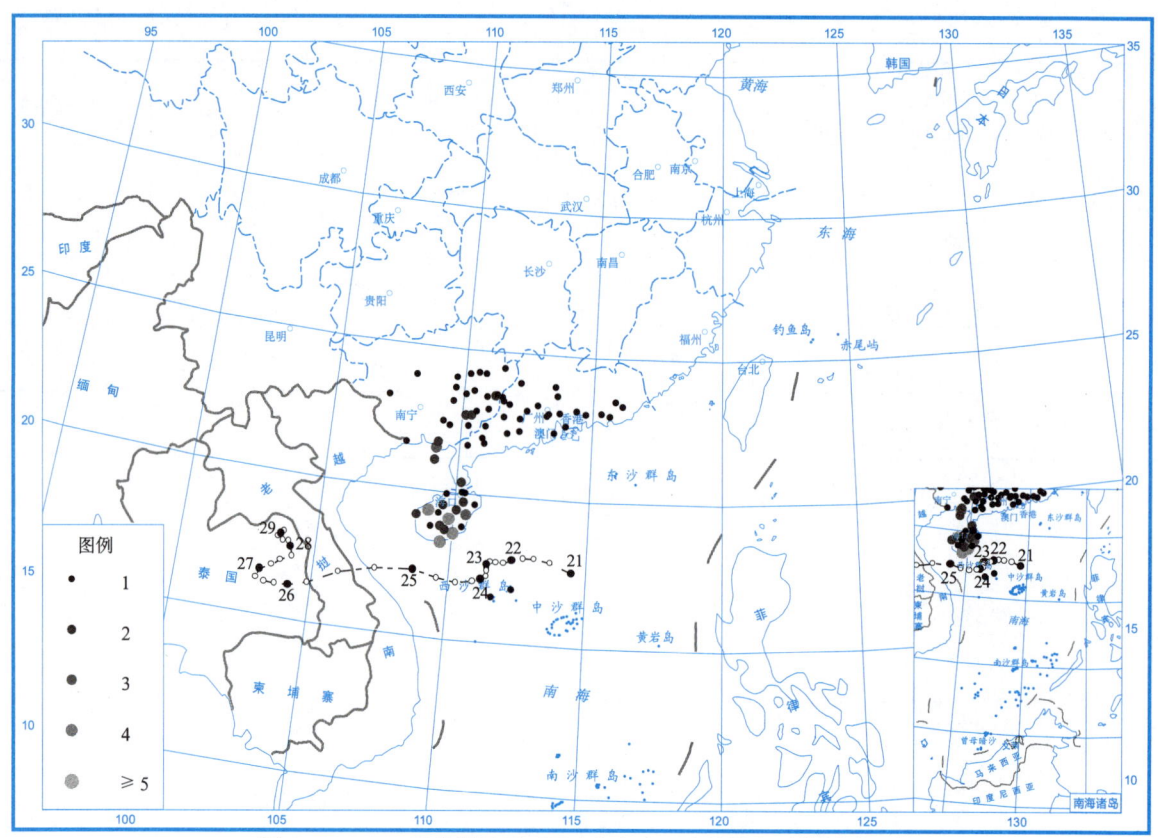

图 2.9.2　1708 号热带风暴"桑卡"（Sonca）总降水日数图（天）

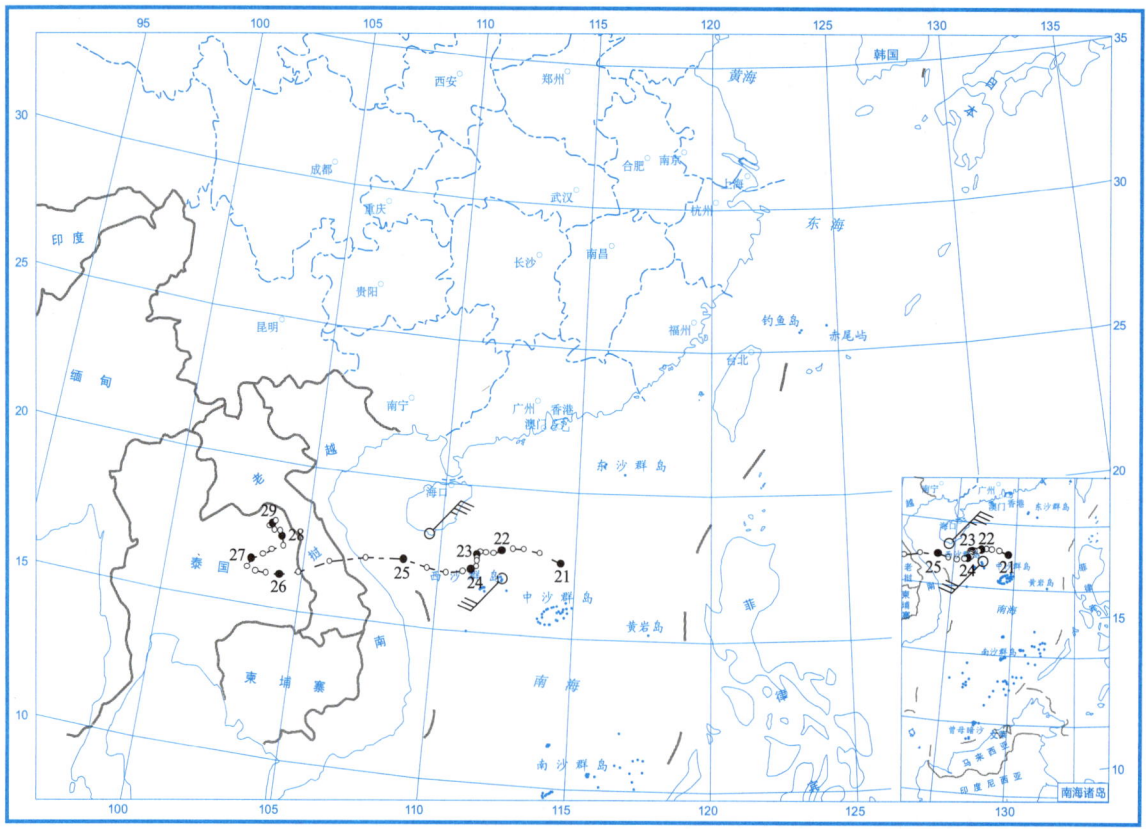

图 2.9.3　1708 号热带风暴"桑卡"（Sonca）大风分布图

图 2.9.4　1708 号热带风暴"桑卡"(Sonca)总降水量图(mm)

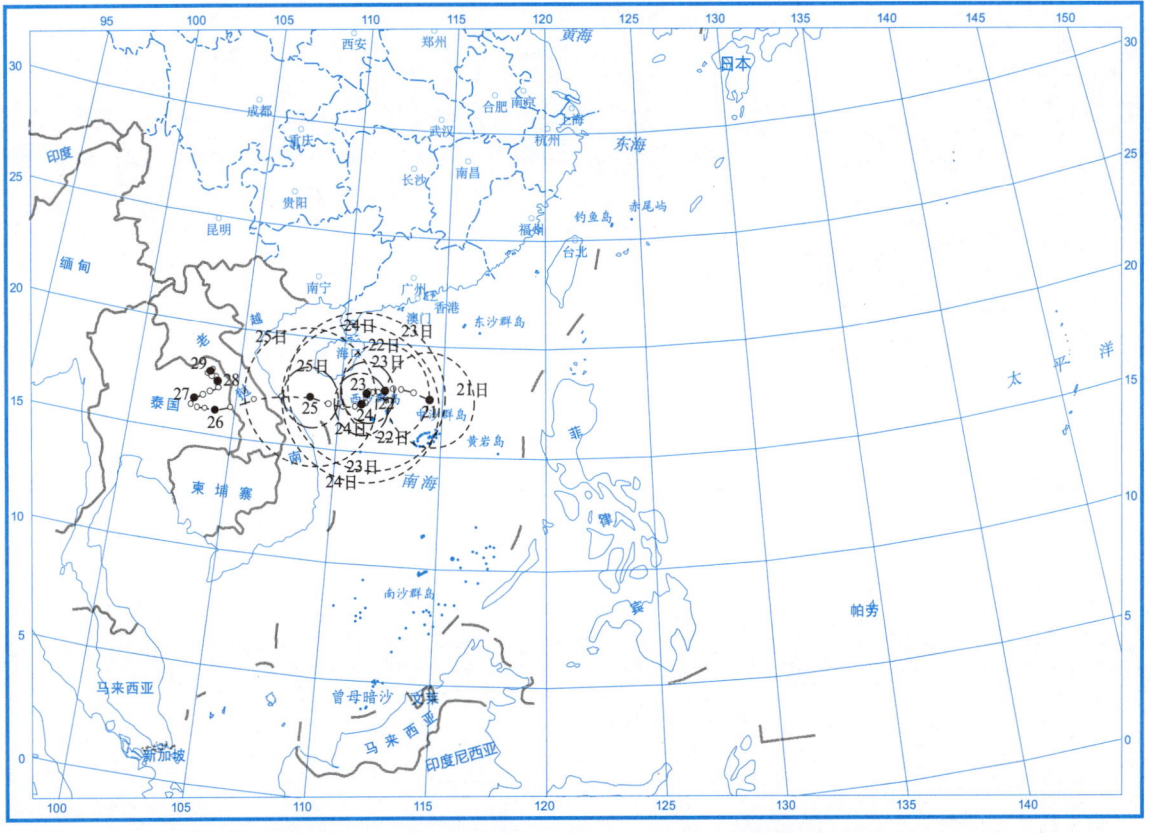

图 2.9.5　1708 号热带风暴"桑卡"(Sonca)大风区域演变图

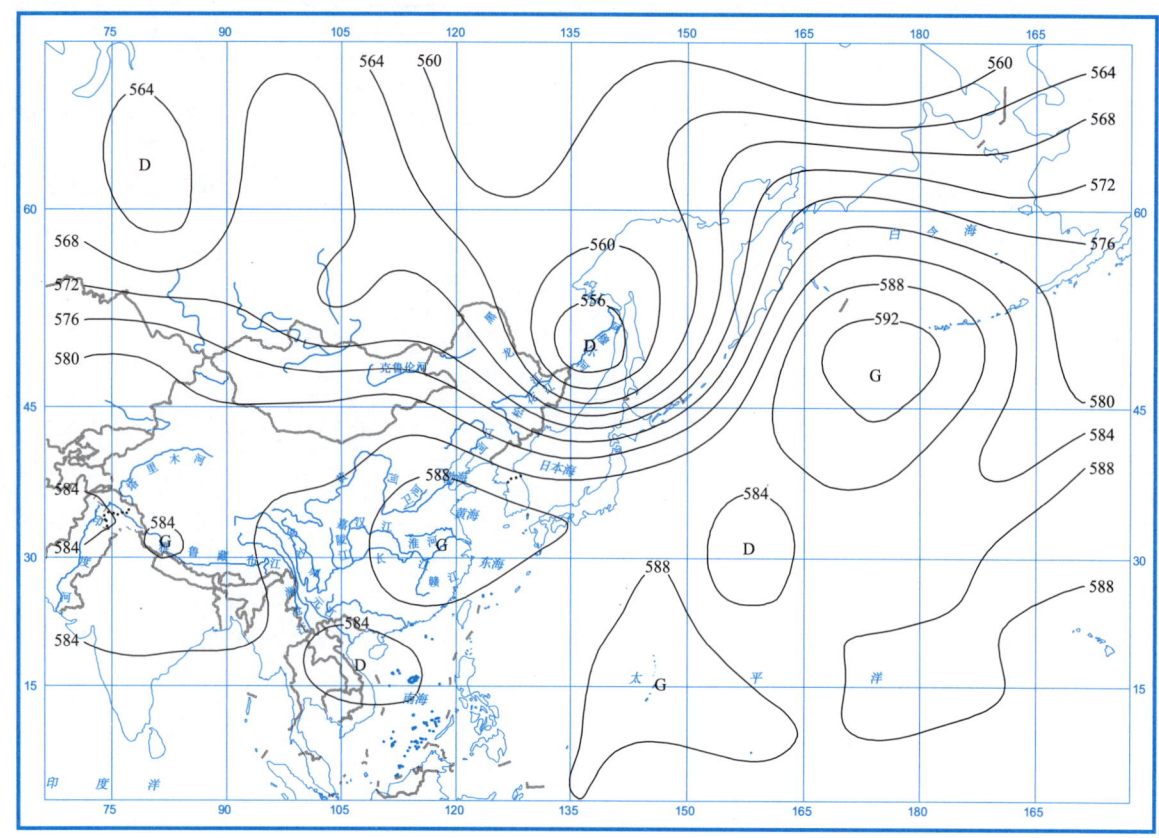

图 2.9.6　2017 年 7 月 25 日 08 时 500 hPa 高度场图（dagpm）

2.10 台风"纳沙"(Nesat)

第1709号台风"纳沙"(Nesat)是由7月25日早晨位于菲律宾萨马岛北部以东约380 km的西北太平洋洋面上一个热带低压发展形成。形成后低压中心稳定地向偏北方向移动,26日下午增强为热带风暴。27日早晨增强为强热带风暴,当晚转向西北方向移动,28日夜间增强为台风,并逐渐趋向台湾岛。台风"纳沙"(Nesat)于29日19时40分在台湾宜兰登陆,之后西移,并进入台湾海峡,30日再次转向西北方向移动,逐渐向福建沿海靠近,于月30日6时再次在福建福清登陆,登陆时中心附近最大风速为33 m/s(12级),中心最低气压为975 hPa。当日下午减弱为热带低压,移动方向转向西南,31日上午在福建永定消散。

受台风"纳沙"(Nesat)和热带风暴"海棠"(Haitang)以及冷空气的共同影响,7月29—31日,湖南郴州和攸县、福建沿海大部和永安、浙江沿海大部、江西临川、进贤、武宁和庐山,安徽南部部分地区出现最大风力6~7级、阵风7~11级;福建崇武、长乐、罗源、三沙及九仙山,安徽黄山出现最大风力8级、阵风9~12级;福建三沙出现最大风力9级(21.0 m/s)、阵风10级(28.2 m/s),福建长乐出现最大风力8级(17.7 m/s)、阵风12级(35.5 m/s),为本次台风影响过程的风极值。

受其影响,7月28—31日,海南部分、广西部分、广东部分、湖南东部部分、江西大部、福建西北部及南部部分、浙江部分、江苏部分、安徽部分、湖北东部、河南南部局部及民权、山东部分地区总雨量为10~50 mm;海南保亭和陵水、广东东部偏东、湖南南部局部、江西南部部分和北部局部、福建大部、浙江南部部分及沿海地区、湖北阳新和武穴、安徽西南部分、江苏常州及北部部分、山东局部地区总雨量为50~150 mm;福建中北部沿海大部及长泰总雨量为150~249 mm;其中,福建平潭总雨量248.7 mm,为本次台风影响过程总雨量极值。

受"纳沙"(Nesat)和"海棠"(Haitang)双台风互相作用及冷空气的共同影响下,30日福建中东部和东北部、浙江东南部和中东部出现了暴雨到大暴雨,福建柘荣和浙江宁海出现100 mm以上的大暴雨。31日广东东南沿海局部、福建东部、江西南部、湖南局部、湖北局部、安徽局部、江苏北部部分、山东局部出现了暴雨到大暴雨,广东澄海、江西赣州地区、福建沿海和长泰、江苏出现100 mm以上的大暴雨。其中福建长泰31日雨量179.4 mm,山东东阿31日18时雨量81.5 mm,为本次台风影响时日雨量和时雨量极值。

表2.10.1是台风"纳沙"(Nesat)的中心位置和强度。图2.10.1~图2.10.8分别是台风"纳沙"(Nesat)路径图、总降水日数图、大风分布图、总降水量图、2017年7月30—31日的日降水量图、大风区域演变图和2017年7月30日02时500 hPa高度场图。

"纳沙"(Nesat)和"海棠"(Haitang)双台风造成河北、福建、江西、山东、河南和广东省出现了一定程度的灾情。总计受灾人数达到126.8万人,紧急转移人数达到21.7万人,农作物受灾面积达到103.6千公顷,农作物绝收面积4.8千公顷,倒塌房屋1200间,直接经济损失达到18亿元(详情见表2.10.2)。

表 2.10.1　1709 号台风"纳沙"（Nesat）中心位置和强度

7月25—31日

年	月	日	时	中心位置		中心气压（hPa）	最大风速（m/s）
				北纬（°N）	东经（°E）		
2017	7	25	8	12.7	128.9	1002	13
	7	25	14	13.3	128.5	1002	13
	7	25	20	14	128.4	1002	13
	7	26	2	14.7	128.3	1002	13
	7	26	8	15.4	128.1	1000	15
	7	26	14	16.1	127.9	998	18
	7	26	20	16.6	127.8	995	20
	7	27	2	17.1	127.7	992	23
	7	27	8	17.5	127.6	990	25
	7	27	14	18	127.4	990	25
	7	27	20	18.7	127.1	985	28
	7	28	2	19.4	126.4	985	28
	7	28	8	20	125.5	980	30
	7	28	14	20.5	124.8	980	30
	7	28	20	21	124.3	975	33
	7	28	23	21.4	123.9	970	35
	7	29	2	21.7	123.6	965	38
	7	29	5	22.1	123.4	960	40
	7	29	8	22.5	123.3	960	40
	7	29	11	22.9	123.1	960	40
	7	29	14	23.4	122.8	960	40
	7	29	17	23.9	122.5	960	40
	7	29	20	24.7	121.8	965	38
	7	29	23	24.7	120.8	975	33

(续表)

年	月	日	时	中心位置		中心气压 （hPa）	最大风速 （m/s）
				北纬（°N）	东经（°E）		
2017	7	30	2	25.1	120.3	975	33
	7	30	5	25.4	119.8	975	33
	7	30	8	25.7	119.3	982	28
	7	30	14	26.1	118.1	990	15
	7	30	20	25.8	117.5	992	13
	7	31	2	25.4	116.9	992	13
	7	31	8	24.8	116.6	994	10
				消散			

表2.10.2 1709号台风"纳沙"（Nesat）和1710号热带风暴"海棠"（Haitang）在河北、福建、江西、山东、河南和广东等省引发的灾情

受灾省	受灾人口 （万人）	死亡人口 （人）	失踪人口 （人）	紧急转移 人口 （万人）	农作物		倒塌房屋 （万间）	直接经济 损失 （亿元）
					受灾面积 （千公顷）	绝收面积 （千公顷）		
河北省	38.9	0	0	0.7	33.5	1.5	0.01	4.1
福建省	32.7	0	0	20.6	22.5	1.1	0.05	6.6
江西省	6.1	0	0	0.1	7	0.4	0	1.2
山东省	29.7	0	0	0.3	30.2	1.8	0.06	5.3
河南省	11	0	0	0	8.6	0	0	0.3
广东省	8.4	0	0	0	1.8	0	0	0.5
合计	126.8	0	0	21.7	103.6	4.8	0.12	18

图 2.10.1　1709 号台风"纳沙"(Nesat)路径图

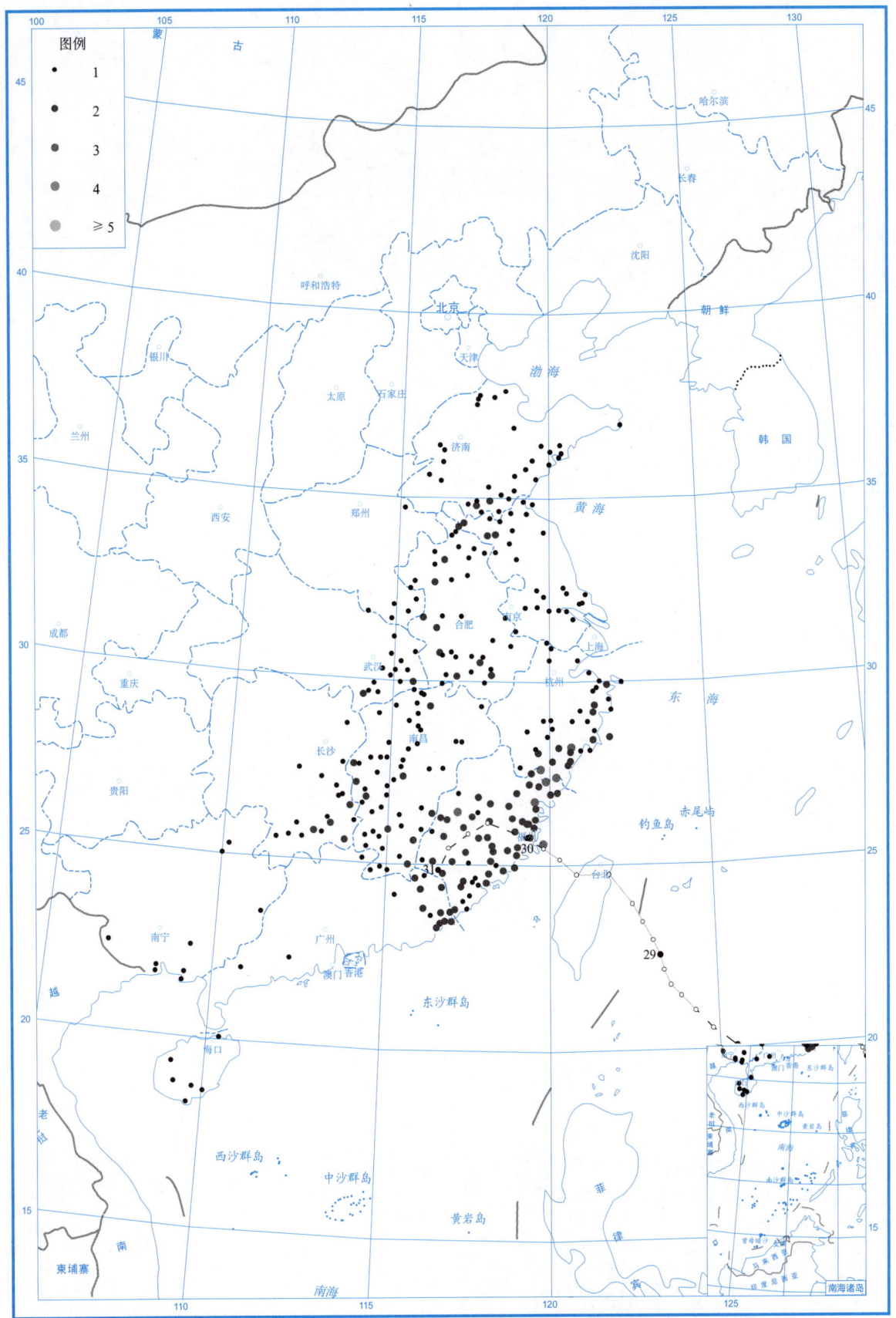

图 2.10.2　1709 号台风"纳沙"（Nesat）总降水日数图（7月28—31日）（天）

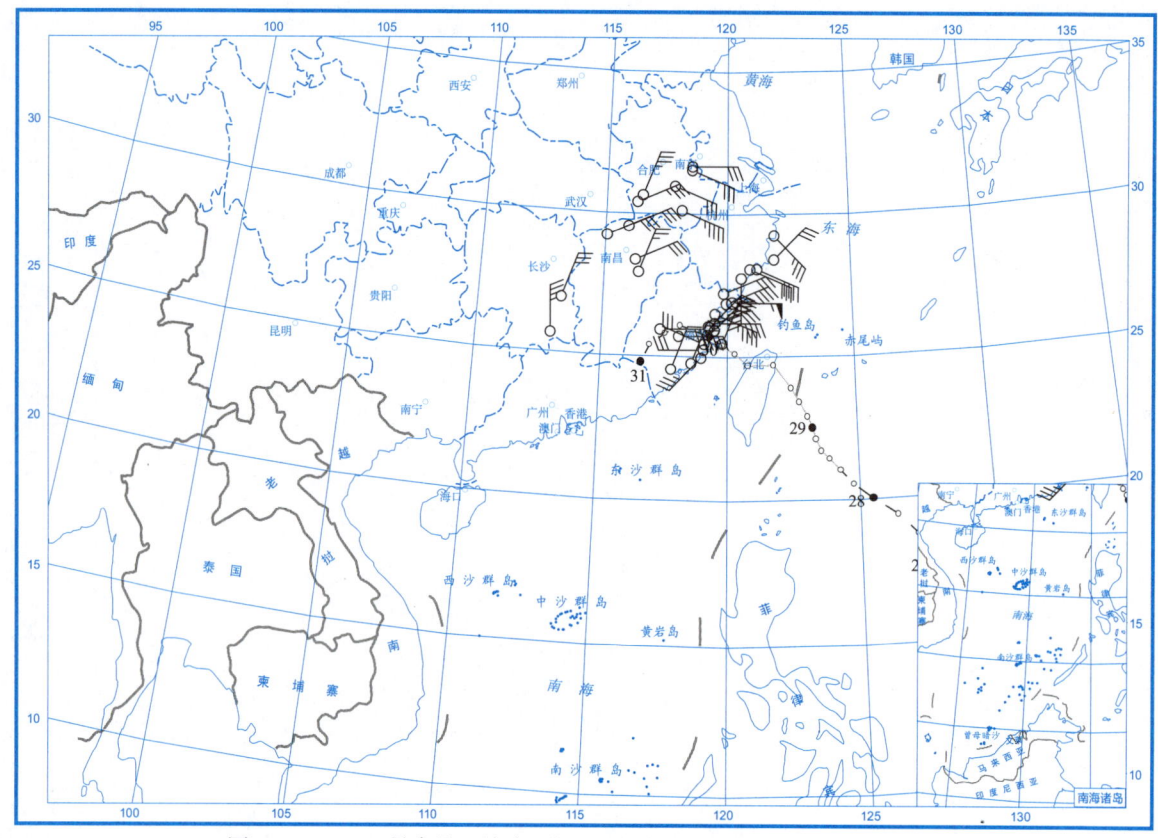

图 2.10.3　1709 号台风"纳沙"(Nesat)大风分布图(7月29—31日)

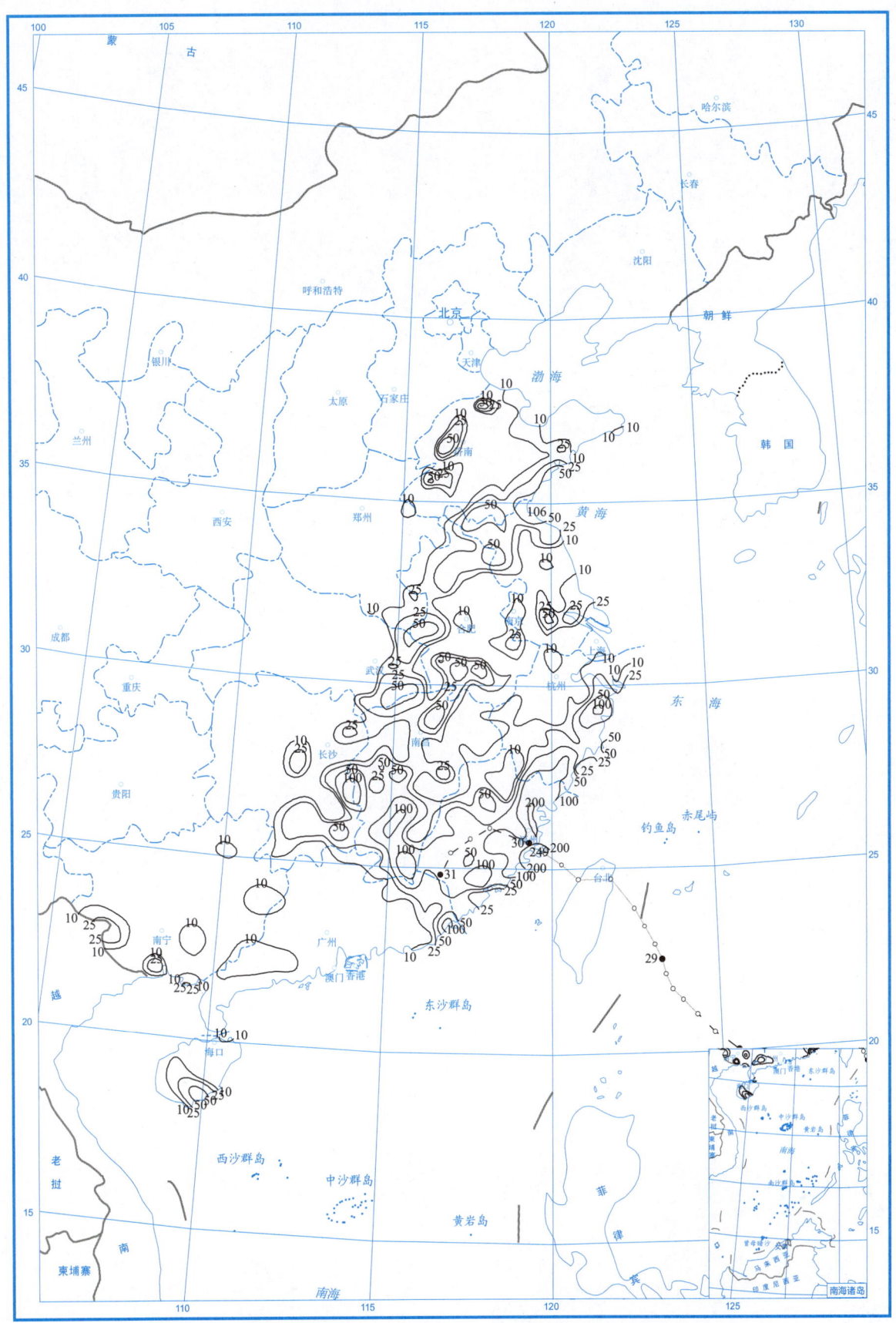

图 2.10.4　1709 号台风"纳沙"(Nesat)总降水量图(7月28—31日)(mm)

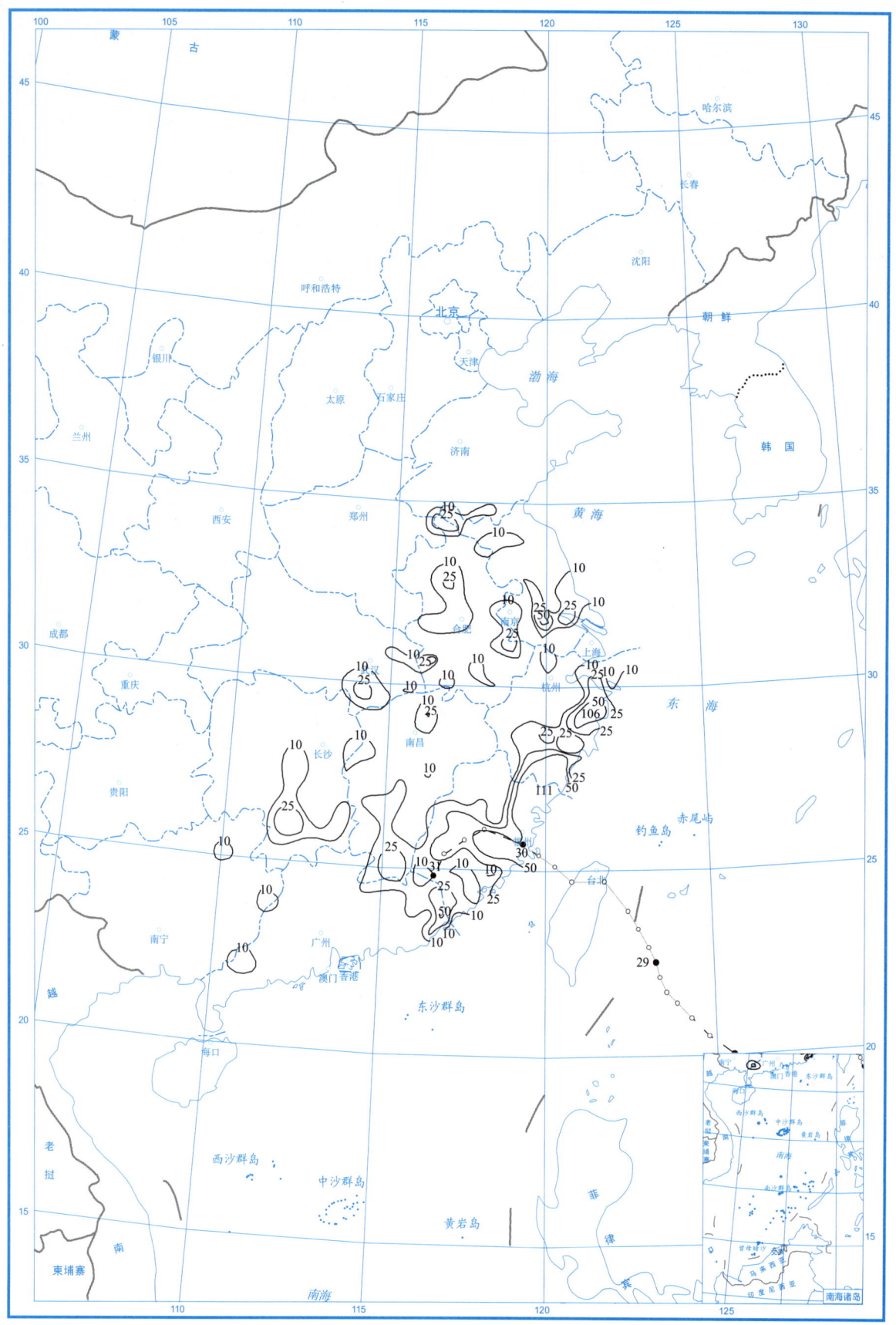

图 2.10.5　2017 年 7 月 30 日的日降水量图（mm）

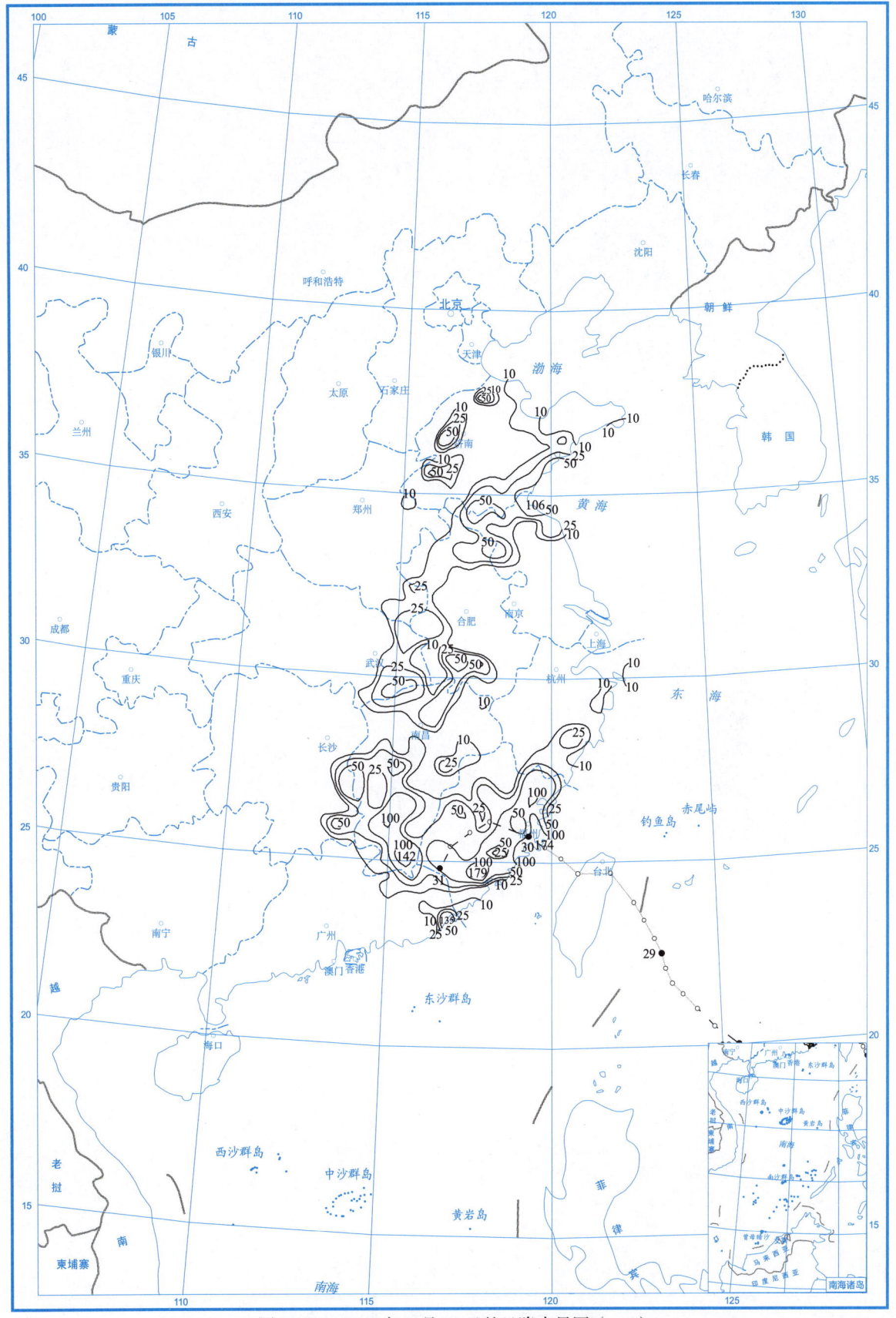

图 2.10.6　2017 年 7 月 31 日的日降水量图（mm）

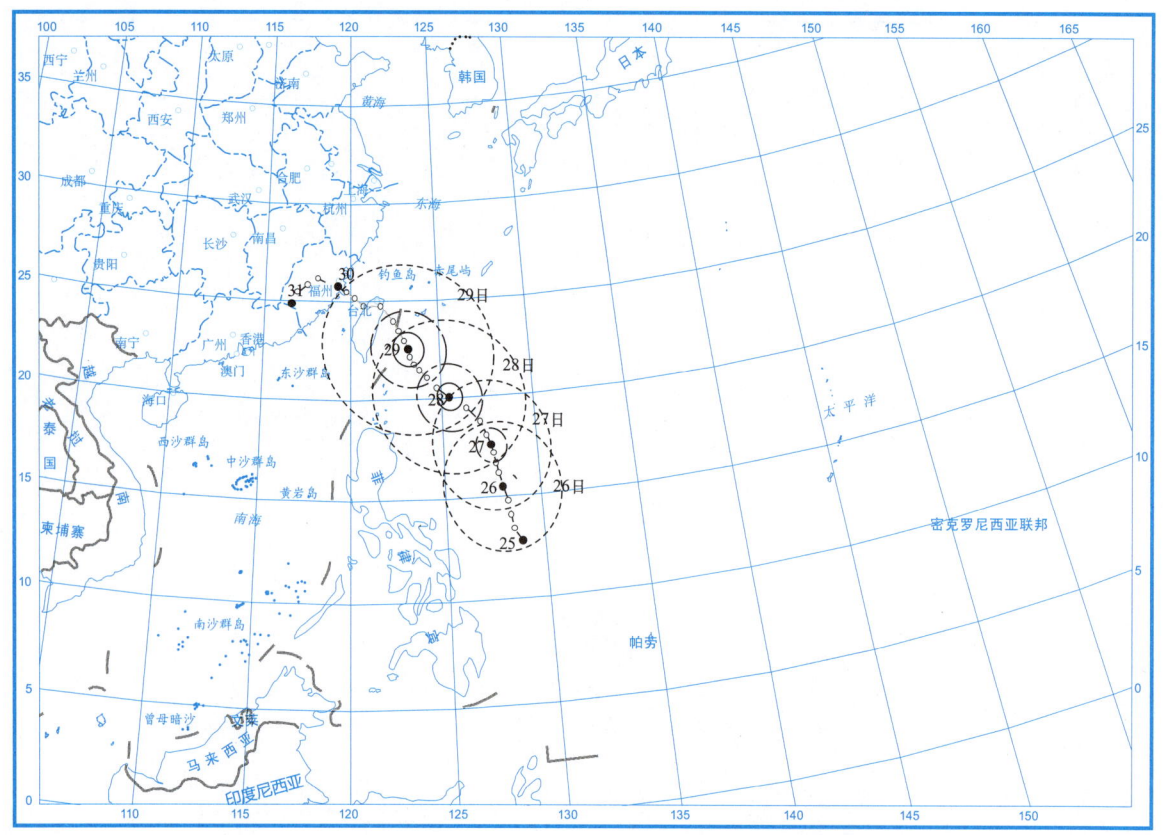

图 2.10.7　1709 号台风"纳沙"（Nesat）大风区域演变图

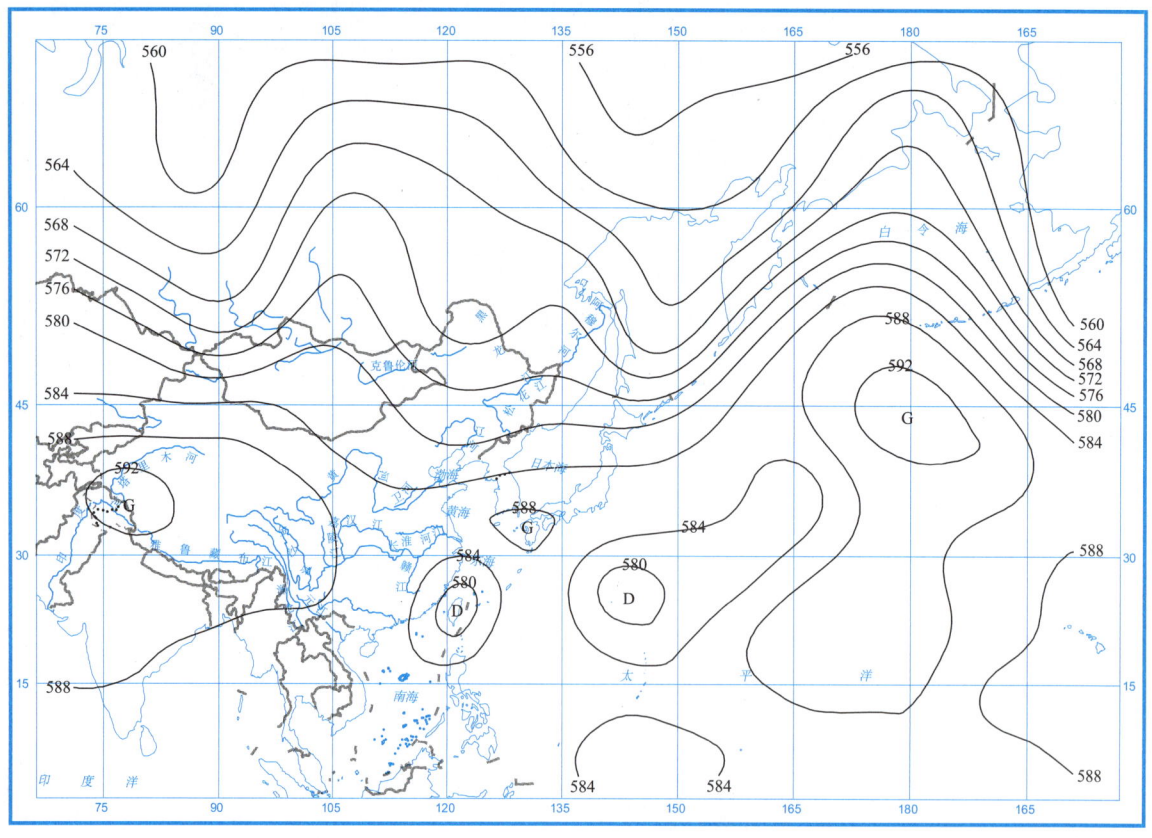

图 2.10.8　2017 年 7 月 30 日 02 时 500 hPa 高度场图（dagpm）

2.11 热带风暴"海棠"(Haitang)

第1710号热带风暴"海棠"(Haitang)是由7月27日晚在位于东沙岛东南约200 km的南海海面上一个热带低压发展形成。形成后低压中心向偏西方向移动,之后"海棠"在南海海面以逆时针方向旋转一周后向东北方向移动,逐渐靠近台湾南部沿海。28日夜间增强为热带风暴,并在随后几天强度维持,热带风暴"海棠"于30日17点30分在台湾屏东登陆,登陆时中心附近最大风速为23 m/s(9级),中心最低气压为985 hPa。登陆后转向北方向移动,当晚进入台湾海峡,并转向西北方向移动,直趋福建沿海,"海棠"于7月31日2点50分再次在福建福清登陆,登陆时中心附近最大风速为20 m/s(8级),中心最低气压为990 hPa。登陆后继续向西北方向移动,8月1日凌晨"海棠"在江西北部强度减弱为热带低压,并折向北移动,途经湖北、河南、安徽和山东四省,于8月3日下午在山东省境内消散。

受热带风暴"海棠"(Haitang)和台风"纳沙"(Nesat)以及冷空气共同影响,7月31日—8月3日,广东惠来、江西北部局部和万安、福建沿海部分地区、浙江沿海大部、湖北麻城、安徽南部部分及亳州、江苏南京、南通和西连岛、山东胶州和泰山、河南嵩山出现最大风力6~7级、阵风7~10级;福建崇武和九仙山、安徽黄山出现最大风力8级、阵风10级;福建九仙山出现最大风力8级(18.9 m/s)、阵风10级(25.2 m/s),福建崇武(18.0~24.9 m/s)和浙江平阳(15.1~26.7 m/s)分别出现最大风力7~8级、阵风10级(m/s)为本次热带风暴影响过程的风极值。

7月27日—8月3日,海南部分、广西局部、广东西部、中南部分和东部部分、湖南东部部分和西南部局部、江西中部大部、福建西部局部、浙江大部、湖北部分、河南部分、安徽北部和东南部分、江苏部分、山东部分、河北东部部分、北京大部、天津大部、山西局部、内蒙古东南部分、辽宁中东部部分、吉林部分、黑龙江尚志、五常和阿城总雨量为10~50 mm;海南保亭和陵水、广东东部部分、湖南东部局部、江西大部、福建大部、浙江南部部分、湖北东部、安徽大部、江苏北部部分、山东部分、河南中东部部分、河北东部和南部部分、北京中南部部分、天津北部部分、辽宁西部部分、内蒙古东南部分、吉林西北部和中部部分、黑龙江南部局部总雨量为50~150 mm;广东东南沿海局部、福建沿海大部及龙岩、江西北部局部、湖北阳新和大冶、安徽南部局部、江苏西连岛、山东局部、河北东部局部、北京房山、辽宁西部部分、内蒙古东南部局部、吉林长岭总雨量为150~323 mm;内蒙古青龙山总雨量373.3 mm,为本次热带风暴影响过程总雨量极值

"海棠"与"纳沙"残余环流合并后,受其影响,7月31日,广东澄海,福建福州市、宁德市、莆田市和平潭及长泰,江西赣州市,江苏西连岛出现了100 mm以上的大暴雨,日降雨量极值出现在福建长泰(179.4 mm);8月1日,受低压环流的深入内陆的影响,福州市、宁德市、漳州市、大田和莆田,湖北黄石市和咸宁,江西万年出现了100 mm以上的大暴雨,日降雨量极值出现在福建云霄(217.6 mm);随着携带大量水汽的外围云系北上与冷空气的共同影响,雨区北移,8月2日,江西彭泽,安徽安庆市和东至,山东枣庄,北京房山,河北沧州市、安新和大城出现了100 mm以上的大暴雨,日降雨量极值出现在安徽望江(216.2 mm);8月3日,山东潍坊市、北京平谷、河北东北部部分、辽宁西部、内蒙古东南部分、吉林长岭和永吉出现了100 mm以上的大暴雨,尤其内蒙古东南

局部出现了 200 mm 以上的特大暴雨，内蒙古青龙山降雨量达到 349.7 mm，为本次热带风暴影响日降雨量极值；北京房山 2 日 20 时雨量 111.9 mm，为本次热带风暴影响小时降雨量极值。

热带风暴"海棠"继台风"纳沙"登陆后 24 小时内在福建的同一地点登陆实属历史罕见。环流结构维持时间较长，深入内陆，水汽充足，它与"纳沙"残余环流合并之后北上，加之和南下的冷空气共同作用下，给我国东部的带来了大范围的强降雨天气。

受"纳沙"和"海棠"双台风的影响，河北、福建、江西、山东、河南和广东省出现了一定程度的灾情（详情见表 2.10.2）。

表 2.11.1 是热带风暴"海棠"（Haitang）的中心位置和强度。图 2.11.1～图 2.11.9 分别是 1710 号热带风暴"海棠"（Haitang）路径图、总降水日数图、大风分布图、总降水量图、2017 年 7 月 31 日—8 月 3 日的日降水量图、大风区域演变图和 2017 年 7 月 31 日 02 时 500 hPa 高度场图。

表 2.11.1　1710 号热带风暴"海棠"（Haitang）中心位置和强度

7 月 27 日—8 月 3 日

年	月	日	时	中心位置		中心气压 （hPa）	最大风速 （m/s）
				北纬（°N）	东经（°E）		
2017	7	27	20	19.2	117.9	1000	13
	7	28	2	19.4	117.3	1000	13
	7	28	8	19.5	116.7	998	15
	7	28	14	19.2	116.2	998	15
	7	28	20	18.6	115.7	995	18
	7	29	2	18	115.7	995	18
	7	29	8	18.1	116.3	995	18
	7	29	14	18.4	116.9	995	18
	7	29	20	18.8	117.5	992	20
	7	29	23	19	117.9	992	20
	7	30	2	19.2	118.2	992	20
	7	30	5	19.6	118.8	992	20
	7	30	8	20.1	119.4	992	20
	7	30	11	20.9	120	992	20
	7	30	14	21.7	120.3	985	23

(续表)

年	月	日	时	中心位置		中心气压（hPa）	最大风速（m/s）
				北纬（°N）	东经（°E）		
2017	7	30	17	22.1	120.5	985	23
	7	30	20	23.2	120.5	990	20
	7	30	23	24.3	120.4	990	20
	7	31	2	25.2	119.8	990	20
	7	31	8	26.2	119	988	23
	7	31	14	27.2	118.2	990	23
	8	1	2	28.8	116.1	996	13
	8	1	8	29.7	115.8	996	13
△	8	1	14	30.8	115.6	996	13
	8	1	20	31.3	115.6	996	10
	8	2	2	31.8	115.6	996	10
	8	2	8	32.2	115.7	996	10
	8	2	14	32.7	115.8	996	10
	8	2	20	33.2	115.9	996	10
	8	3	2	34	116	996	10
	8	3	8	35.2	116.5	996	10
	8	3	14	36.4	117.4	996	10
				消散			

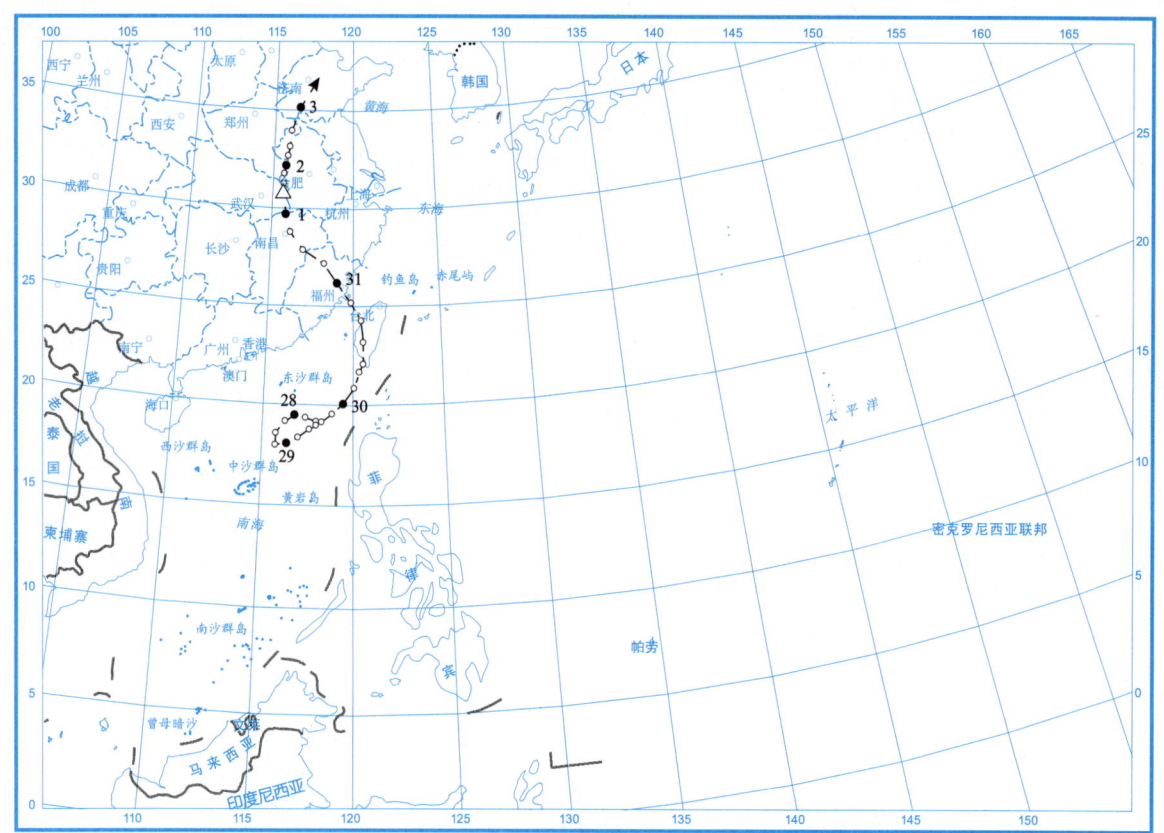

图 2.11.1　1710 号热带风暴"海棠"(Haitang)路径图

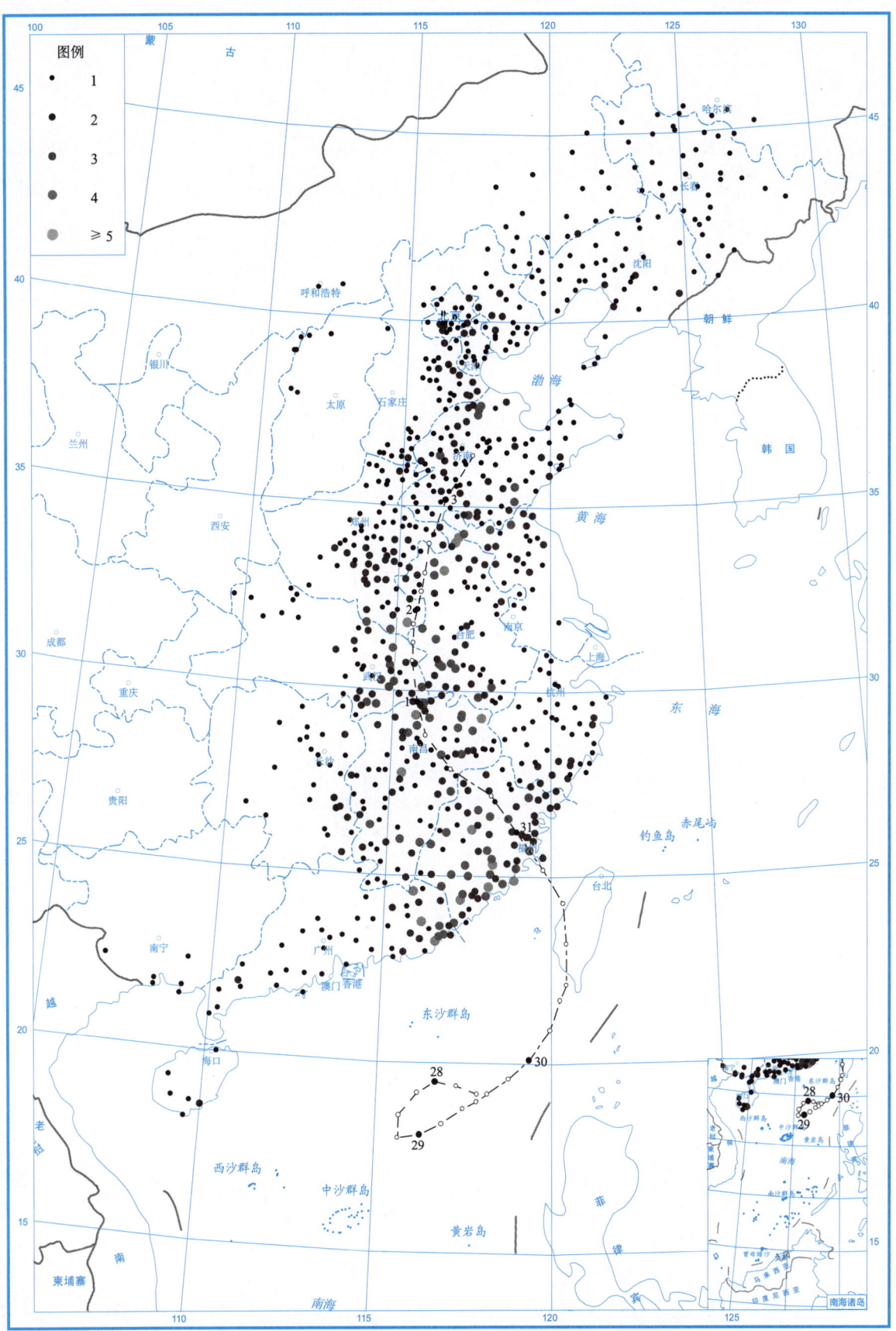

图 2.11.2　1710 号热带风暴"海棠"(Haitang)总降水日数图（7月27—8月3日）（天）

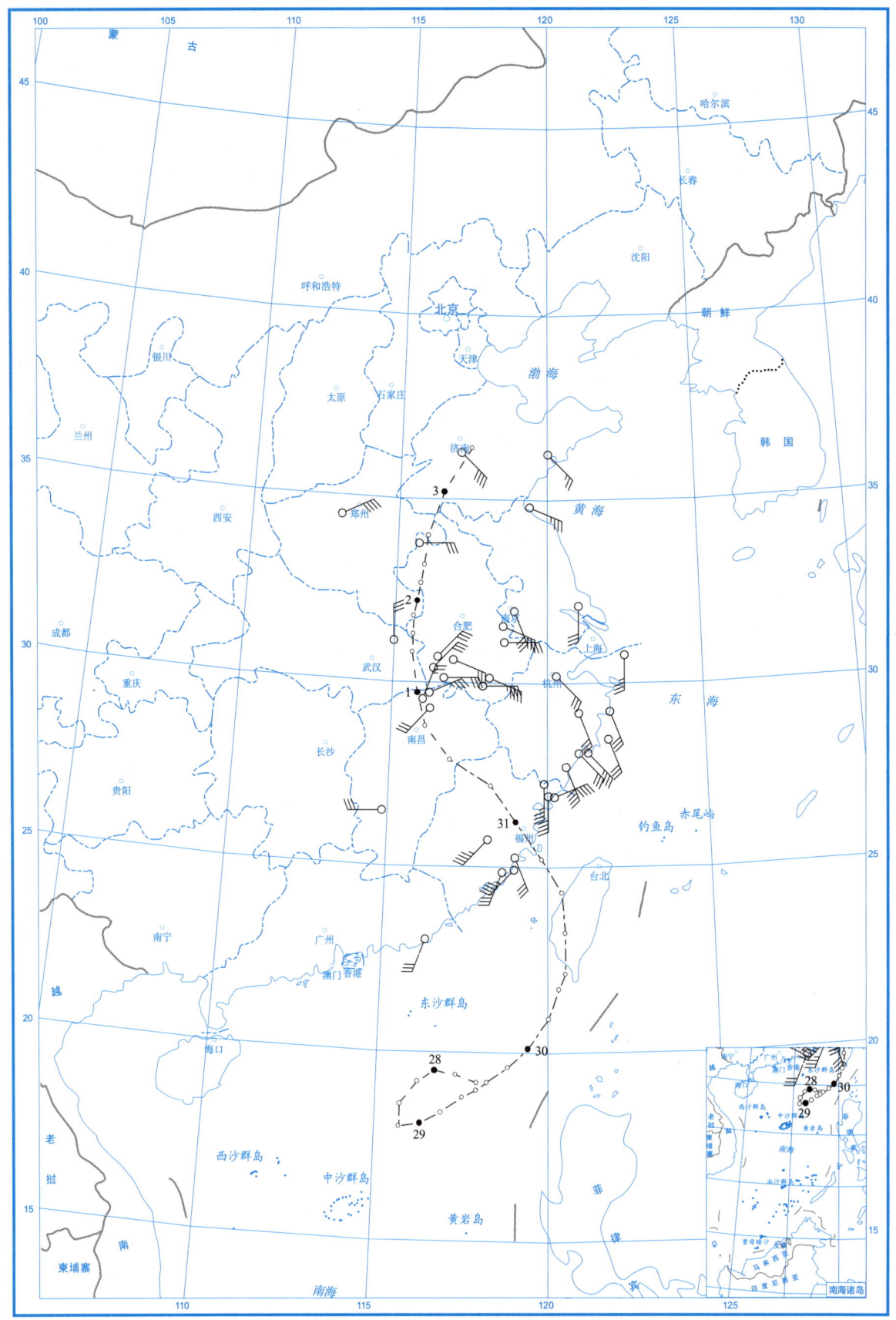

图 2.11.3　1710 号热带风暴"海棠"(Haitang)大风分布图(7月31日—8月3日)

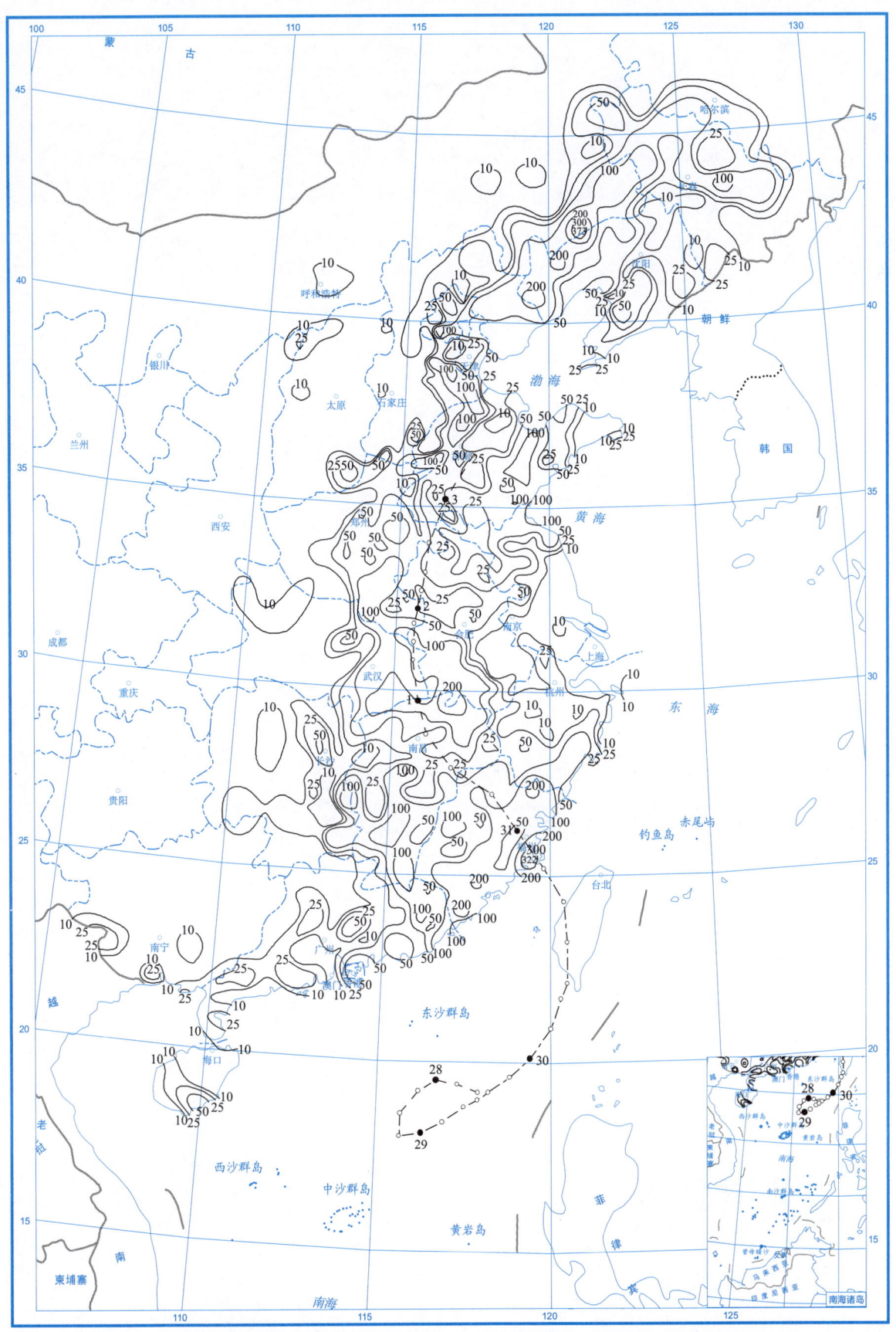

图 2.11.4 1710 号热带风暴 "海棠"（Haitang）总降水量图（7月27日—8月3日）(mm)

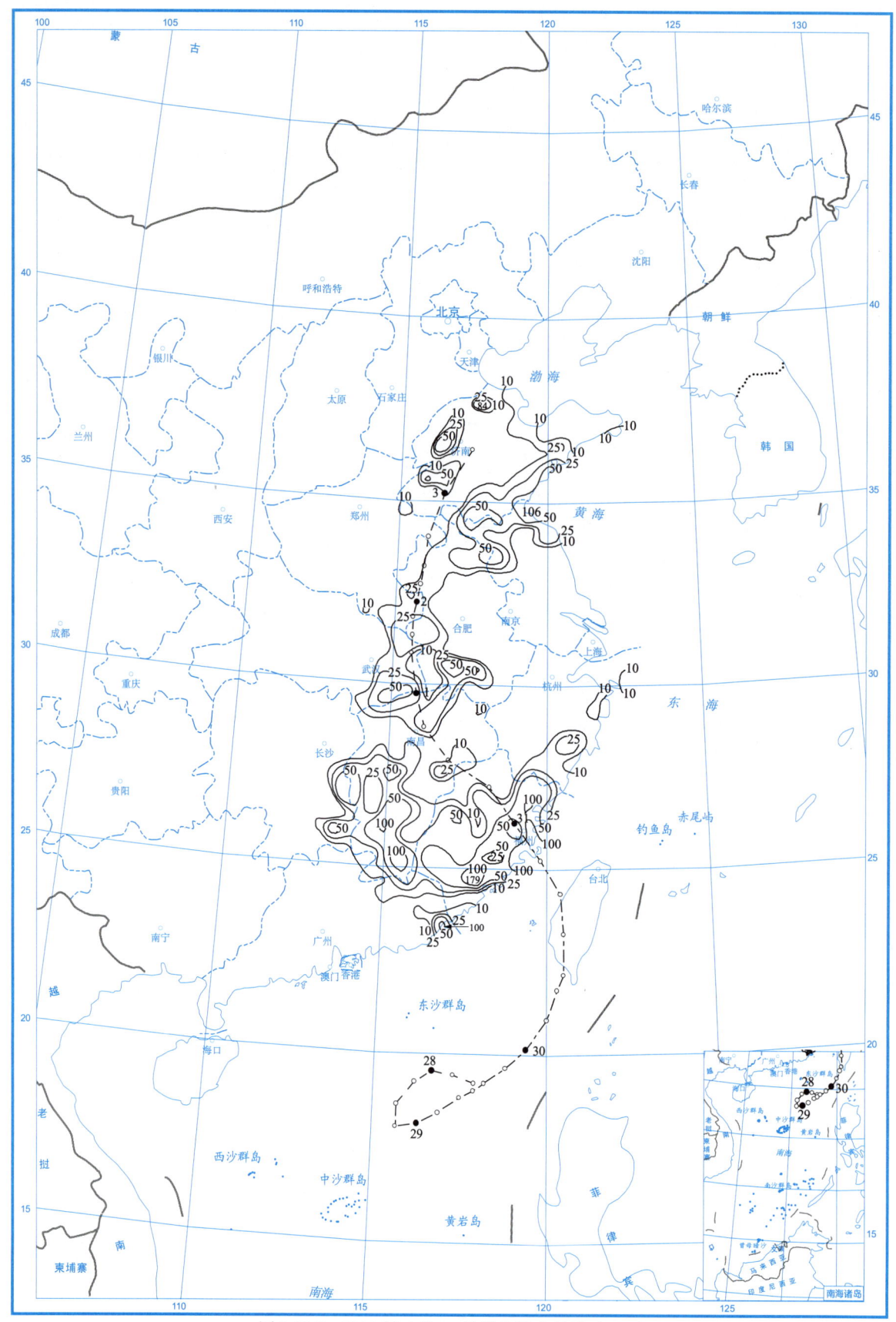

图 2.11.5　2017 年 7 月 31 日的日降水量图（mm）

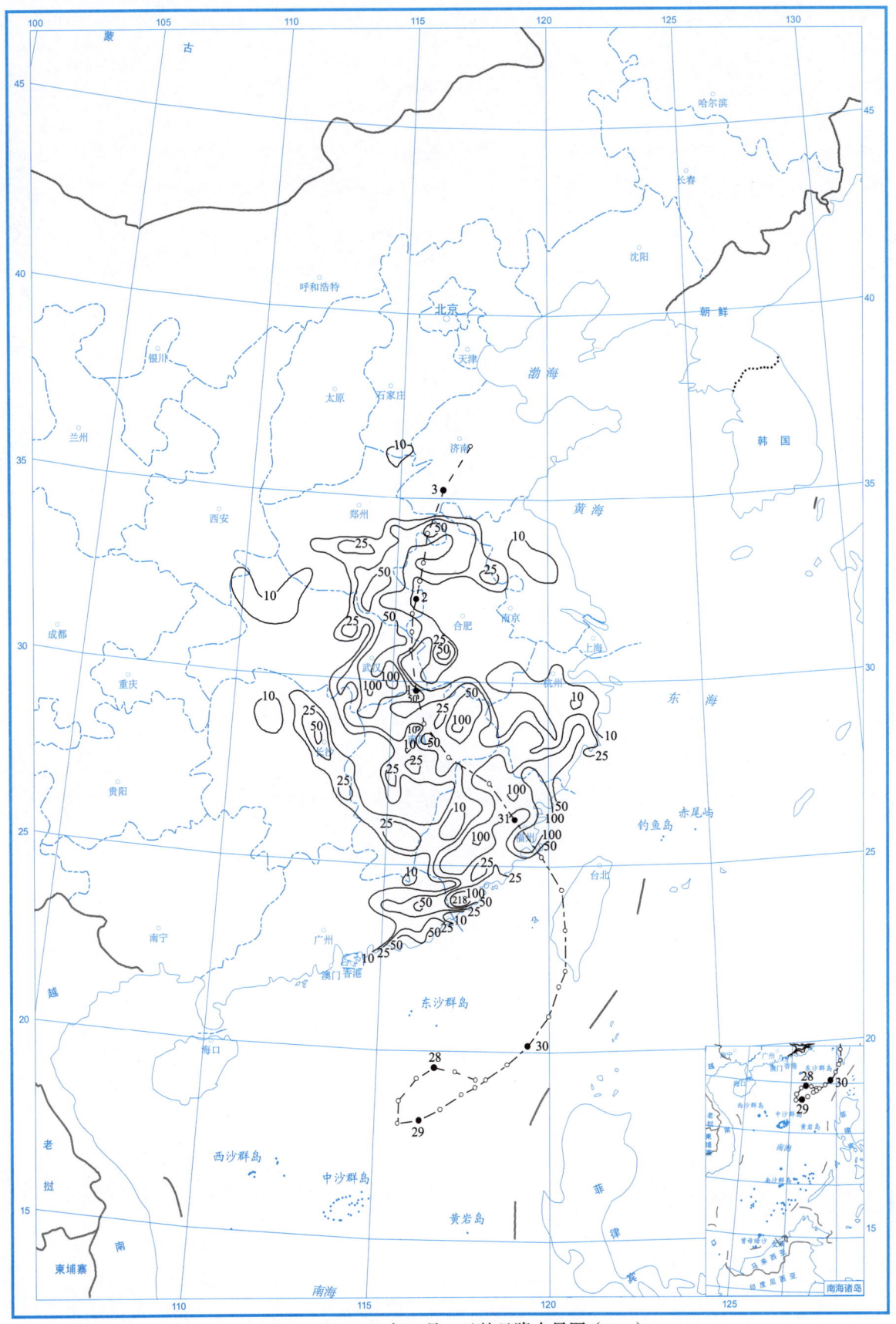

图 2.11.6　2017年8月1日的日降水量图（mm）

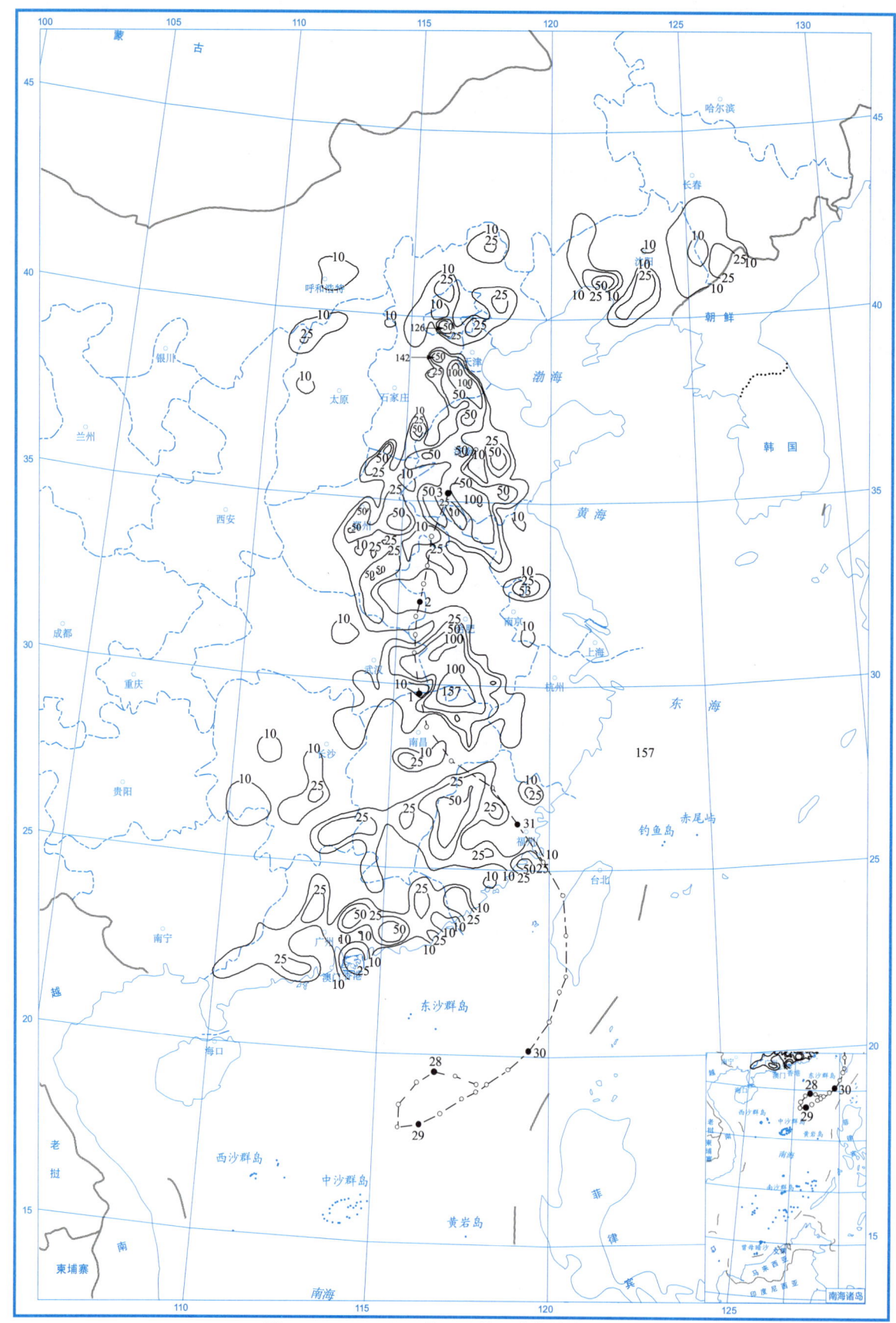

图 2.11.7 2017年8月2日的日降水量图（mm）

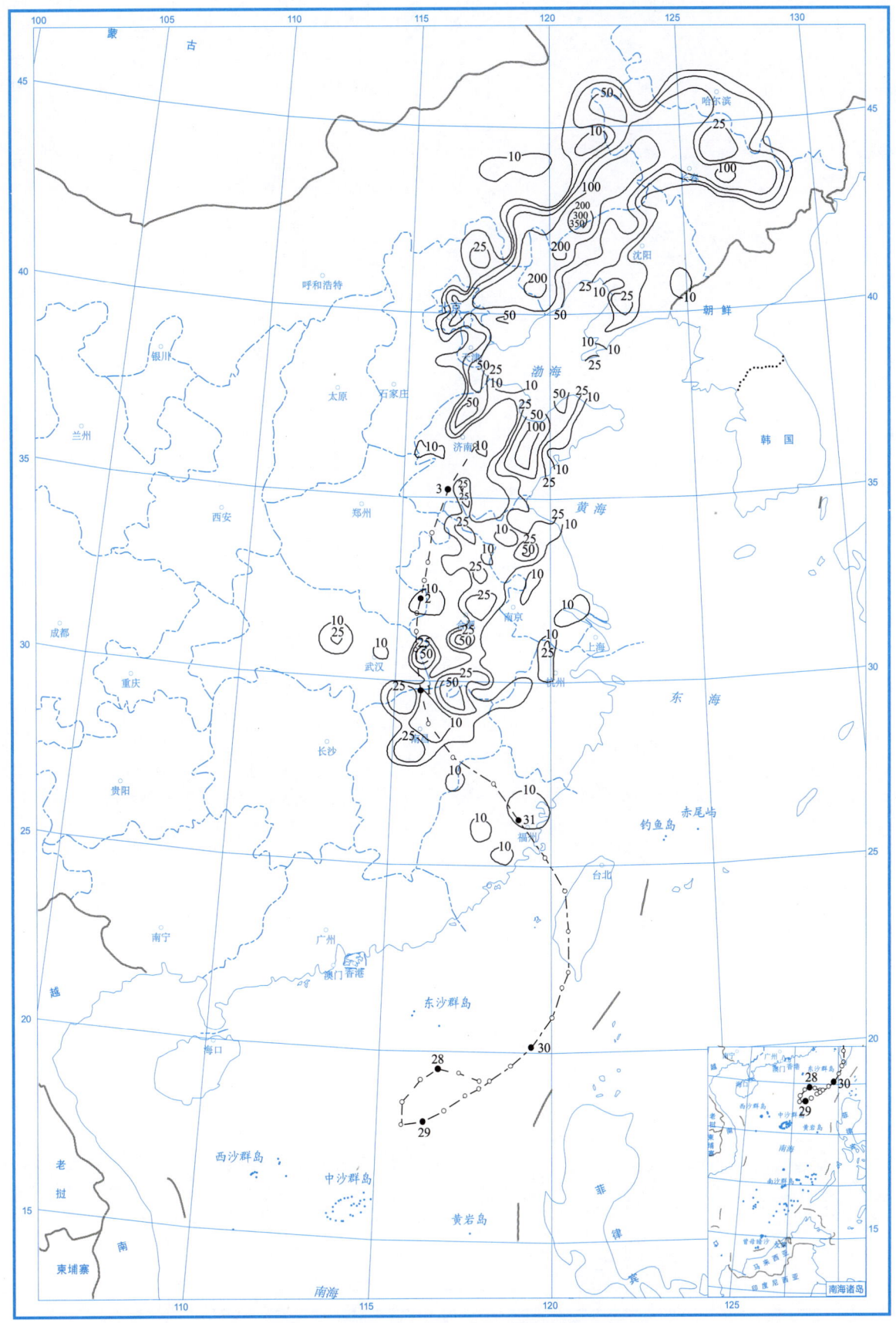

图 2.11.8　2017年8月3日的日降水量图（mm）

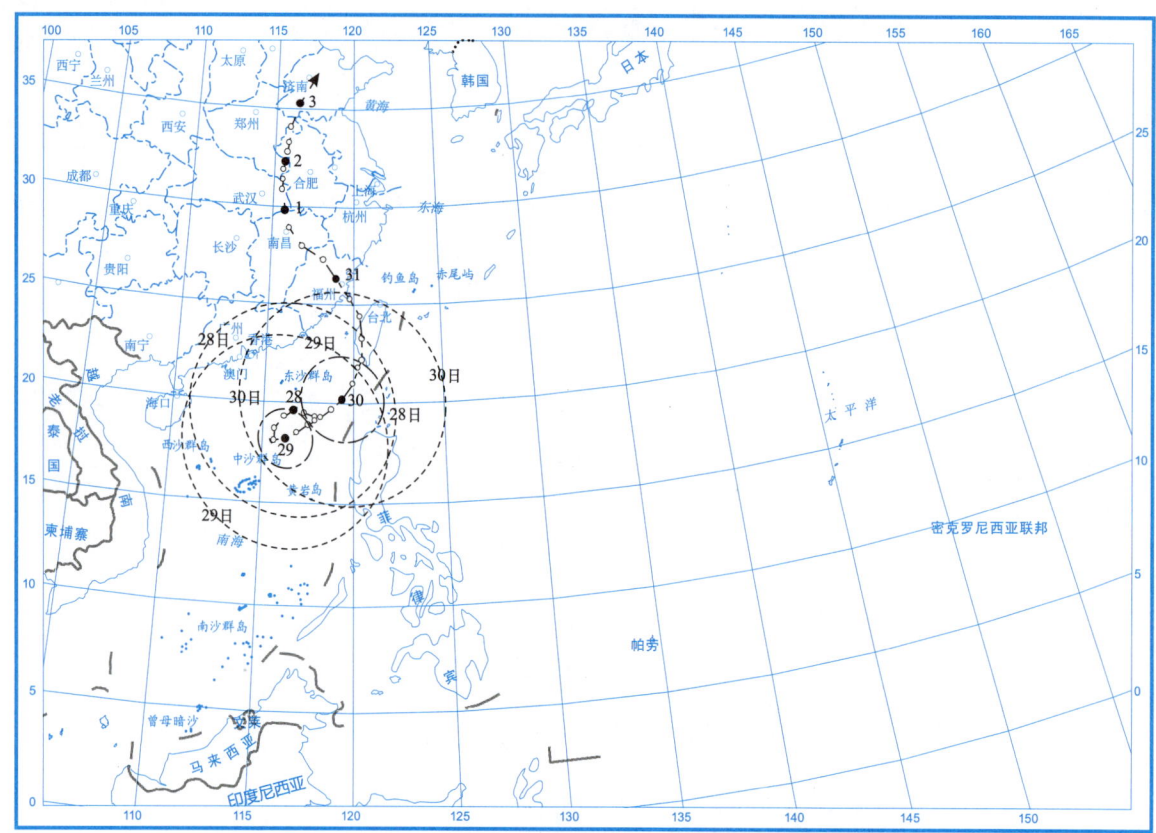

图 2.11.9　1710 号热带风暴"海棠"（Haitang）大风区域演变图

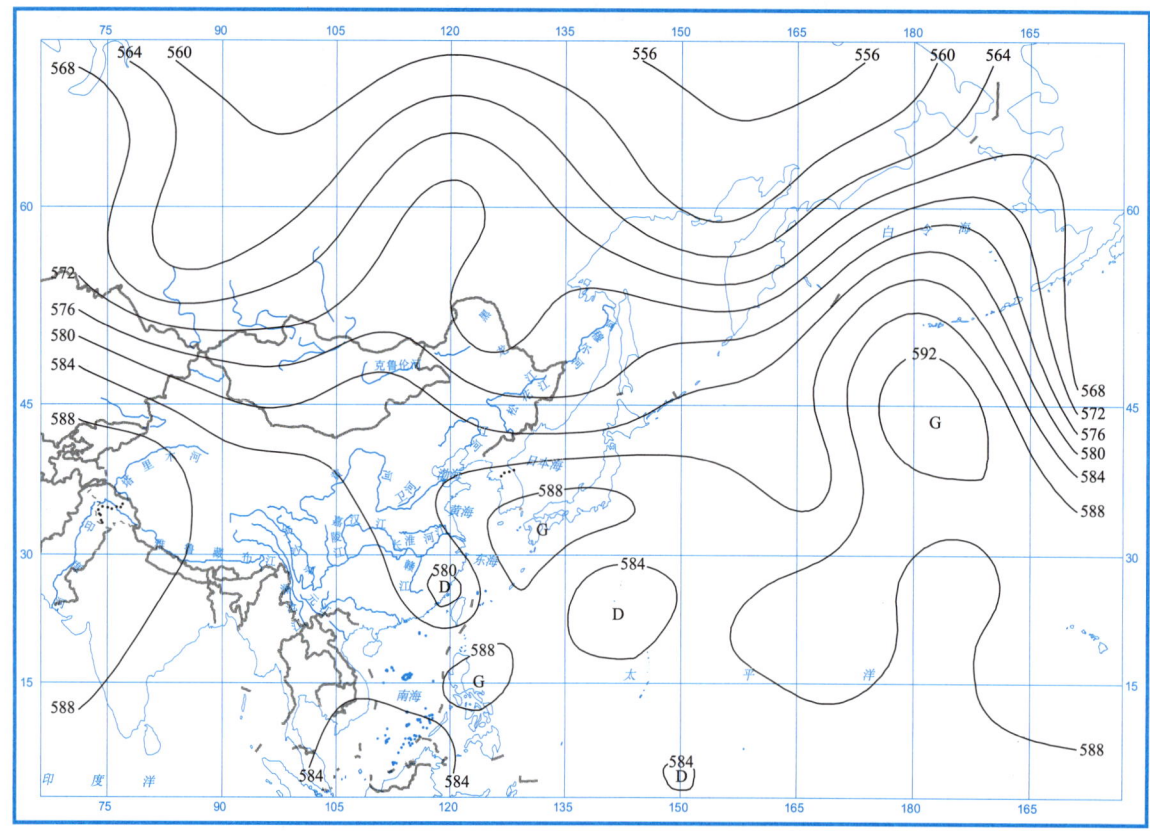

图 2.11.10　2017 年 7 月 31 日 02 时 500 hPa 高度场图（dagpm）

2.12 热带风暴"尼格"(Nalgae)

第1711号热带风暴"尼格"(Nalgae)是由8月1日早晨位于威克岛西北约900 km的西北太平洋洋面上一个热带低压发展形成的。形成后低压中心向偏东方向移动,2日增强为热带风暴,之后转折向西北方向移动,移速缓慢,4日偏北方向分量增大,移动方向转向北,5日再次转向西北方向移动,移速加快,6日凌晨"尼格"已变性为温带气旋,7日下午强度减弱为热带低压,于8日下午在距离日本北海道东北方向的西北太平洋洋面上消散。

表2.12.1是热带风暴"尼格"(Nalgae)的中心位置和强度。图2.12.1~图2.12.3分别是热带风暴"尼格"(Nalgae)路径图、大风区域演变图和2017年8月5日14时500 hPa高度场图。

表2.12.1 1711号热带风暴"尼格"(Nalgae)中心位置和强度

8月1—8日

年	月	日	时	中心位置		中心气压 (hPa)	最大风速 (m/s)
				北纬(°N)	东经(°E)		
2017	8	1	8	26.5	162.4	1004	13
	8	1	14	26	163.2	1004	13
	8	1	20	25.7	163.9	1002	15
	8	2	2	25.5	164.7	1002	15
	8	2	8	25.6	165.5	998	18
	8	2	14	25.9	165.4	998	18
	8	2	20	26.2	165.2	998	18
	8	3	2	26.5	165	998	18
	8	3	8	26.9	164.7	998	18
	8	3	14	27.4	164.2	995	20
	8	3	20	27.7	163.6	995	20
	8	4	2	28	163.2	995	20
	8	4	8	28.3	162.8	995	20
	8	4	14	28.9	162.5	990	23
	8	4	20	29.7	162.4	990	23
	8	5	2	30.9	162.6	990	23
	8	5	8	32.2	162.5	990	23
	8	5	14	34.1	162.2	990	23
	8	5	20	35.8	161.5	990	23

（续表）

年	月	日	时	中心位置		中心气压（hPa）	最大风速（m/s）
				北纬（°N）	东经（°E）		
△	8	6	2	38	160.3	990	23
	8	6	8	39.9	159.2	990	20
	8	6	14	41.8	158.6	990	20
	8	6	20	43.3	157.5	994	18
	8	7	2	44.5	156.1	994	18
	8	7	8	45.3	155.3	994	18
	8	7	14	45.7	154.7	998	15
	8	7	20	45.9	154.5	998	15
	8	8	2	46.2	154.5	998	15
	8	8	8	46.5	154.6	998	15
	8	8	14	46.4	154.2	1000	13
消散							

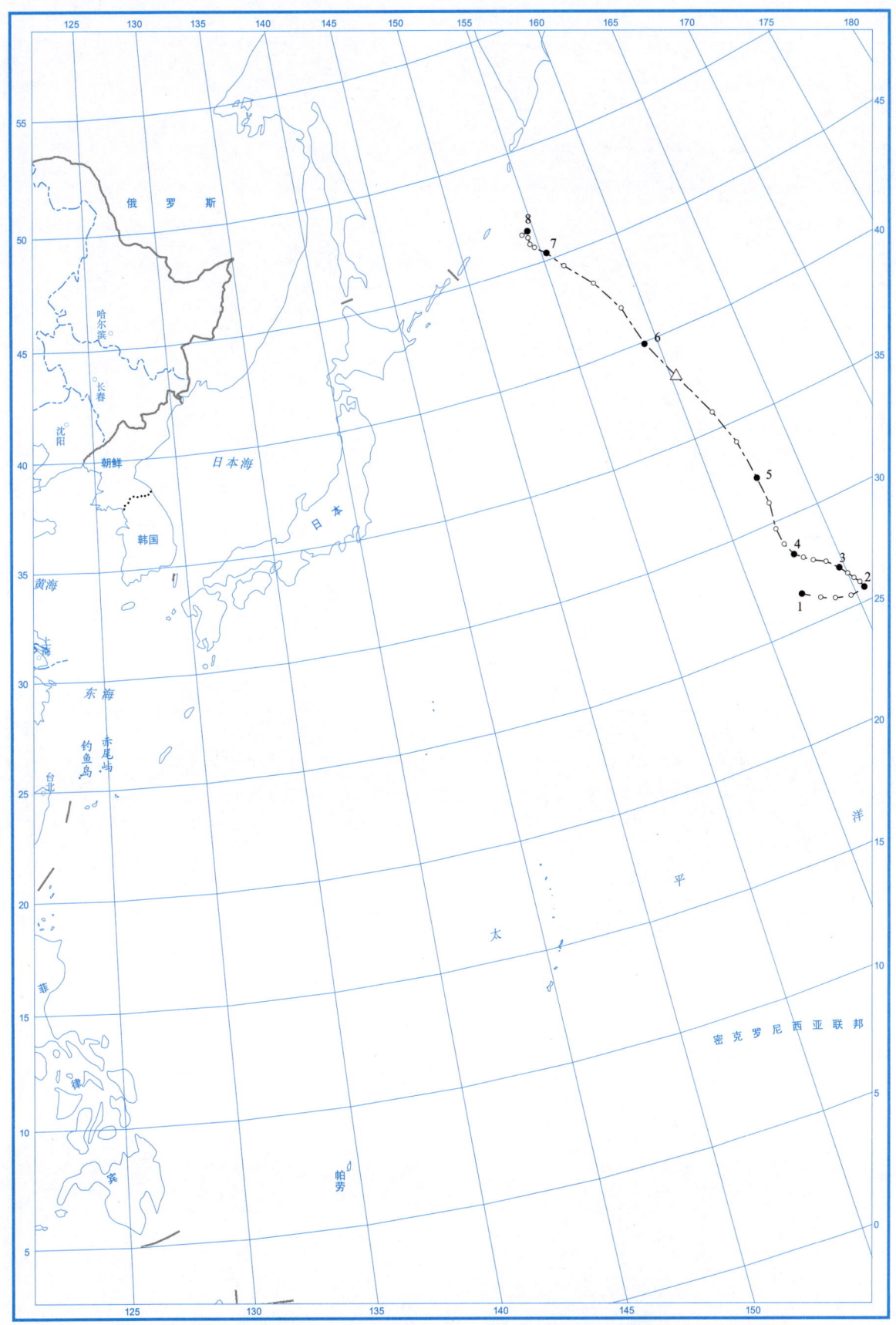

图 2.12.1　1711 号热带风暴"尼格"(Nalgae)路径图

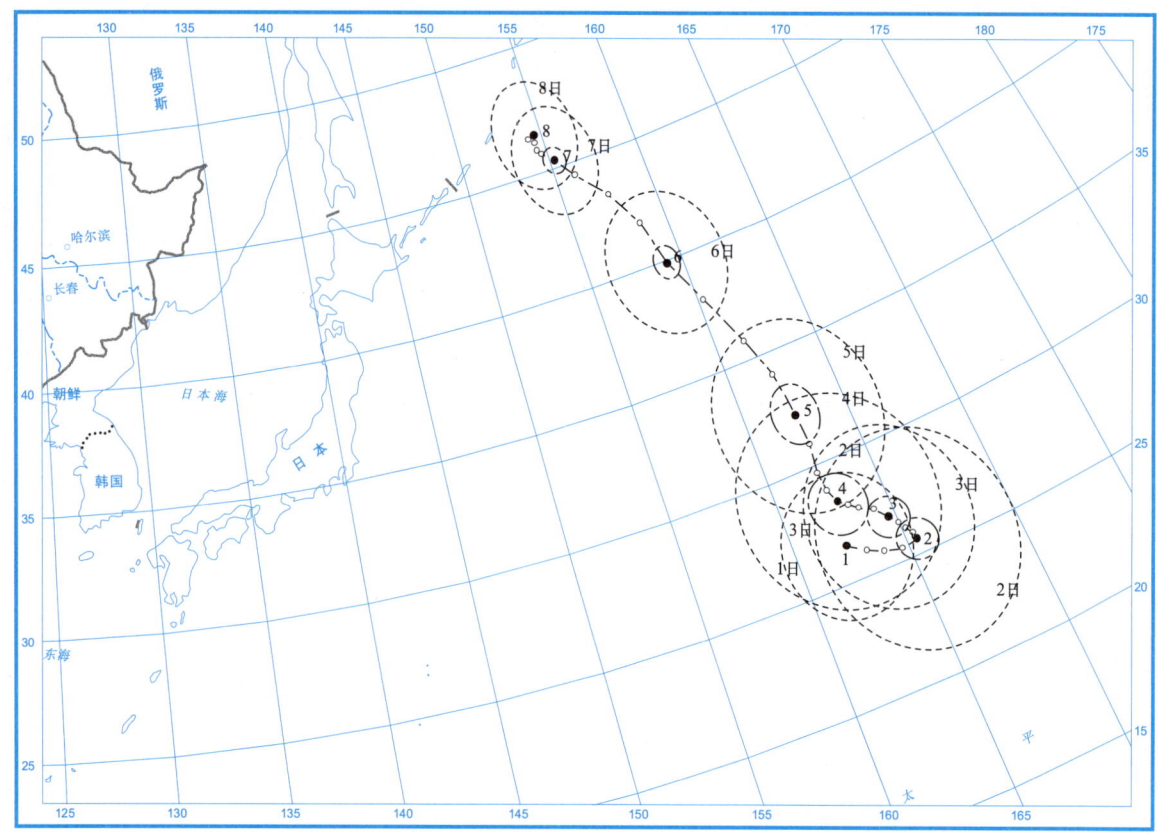

图 2.12.2　1711 号热带风暴"尼格"（Nalgae）大风区域演变图

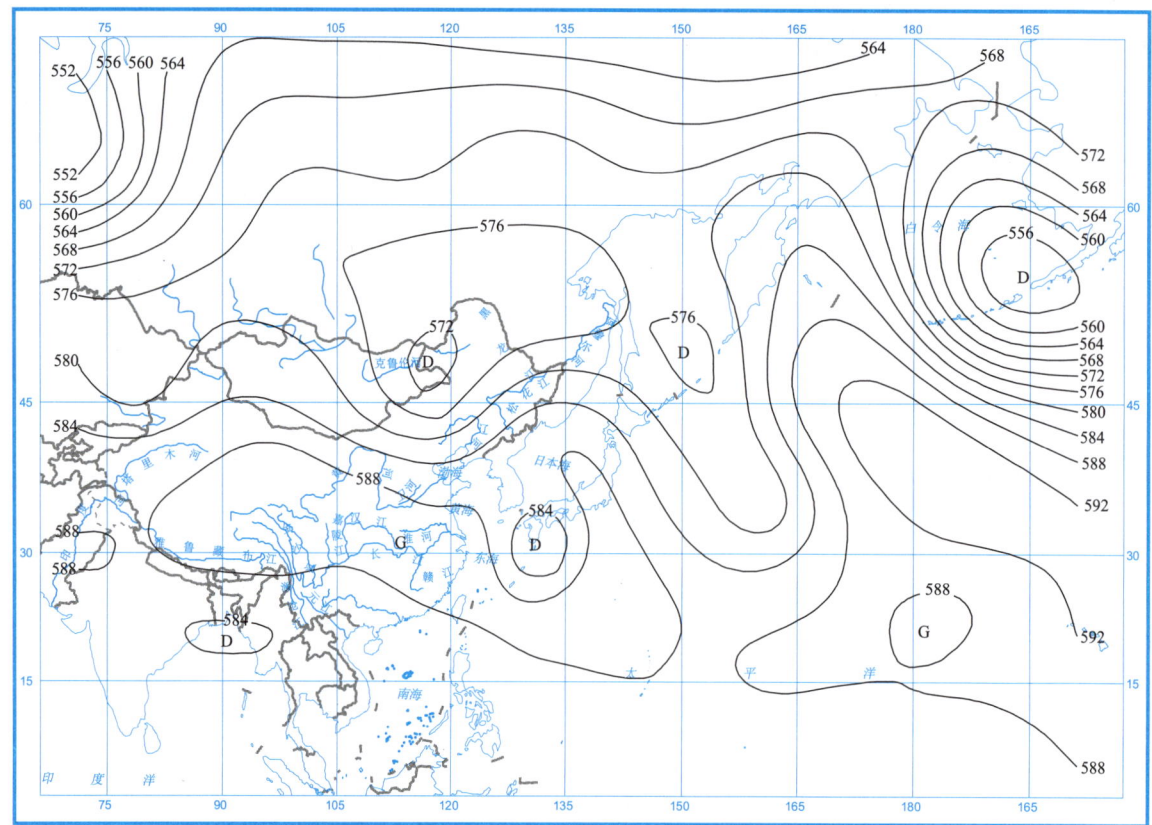

图 2.12.3　2017 年 8 月 5 日 14 时 500 hPa 高度场图（dagpm）

2.13 强台风"榕树"(Banyan)

第1712号强台风"榕树"(Banyan)是由8月11日凌晨位于威克岛东南约600 km的西北太平洋洋面上一个热带低压发展形成。形成后低压中心向西北方向移动,当晚增强为热带风暴,12日下午增强为强热带风暴,夜间进一步加强为台风,移速缓慢,并转向西北偏北方向移动,13日早晨达到强台风级,14日强度减弱为台风,移动方向继续北上,15日早晨强度再次加强为强台风,夜间强度再次减弱为台风,16日下午转向东北方向移动,移速加快,强度迅速减弱,17日早晨减弱为热带风暴,下午在日本北海道以东的西北太平洋洋面上消散。

表2.13.1是热带风暴"榕树"(Banyan)的中心位置和强度。图2.13.1~图2.13.3分别是热带风暴"榕树"(Banyan)路径图、大风区域演变图和2017年8月15日14时500 hPa高度场图。

表2.13.1 1712号强台风"榕树"(Banyan)中心位置和强度

8月11—17日

年	月	日	时	中心位置		中心气压 (hPa)	最大风速 (m/s)
				北纬(°N)	东经(°E)		
2017	8	11	2	15.9	170.7	1002	13
	8	11	8	16.5	169.9	1002	13
	8	11	14	16.9	168.9	1000	15
	8	11	20	17.5	167.9	998	18
	8	12	2	18.1	166.9	995	20
	8	12	8	18.7	165.8	992	23
	8	12	14	19.3	165.1	985	28
	8	12	20	20	164.7	975	33
	8	13	2	20.5	164.3	965	38
	8	13	8	21	164.1	955	42
	8	13	14	21.5	163.9	955	42
	8	13	20	21.8	163.8	955	42
	8	14	2	22.2	163.6	955	42
	8	14	8	22.6	163.4	960	40
	8	14	14	23.3	163.3	960	40
	8	14	20	24	163	960	40

（续表）

年	月	日	时	中心位置		中心气压（hPa）	最大风速（m/s）
				北纬（°N）	东经（°E）		
2017	8	15	2	24.9	162.8	960	40
	8	15	8	26	162.4	955	42
	8	15	14	27.1	162.2	955	42
	8	15	20	28.5	162.4	965	38
	8	16	2	29.8	162.6	965	38
	8	16	8	31.4	163.3	975	33
	8	16	14	33.2	165.1	975	33
	8	16	20	35.2	167.5	975	33
	8	17	2	37.9	170.7	980	30
	8	17	8	40.3	173.9	992	23
	8	17	14	42.6	176.2	998	18
				消散			

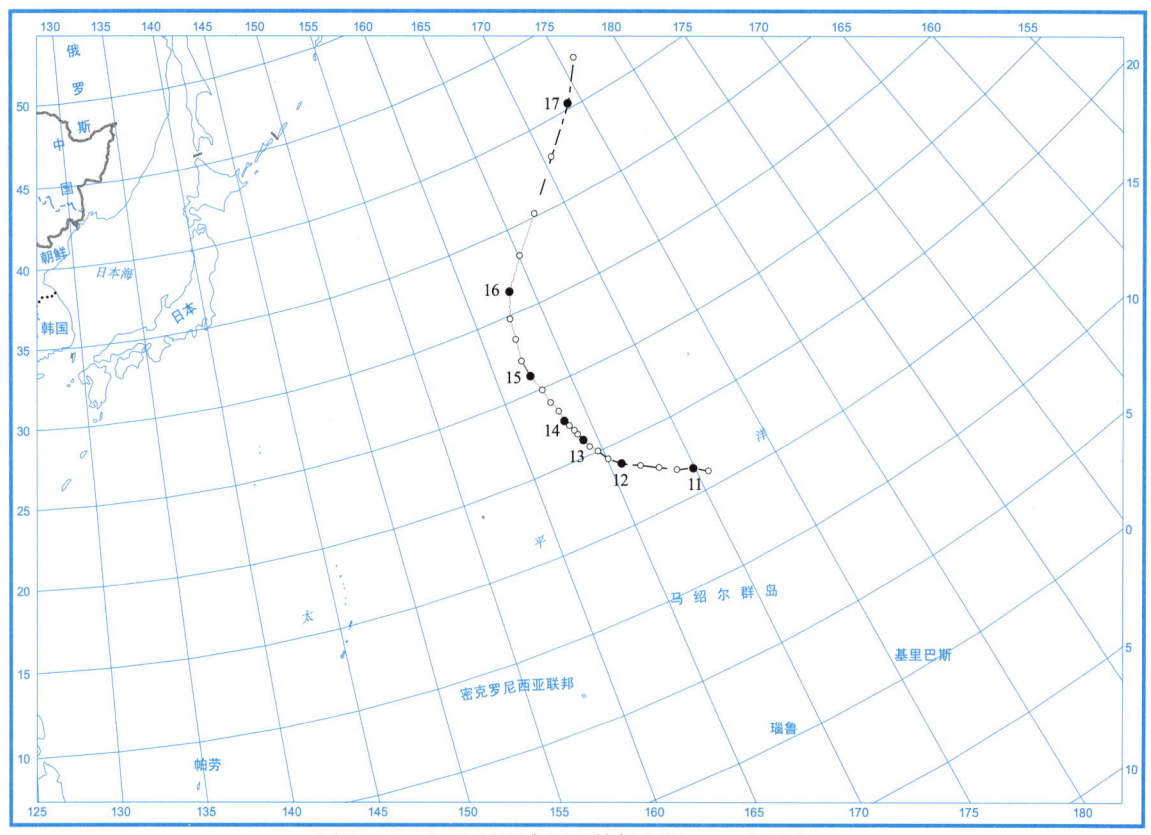

图 2.13.1　1712 号强台风"榕树"（Banyan）路径图

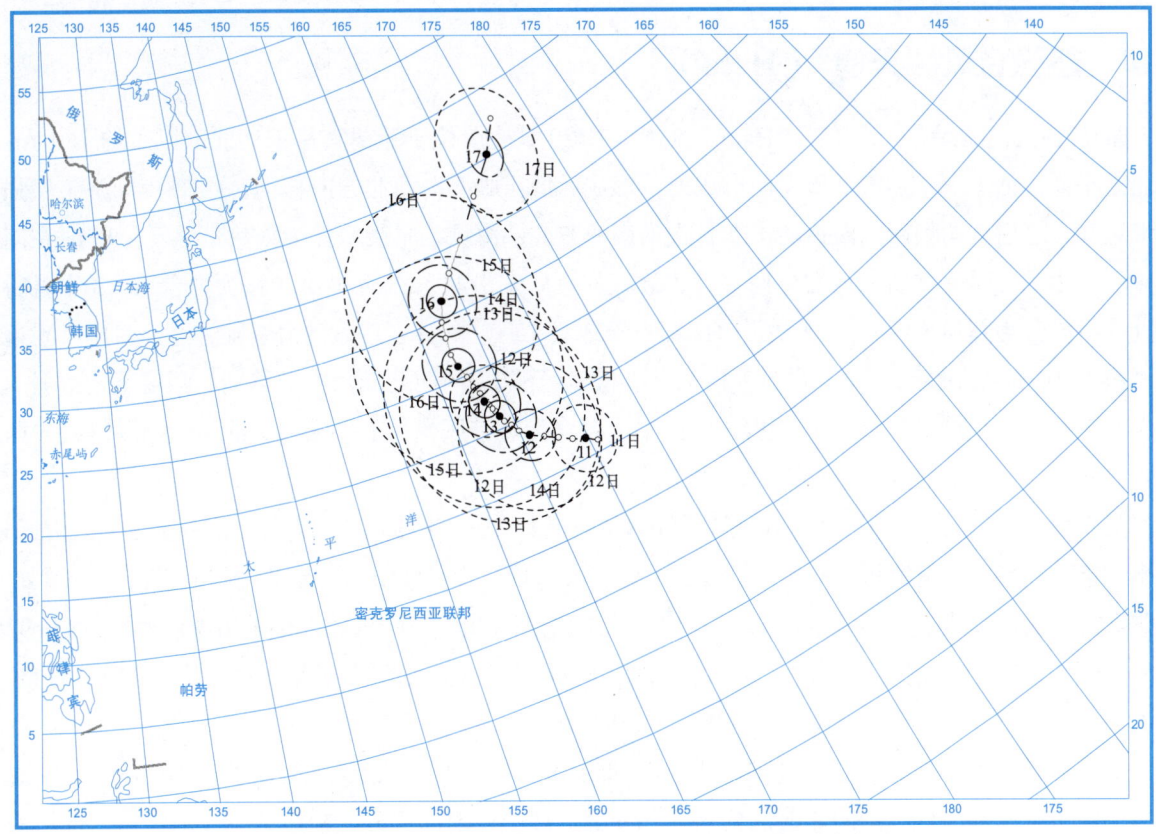

图 2.13.2　1712 号强台风"榕树"（Banyan）大风区域演变图

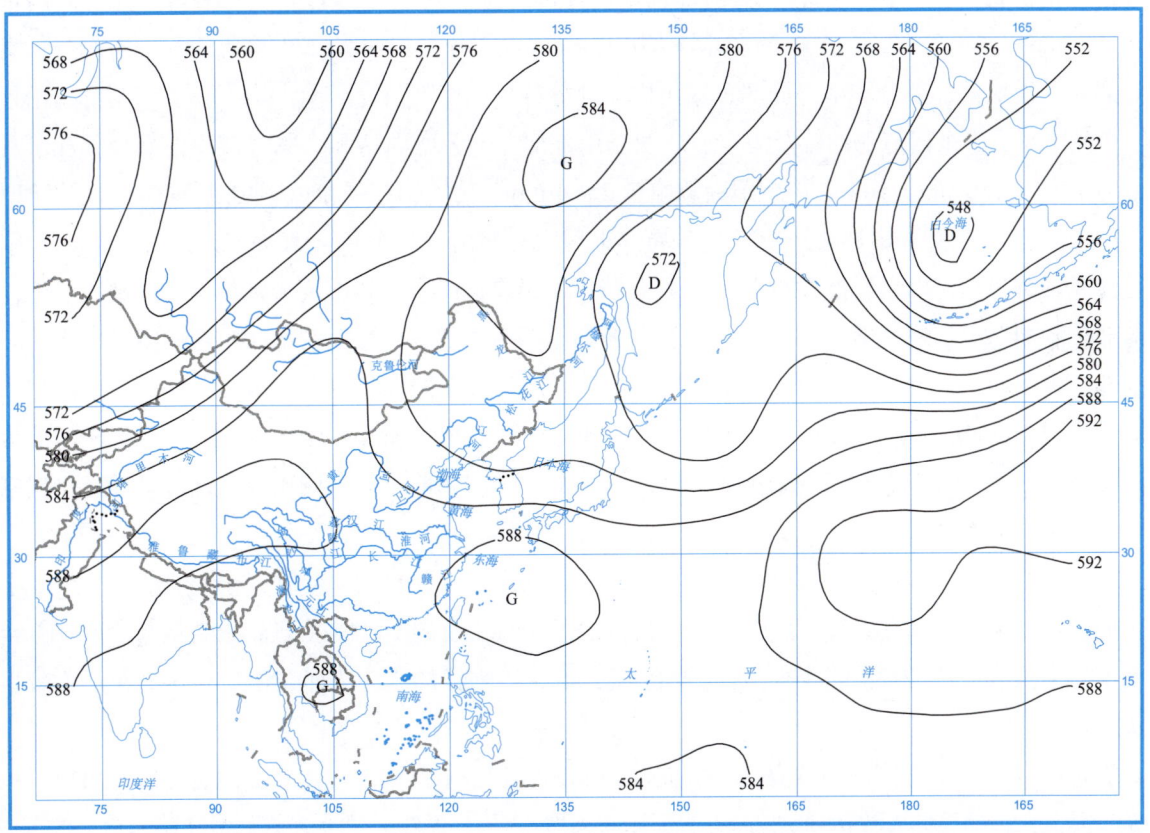

图 2.13.3　2017 年 8 月 15 日 14 时 500 hPa 高度场图（dagpm）

2.14 超强台风"天鸽"(Hato)

第1713号超强台风"天鸽"(Hato)是由8月20日凌晨位于菲律宾吕宋岛北部以东约760 km的西北太平洋洋面上一个热带低压发展形成的。形成后低压中心向西北方向移动，20日夜间下午增强为热带风暴，之后转向偏西方向移动，22日进入南海东北部海域，早晨增强为强热带风暴，17时在南海海域已增强为台风，并转向西北方向移动，逐渐靠近广东沿海，23日早晨增强为强台风，3小时后强度近一步增强为超强台风级。"天鸽"(Hato)于23日12点35分在广东珠海登陆，登陆时中心附近最大风速为48 m/s（14级），中心最低气压为945 hPa。登陆后向西北偏西方向移动，强度迅速减弱，当晚强度减弱为强热带风暴，24日凌晨在广西境内减弱为热带风暴，下午减弱为热带低压并继续向西北偏西方向移动，25日上午在云南西部境内消散。

受超强台风"天鸽"(Hato)和西南季风的影响，8月21—24日，广东大部、广西部分、云南部分、贵州贞丰和瓮安、湖南郴州、南岳和桃江、福建安溪和晋江、重庆璧山和渝北、湖北宜昌、安徽黄山、浙江临安出现最大风力6～7级、阵风7～11级；广东珠江口西侧大部、福建九仙山出现最大风力8～9级、阵风10～13级；广东上川岛出现最大风力10级、阵风12级；广东珠海出现最大风力11级（29.9 m/s）、阵风16级（51.9 m/s），为本次超强台风影响过程的风极值。

受其影响，8月21—25日，海南、广东中部及北部、广西东北部、云南部分、贵州大部、重庆大部、四川中东部部分、湖南北部部分和南部部分、江西中南部部分、福建部分、浙江东南部沿海大部、湖北南部部分及北部局部、陕西南部局部、江苏江都、安徽南部局部、河南南部局部总雨量为10～50 mm；海南乐东、广东西部和东南部以及珠三角部分、广西大部及涠洲岛、云南部分、贵州西部部分、重庆西部部分和南部局部、四川中东部分部、湖南石门、河南光山、福建东南部总雨量为50～150 mm；广东西南部部分及海丰、广西东南部部分、云南西畴和大关、四川中部局部和珙县总雨量为150～256 mm；其中，广东阳春总雨量256.1 mm，为本次超强台风影响过程的总雨量极值。

8月22日，受其外围环流影响，广东局部出现大到暴雨，广东新会20时雨量70.4 mm，为本次超强台风影响过程时雨量极值；23日，受其登陆环流影响，广东南部出现大到暴雨，局部大暴雨，广西南部、涠洲岛也出现暴雨；24日，随着台风西移，海南局部、广东西南部、广西中南部大部，云南东南部、贵州西部以及四川东南部、重庆局部出现暴雨到大暴雨，其中广东雷州，广西东南部分和西南局部出现100 mm以上的大暴雨。广西浦北日降雨量到达180.2 mm，为本次超强台风影响时的日降雨量极值；25日，受其减弱环流影响，广西沿海局部、云南南部部分和四川中南部部分地区出现暴雨到大暴雨，局部大暴雨。

超强台风"天鸽"(Hato)是2017年登陆我国台风强度最强的一个台风，在登陆前约一个半小时强度为超强台风级，且在近海区域强度增速快，22日08时到23日11时增强了27 m/s，是2017年在西太平洋上强度增速最快的一个台风。"天鸽"(Hato)以强盛的态势正面袭击广东珠三角，带来强风和暴雨。

受超强台风"天鸽"(Hato)的影响，福建、湖南、广东、广西、贵州和云南省（区）出现了一定程度的灾情，总计受灾人数达到247.8万人，死亡人口23人，失踪人口9人，紧急转移人口23.7万人，农作物受灾面积达到 123.2 千公顷，农作物绝收面积 11 千公顷，倒塌房屋 2000 间，直接经济损失达到 290.3 亿元（详情见表 2.14.2）。此外，"天鸽"（Hato）重创澳门特别行政区，造成 10 人遇难，244 人受伤，直接经济损失达到 83.1 亿澳门元。

表 2.14.1 是超强台风"天鸽"（Hato）的中心位置和强度。图 2.14.1～图 2.14.9 分别是 1713 号超强台风"天鸽"（Hato）的路径图、总降水日数图、大风分布图、总降水量图、2017 年 8 月 23—25 日的日降水量图、大风区域演变图和 2017 年 8 月 23 日 14 时 500 hPa 高度场图。

表 2.14.1 1713 号超强台风"天鸽"（Hato）中心位置和强度

8 月 20—25 日

年	月	日	时	中心位置		中心气压（hPa）	最大风速（m/s）
				北纬（°N）	东经（°E）		
2017	8	20	2	18.7	129.6	1004	13
	8	20	8	19.4	128.6	1002	15
	8	20	14	19.8	127.6	1002	15
	8	20	20	20	126.7	1000	18
	8	21	2	20.1	125.8	995	20
	8	21	8	20.3	125	995	20
	8	21	14	20.5	124	995	20
	8	21	20	20.4	122.9	990	23
	8	22	2	20.4	121.5	990	23
	8	22	8	20.4	120.1	985	25
	8	22	14	20.5	118.8	980	30
	8	22	17	20.5	117.9	975	33
	8	22	20	20.6	117.3	975	33
	8	22	23	20.8	116.7	965	35
	8	23	2	21.1	116	965	35
	8	23	5	21.3	115.2	955	40
	8	23	8	21.5	114.5	950	45
	8	23	11	21.8	113.8	935	52

(续表)

年	月	日	时	中心位置		中心气压（hPa）	最大风速（m/s）
				北纬（°N）	东经（°E）		
2017	8	23	14	22.1	112.9	955	42
	8	23	20	22.6	110.9	985	25
	8	24	2	22.9	109.2	990	23
	8	24	8	23.2	107.6	994	18
	8	24	14	23.5	106.3	996	15
	8	24	20	23.7	105	998	13
	8	25	2	23.6	102.8	998	13
	8	25	8	23.7	99.8	1000	10
				消散			

表 2.14.2 1713号超强台风"天鸽"（Hato）在福建、湖南、广东、广西、贵州和云南省（区）引发的灾情

受灾省（区）	受灾人口（万人）	死亡人口（人）	失踪人口（人）	紧急转移人口（万人）	农作物		倒塌房屋（万间）	直接经济损失（亿元）
					受灾面积（千公顷）	绝收面积（千公顷）		
福建省	0.2	0	0	0.2	0	0	0	0
湖南省	0.2	0	0	0	0.2	0	0	0.3
广东省	142.4	13	0	21.3	64.4	3.4	0.1	273.6
广西区	33.9	1	0	1	19	0.4	0	2.5
贵州省	0.4	0	0	0	0.5	0.1	0	0.1
云南省	70.7	9	9	1.2	39.1	7.1	0.1	13.8
合计	247.8	23	9	23.7	123.2	11	0.2	290.3

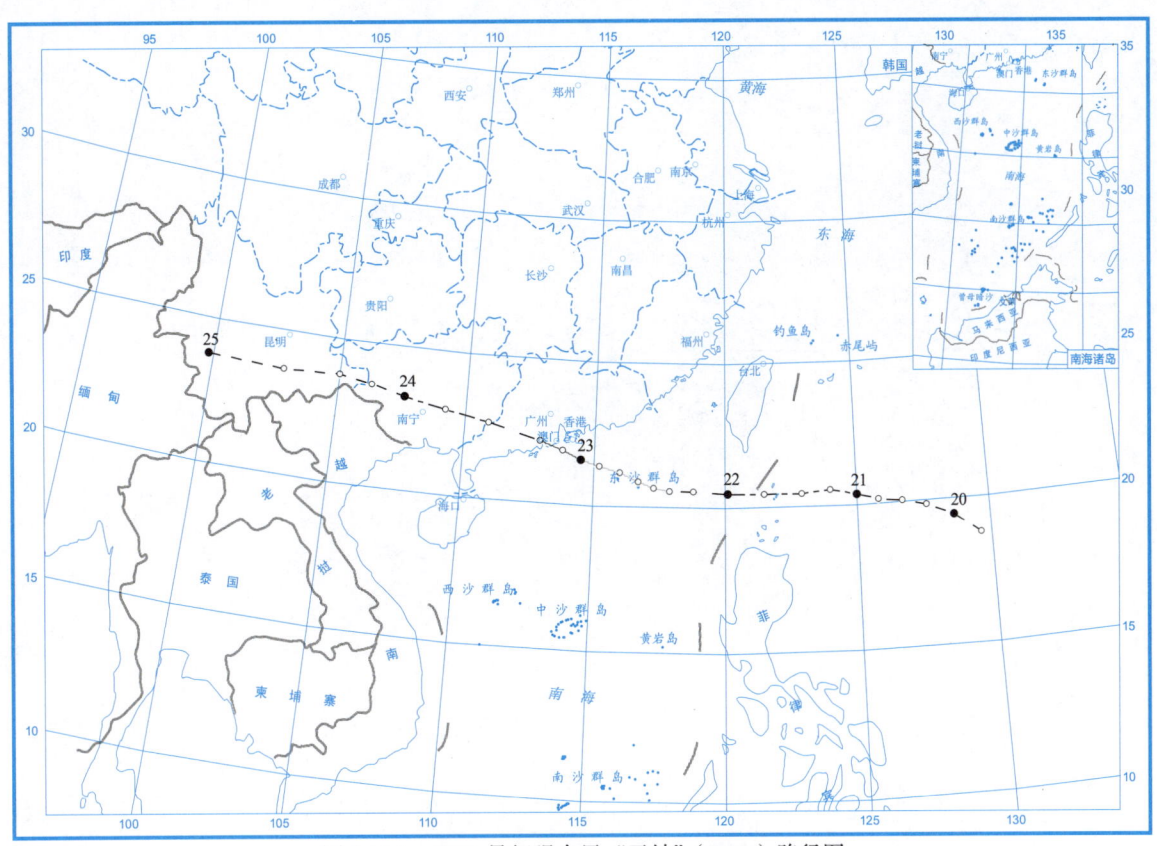

图 2.14.1　1713 号超强台风"天鸽"(Hato)路径图

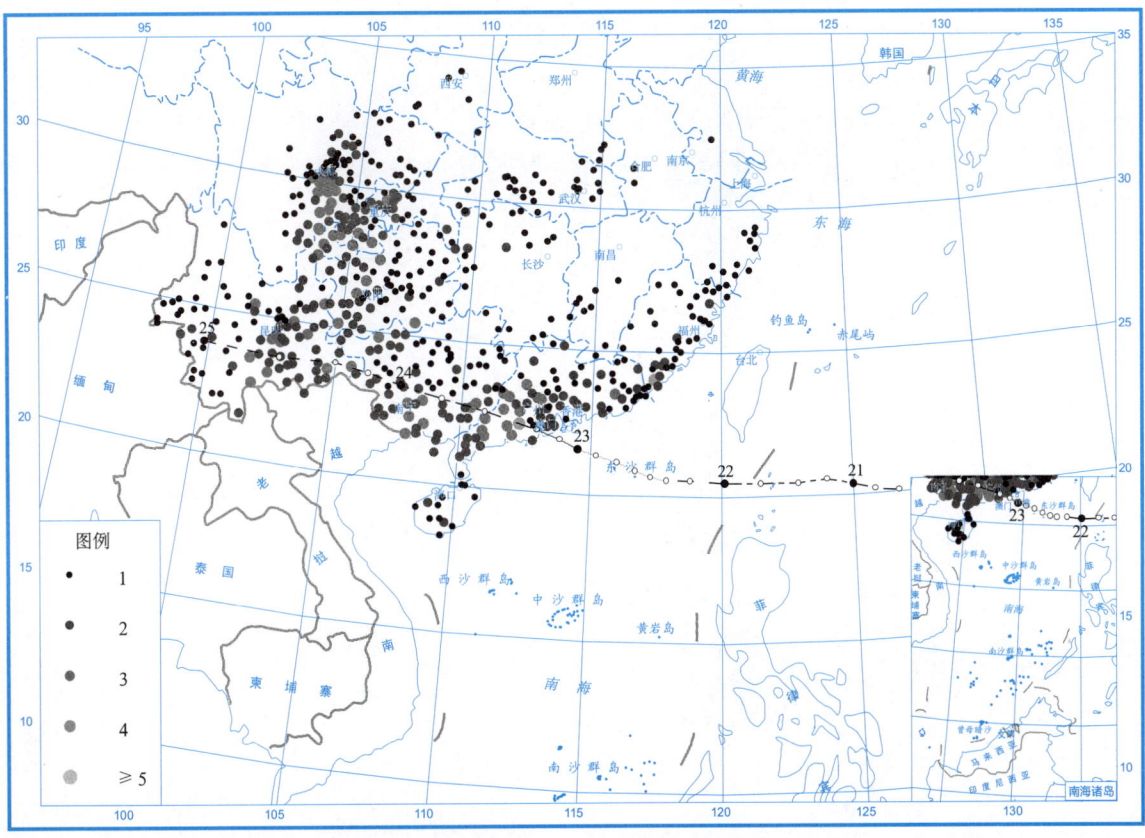

图 2.14.2　1713 号超强台风"天鸽"(Hato)总降水日数图(8月21—25日)(天)

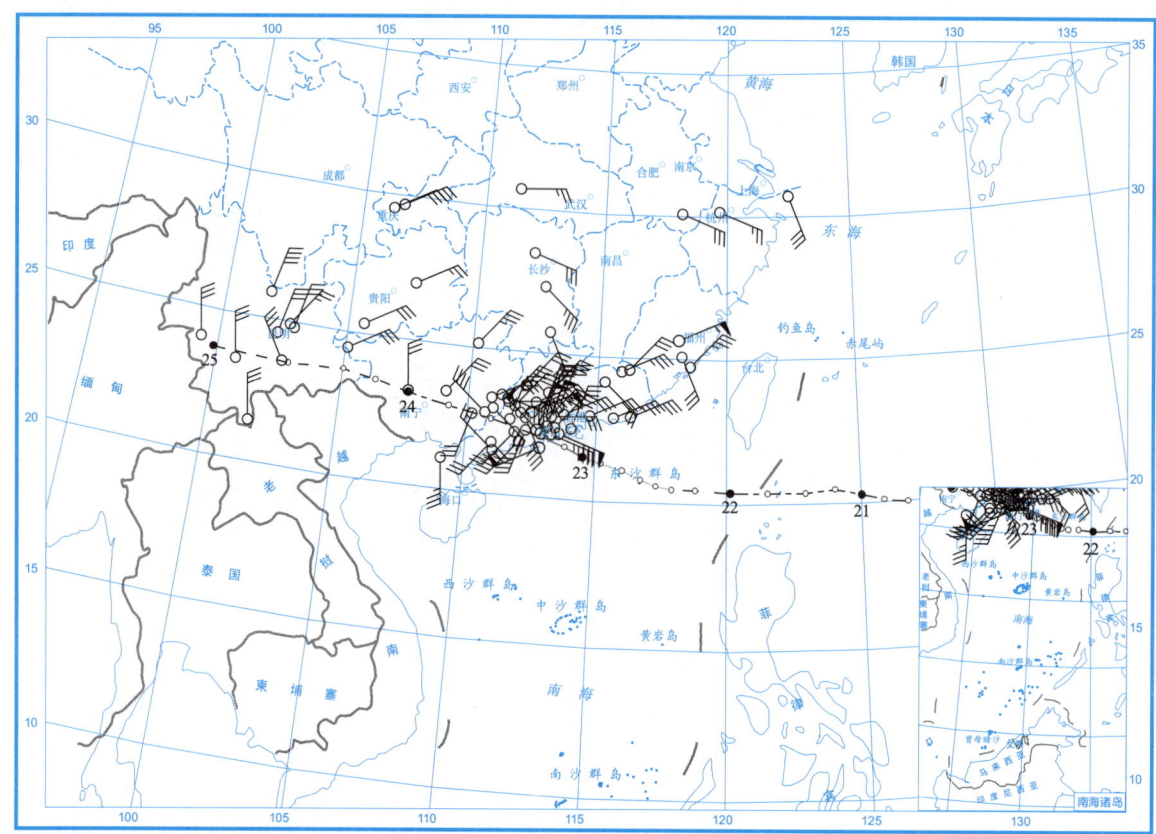

图 2.14.3　1713 号超强台风"天鸽"(Hato)大风分布图(8月21—24日)

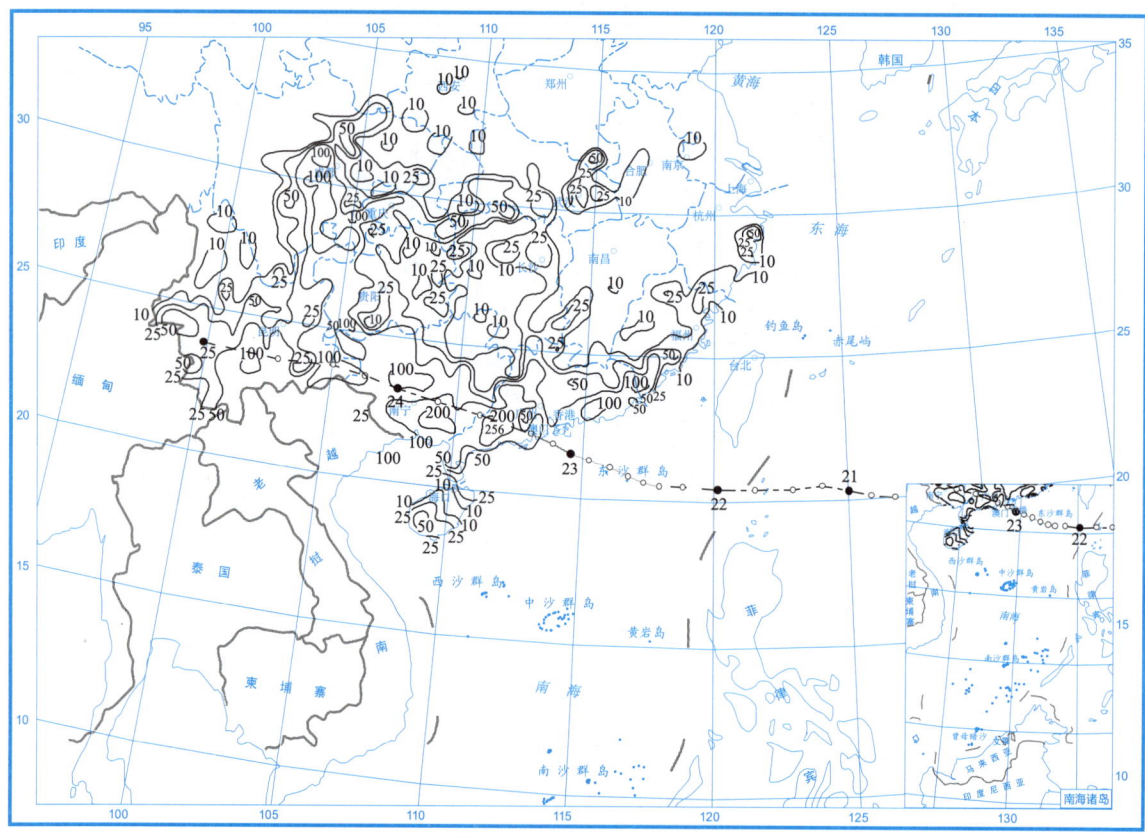

图 2.14.4　1713 号超强台风"天鸽"(Hato)总降水量图(8月21—25日)(mm)

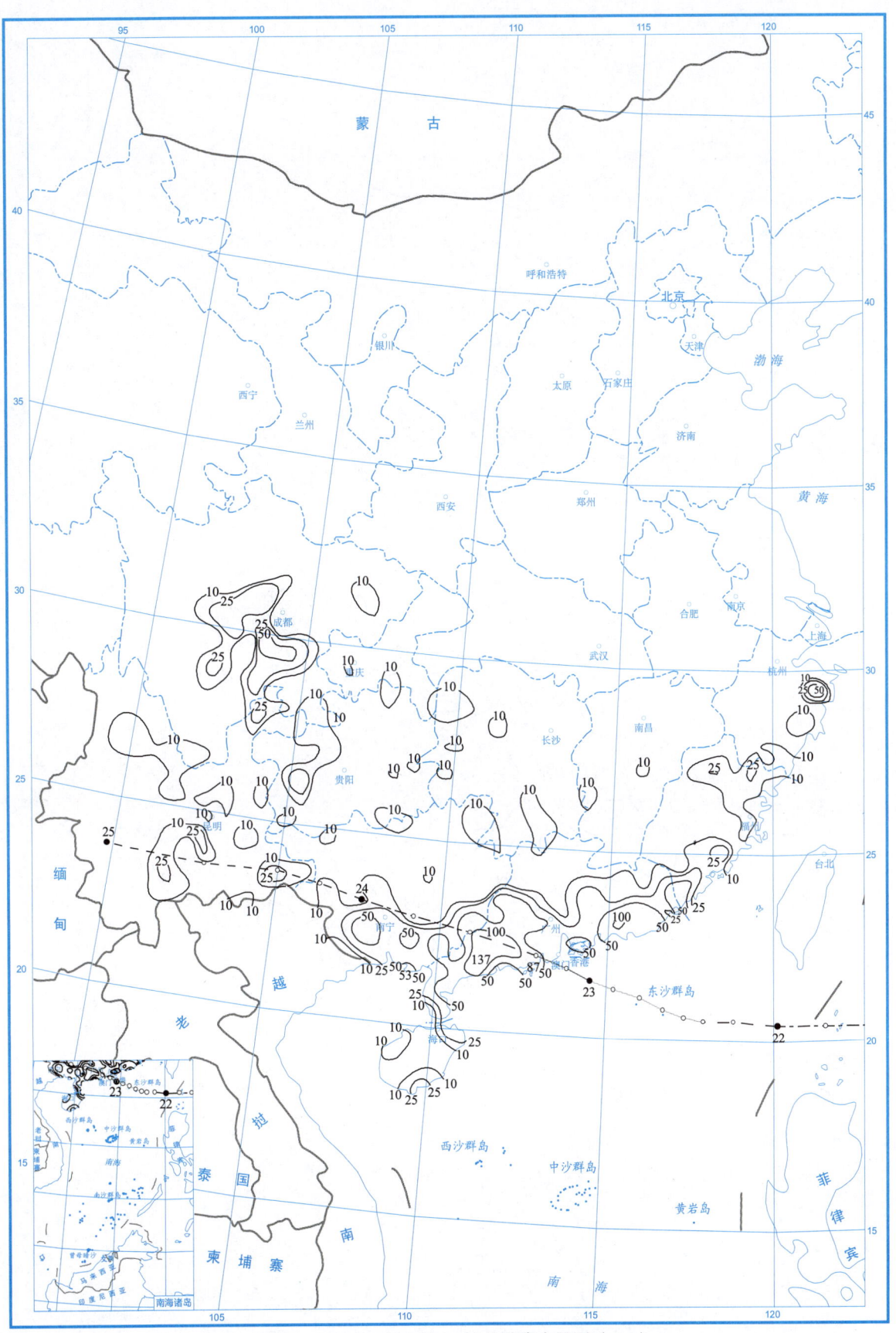

图 2.14.5　2017 年 8 月 23 日的日降水量图（mm）

图 2.14.6　2017 年 8 月 24 日的日降水量图（mm）

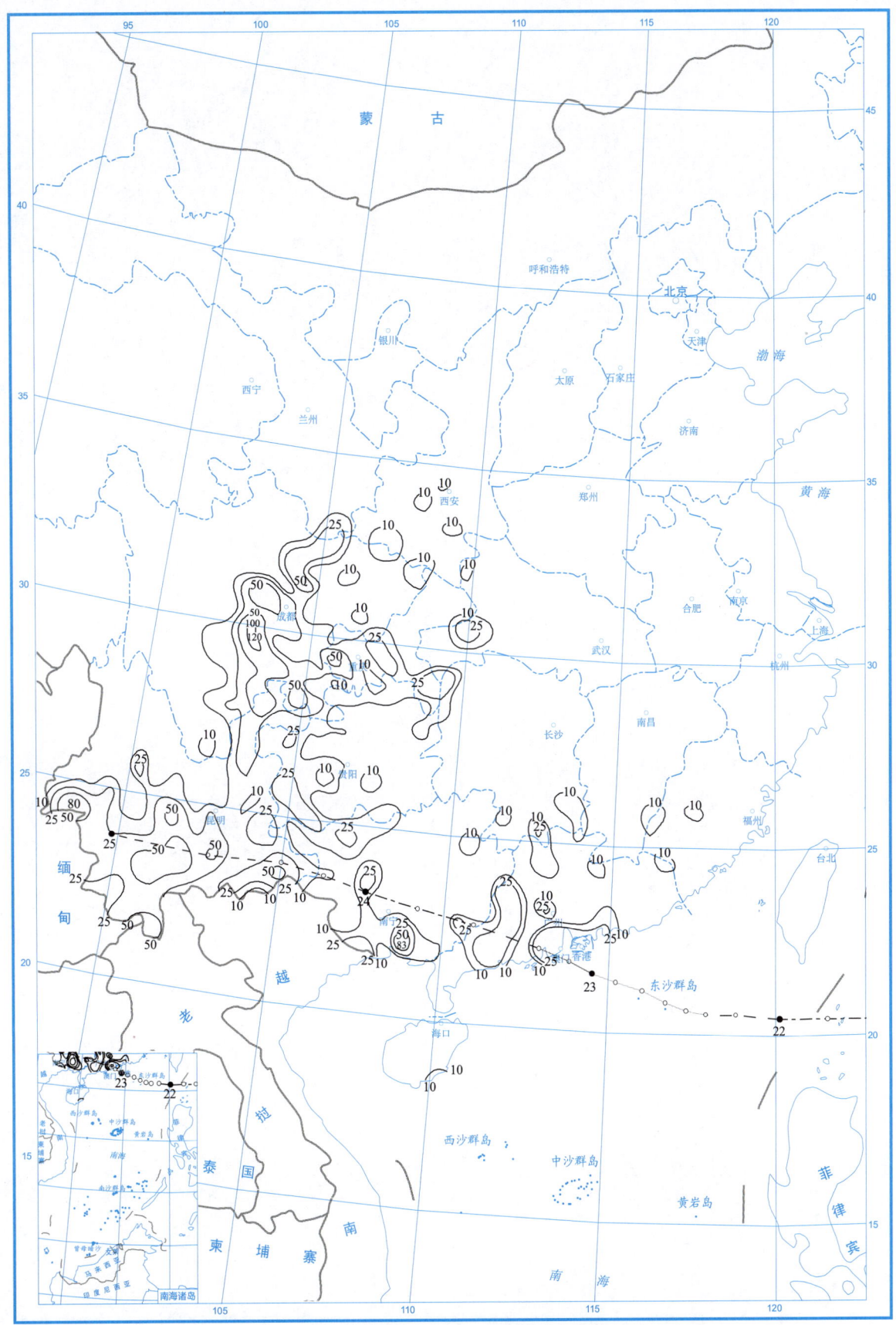

图 2.14.7　2017 年 8 月 25 日的日降水量图（mm）

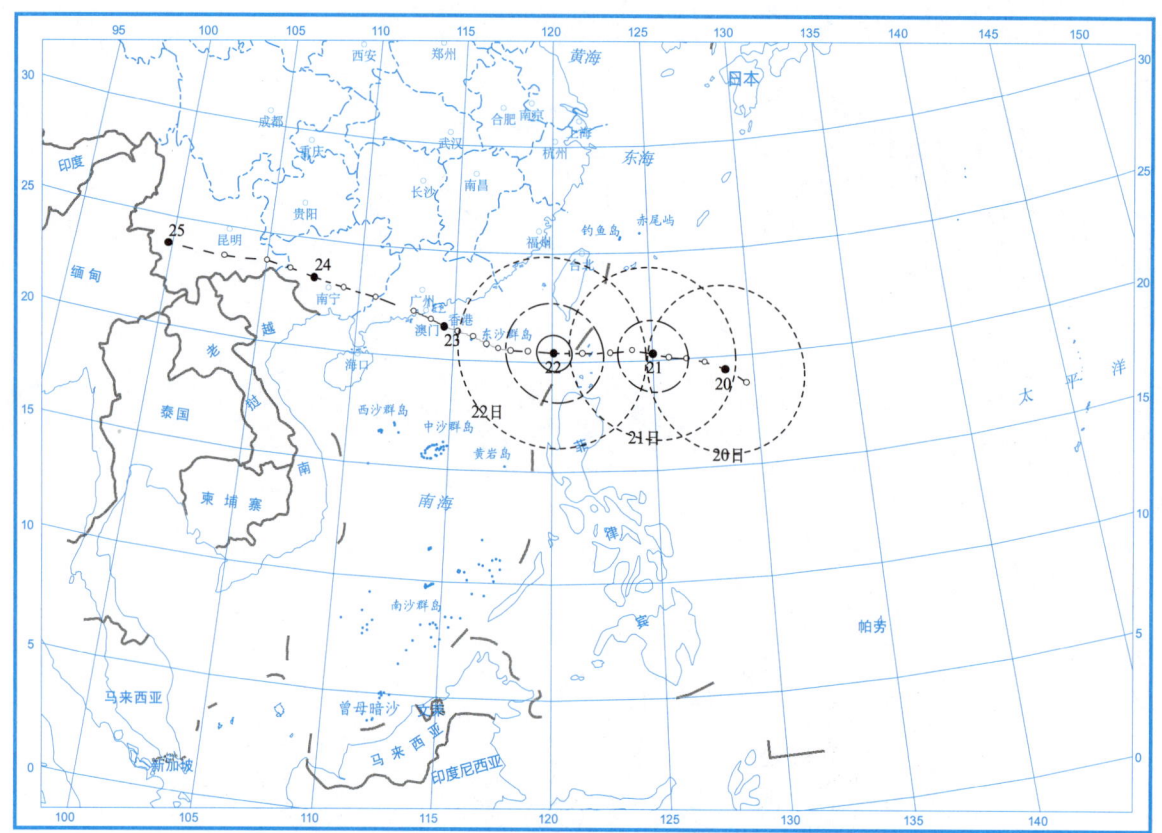

图 2.14.8　1713 号超强台风"天鸽"（Hato）大风区域演变图

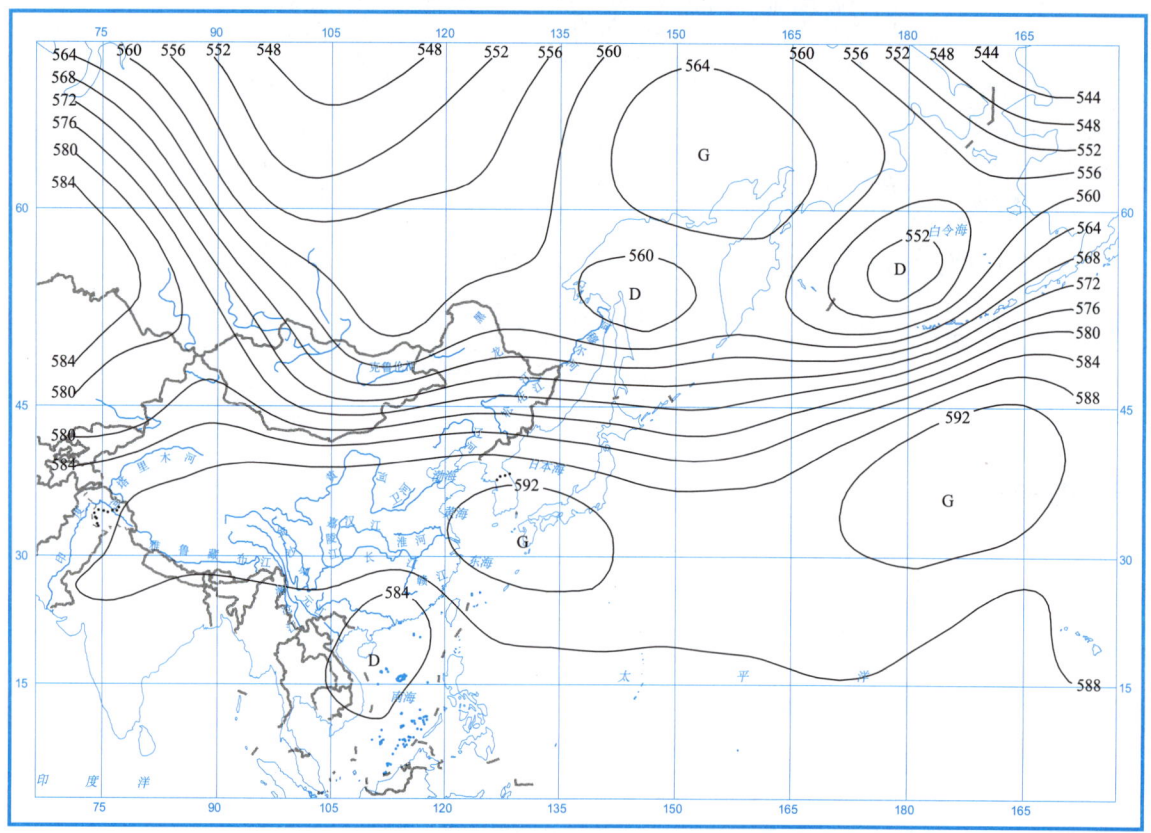

图 2.14.9　2018 年 8 月 23 日 14 时 500 hPa 高度场图（dagpm）

2.15 强热带风暴"帕卡"(Pakhar)

第1714号强热带风暴"帕卡"(Pakhar)是由8月24日早晨位于菲律宾马尼拉以东约820 km的西北太平洋洋面上一个热带低压发展形成。形成后低压中心向偏西方向移动，下午增强为热带风暴，25日早晨转向西北方向移动，逐渐向菲律宾吕宋岛沿海靠近，当晚在菲律宾吕宋岛登陆，之后继续向西北方向移动，"帕卡"横扫菲律宾吕宋岛之后，26日进入南海海域，仍向西北方向移动，直趋广东沿海，23时在距离东沙岛西南约120 km的南海海面上强度增强为强热带风暴。"帕卡"于27日8点20分在广东珠海登陆，登陆时中心附近最大风速为30 m/s（11级），中心最低气压为980 hPa。之后强度减弱，下午减弱为热带风暴，并进入广西境内，强度减弱为热带低压，28日上午在广西西部境内消散。

受强热带风暴"帕卡"(Pakhar)和西南季风的影响，8月26—27日，广东珠江三角洲附近及陆丰和清远，广西临桂、湖南中南部局部、福建晋江和九仙山出现最大风力6～7级、阵风7～11级；广东珠海出现最大风力8级（20.8 m/s）、阵风11级（30.0 m/s），广东惠东出现最大风力7级（16.3 m/s）、阵风11级（30.2 m/s），为本次强热带风暴影响过程风极值。

8月26—28日，海南大部、广东部分、广西大部、云南东部部分、贵州部分、四川南部局部、重庆綦江、湖南南部部分和北部局部、江西局部、福建东北部部分和南部部分总雨量为10～50 mm；海南局部、西沙岛和珊瑚岛、广东中南部大部、广西部分、云南墨江和富宁、贵州册亨、湖南茶陵、江西井冈山和定南、福建南部偏南部分总雨量为50～150 mm；广西防城、广东珠江口西侧附近及惠阳和惠东总雨量为150～265 mm；其中，广东惠阳总雨量为265.0 mm，为本次强热带风暴影响过程的总雨量极值。

受其影响，8月27日，海南海口和珊瑚岛，广东中部和东南沿海，广西局部和福建东南部出现暴雨，广东深圳出现100 mm以上的大暴雨。8月28日，广东中南部继续出现大到暴雨，广西中部和西北部，云南、湖南及贵州这三省的局部地区出现暴雨，广东珠江口附近地区，广西防城出现100 mm以上的大暴雨，其中广西防城日降雨量达到180.3 mm，17时雨量71.6 mm，分别为本次强热带风暴影响时的日降雨量及时降雨量极值。

强热带风暴"帕卡"(Pakhar)具有移速快，减弱快的特点。在超强台风"天鸽"(Hato)登陆后第四天再次登陆广东珠海，实属历史罕见。受其影响，广东、广西、贵州和云南出现了一定程度的灾情，总计受灾人数达到14.5万人，死亡人口12人，紧急转移人口3.8万人，农作物受灾面积达到15.1千公顷，农作物绝收面积0.6千公顷，直接经济损失达到7.6亿元（详情见表2.15.2）。

表2.15.1是强热带风暴"帕卡"(Pakhar)的中心位置和强度。图2.15.1～图2.15.8分别是强热带风暴"帕卡"(Pakhar)的路径图、总降水日数图、大风分布图、总降水量图、2017年8月27—28日的日降雨量图、大风区域演变图和2017年8月27日08时500 hPa高度场图。

表2.15.1　1714号强热带风暴"帕卡"（Pakhar）中心位置和强度

8月24—28日

年	月	日	时	中心位置		中心气压（hPa）	最大风速（m/s）
				北纬（°N）	东经（°E）		
2017	8	24	8	15.4	128.7	1006	13
	8	24	14	15.6	127.5	1004	15
	8	24	20	15.5	126	998	18
	8	25	2	15	125	995	20
	8	25	8	15	123.9	995	20
	8	25	14	15.4	123	990	23
	8	25	20	16	122.3	990	23
	8	26	2	16.7	121.2	990	23
	8	26	8	17.5	119.9	995	20
	8	26	11	17.8	119.2	995	20
	8	26	14	18.1	118.4	990	23
	8	26	17	18.6	117.6	990	23
	8	26	20	19.1	116.7	990	23
	8	26	23	19.9	115.9	982	28
	8	27	2	20.7	115.1	982	28
	8	27	5	21.2	114.4	980	30
	8	27	8	21.9	113.4	980	30
	8	27	14	22.8	111.6	992	20
	8	27	20	23.1	109.9	1000	15
	8	28	2	23.4	108.4	1002	13
	8	28	8	23.6	106.7	1004	10
				消散			

表 2.15.2　1714 号强热带风暴"帕卡"（Pakhar）在广东、广西、贵州和云南省（区）引发的灾情

受灾省（区）	受灾人口（万人）	死亡人口（人）	失踪人口（人）	紧急转移人口（万人）	农作物		倒塌房屋（万间）	直接经济损失（亿元）
					受灾面积（千公顷）	绝收面积（千公顷）		
广东省	7.8	0	0	3.6	12	0.2	0	6.8
广西区	2.7	3	0	0	1.2	0	0	0.3
贵州省	0.2	0	0	0	0.1	0	0	0
云南省	3.8	9	0	0.2	1.8	0.4	0	0.5
合计	14.5	12	0	3.8	15.1	0.6	0	7.6

图 2.15.1　1714 号强热带风暴"帕卡"（Pakhar）路径图

热带气旋年鉴2017

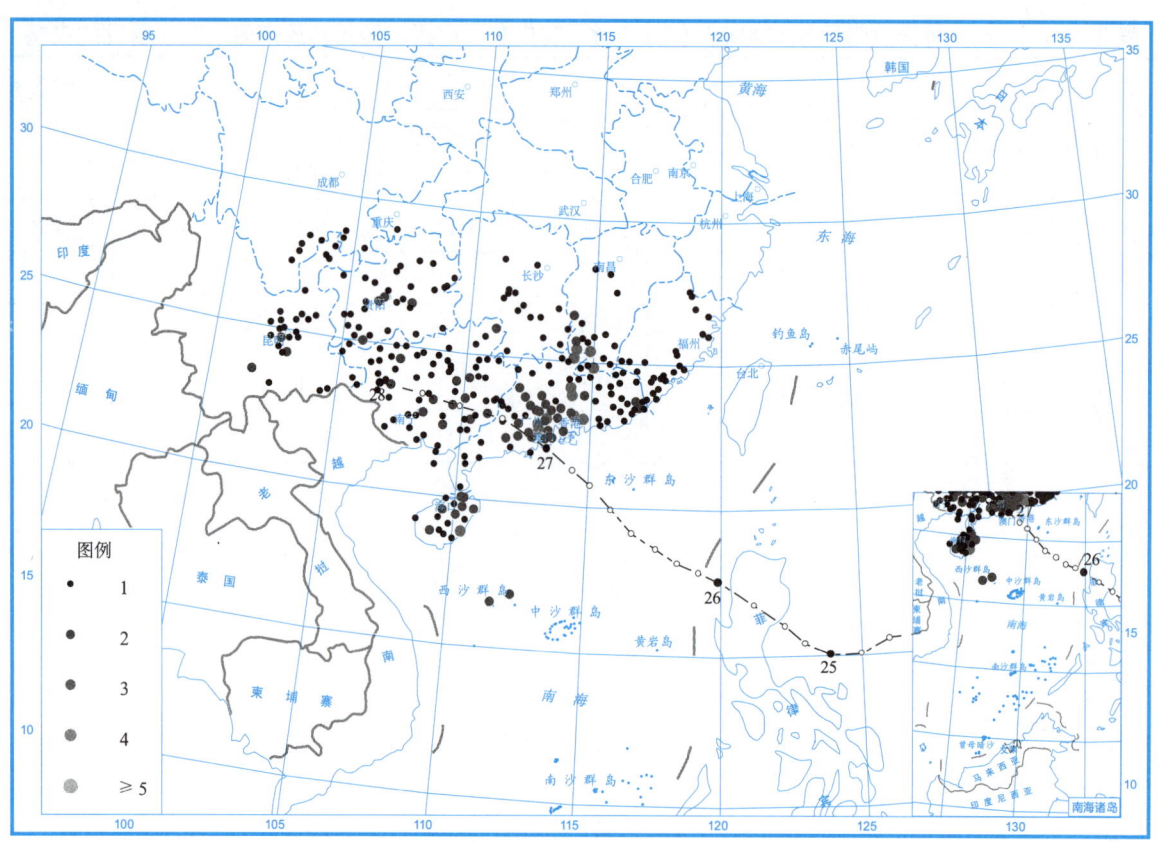

图 2.15.2　1714 号强热带风暴"帕卡"（Pakhar）总降水日数图（8 月 26—27 日）（天）

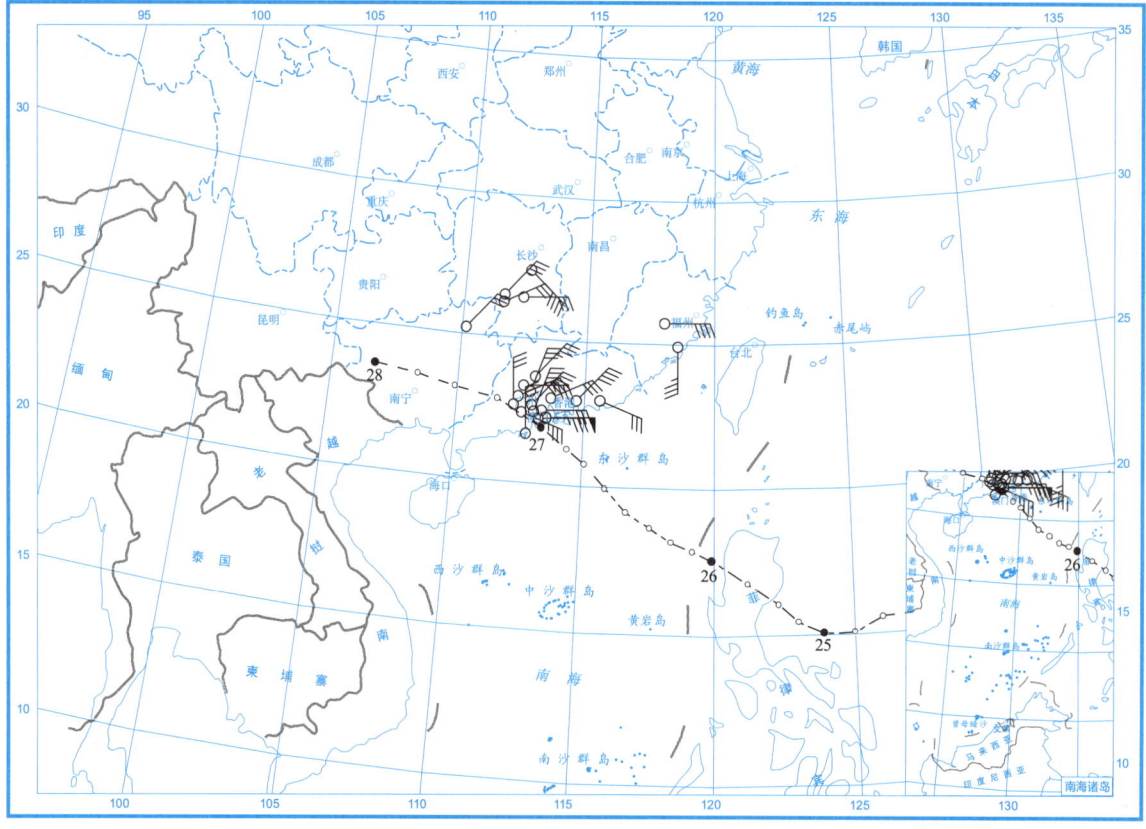

图 2.15.3　1714 号强热带风暴"帕卡"（Pakhar）大风分布图（8 月 26—28 日）

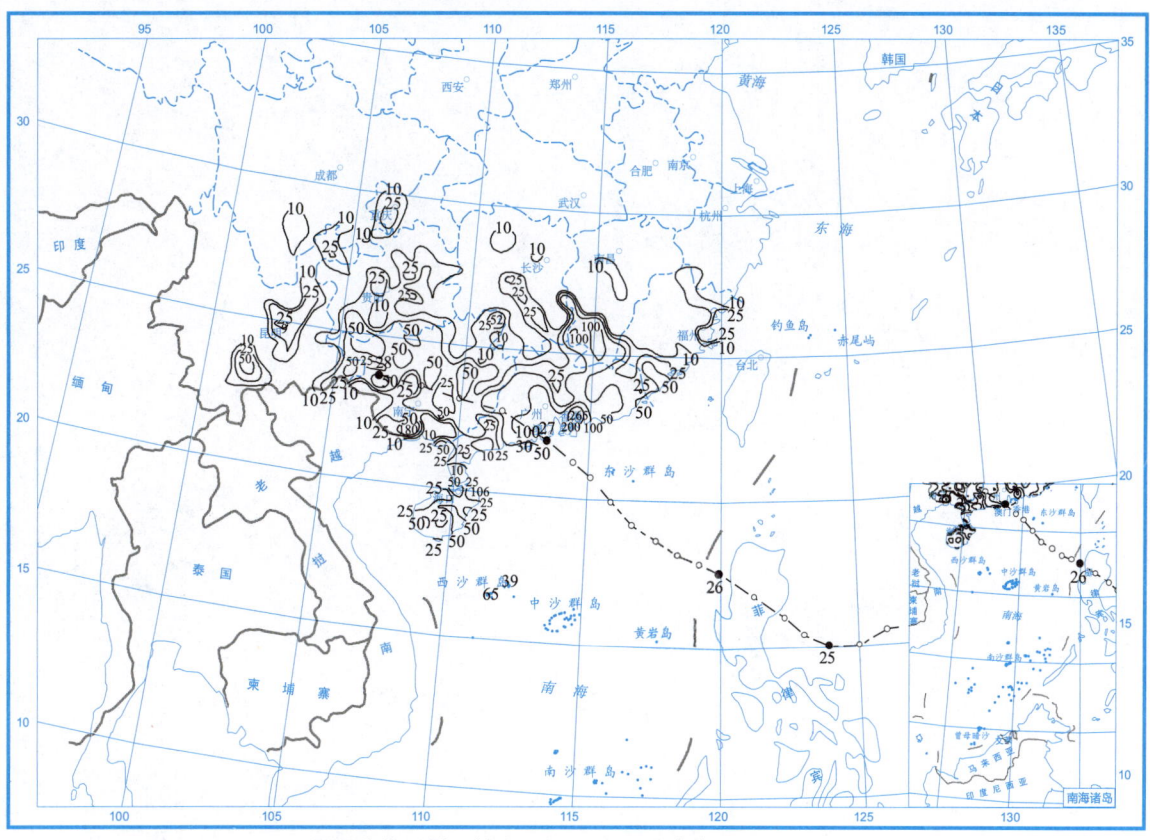

图 2.15.4　1714 号强热带风暴"帕卡"(Pakhar)总降水量图（8月26—28日）(mm)

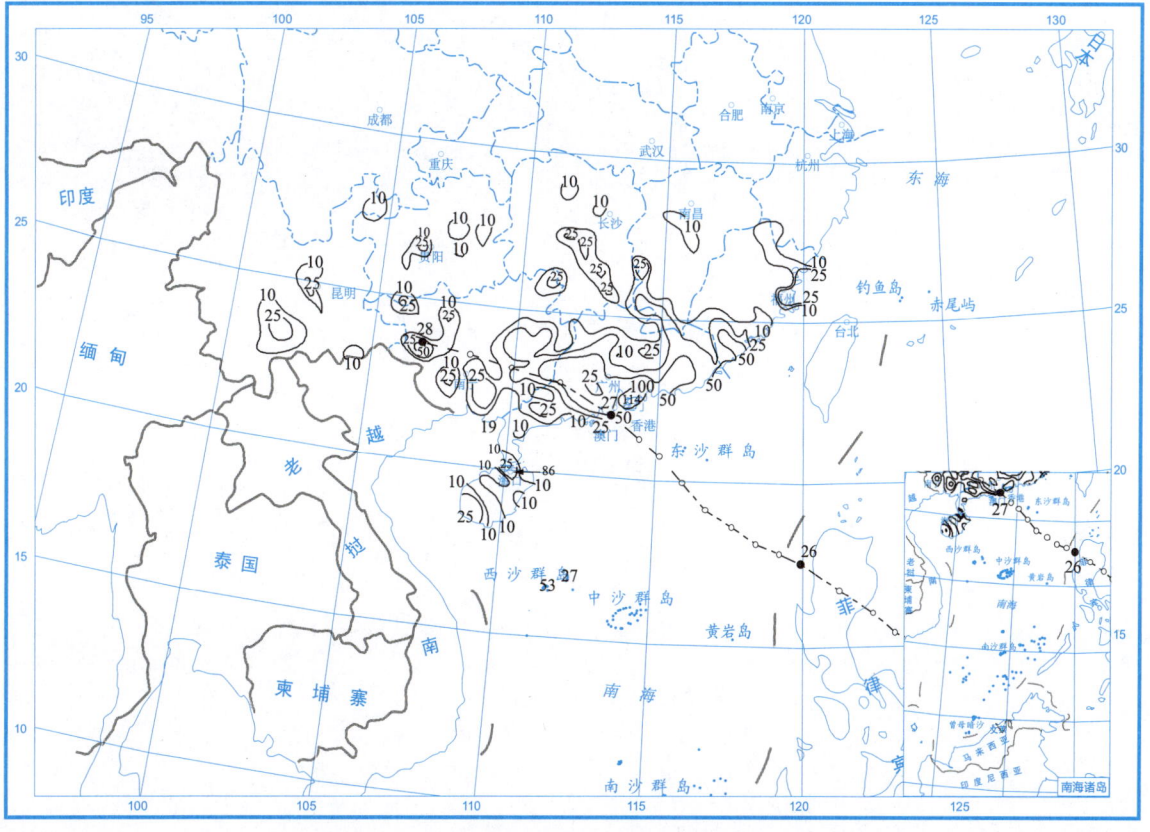

图 2.15.5　2017 年 8 月 27 日的日降水量图（mm）

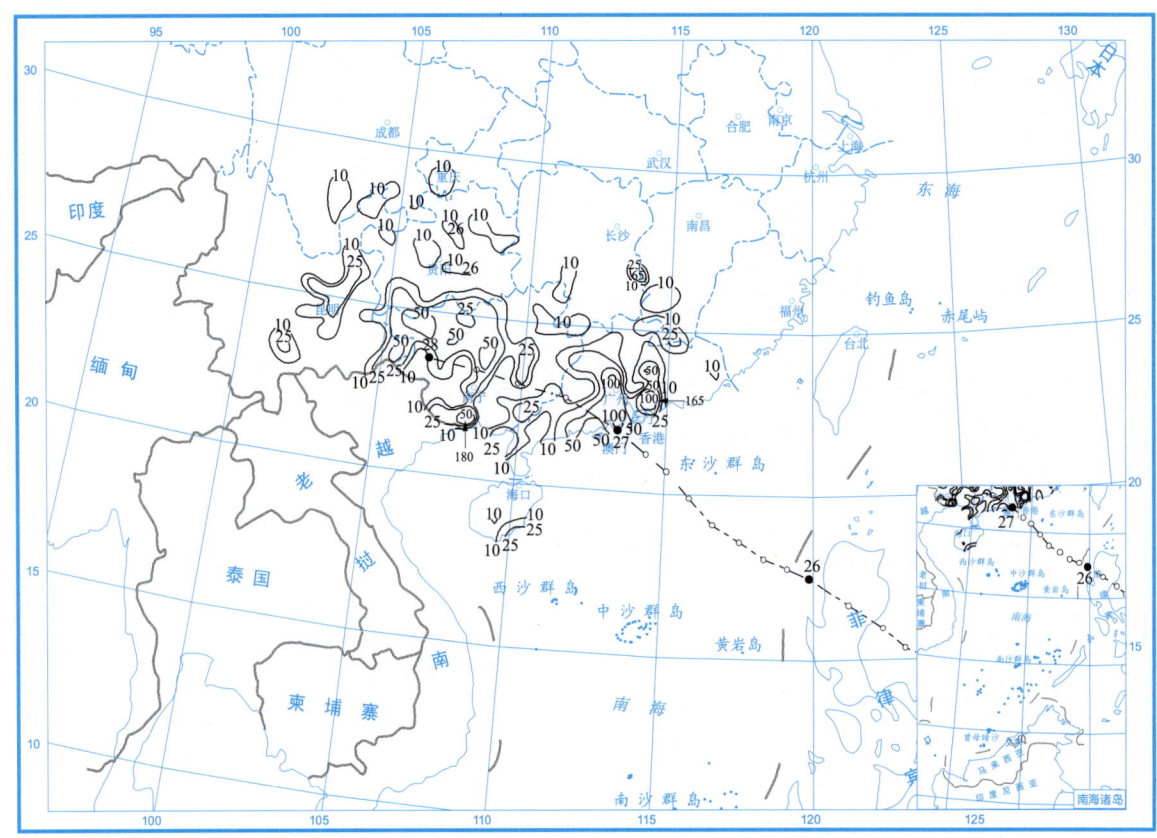

图 2.15.6　2017 年 8 月 28 日的日降水量图（mm）

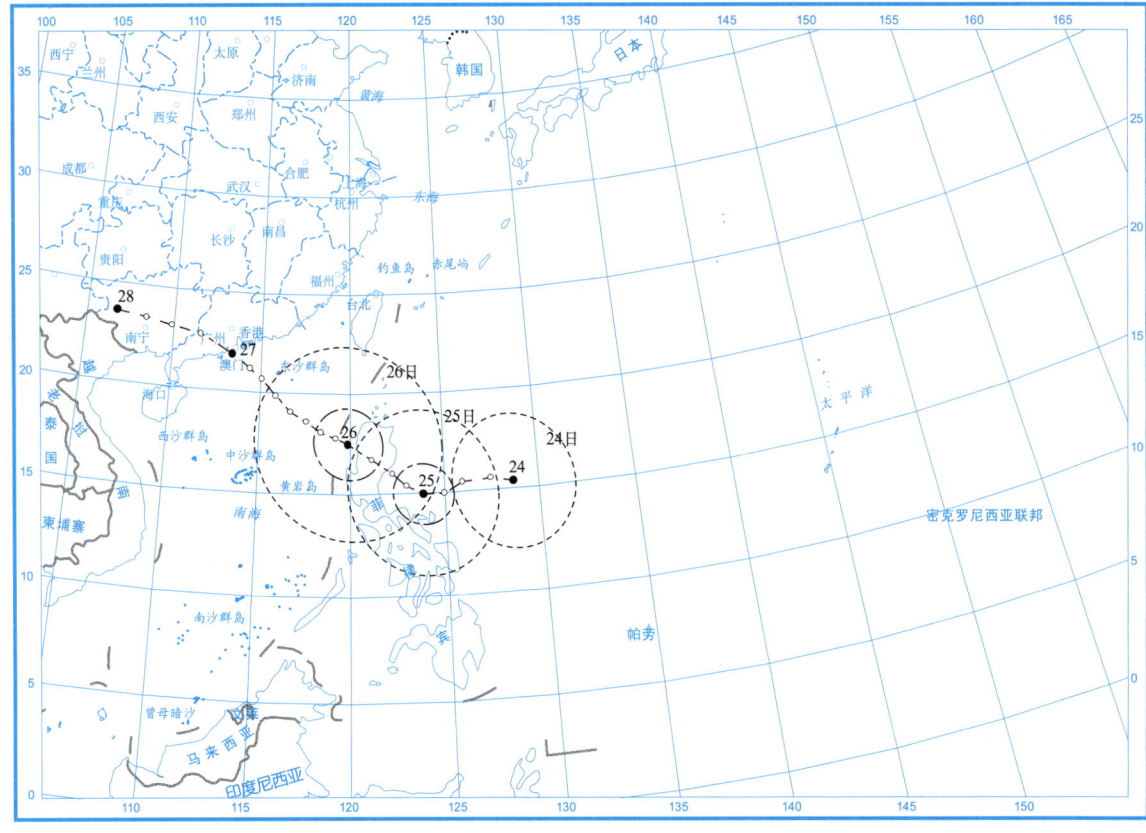

图 2.15.7　1714 号强热带风暴"帕卡"（Pakhar）大风区域演变图

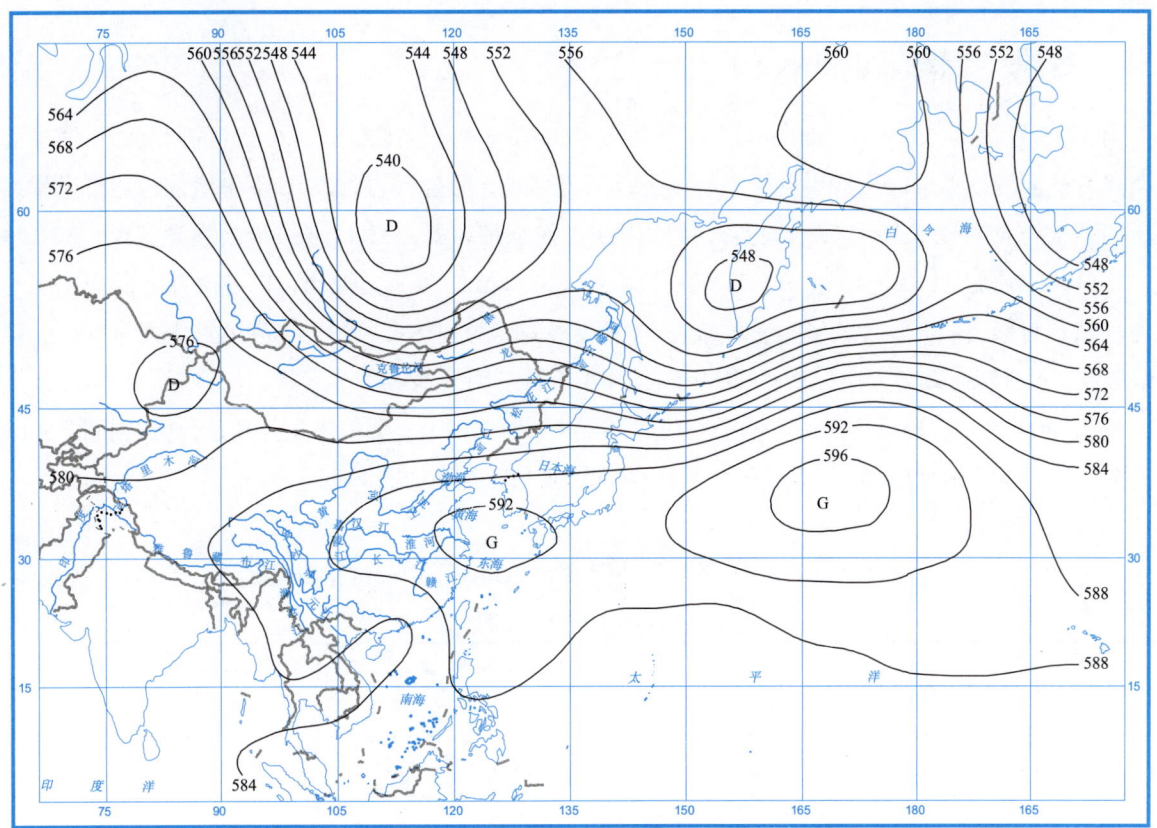

图 2.15.8　2017 年 8 月 27 日 08 时 500 hPa 高度场图（dagpm）

2.16 台风"珊瑚"(Sanvu)

第1715号台风"珊瑚"(Sanvu)是由8月27日晚位于塞班岛西北约420 km的西北太平洋洋面上一个热带低压发展形成。形成后低压中心向偏北方向移动,移速缓慢,28日下午增强为热带风暴,29日转向西北方向移动,30日转向偏西,强度增强为强热带风暴,31日进一步增强为台风,30日—9月1日台风"珊瑚"(Sanvu)在离日本东京西南约1200 km的海域上徘徊,以逆时针方向绕了两小圈后向东北方向移动,之后台风移速逐渐加快,3日凌晨减弱为强热带风暴,当晚变性为温带气旋,强度逐渐减弱,5日转向偏东方向移动,6日下午在阿留申群岛附近消散。

表2.16.1是台风"珊瑚"(Sanvu)的中心位置和强度。图2.16.1~图2.16.3分别是台风"珊瑚"(Sanvu)路径图、大风区域演变图和2017年9月1日08时500 hPa高度场图。

表2.16.1 1715号台风"珊瑚"(Sanvu)中心位置和强度

8月27日—9月6日

年	月	日	时	中心位置		中心气压 (hPa)	最大风速 (m/s)
				北纬(°N)	东经(°E)		
2017	8	27	20	18.8	147	1002	13
	8	28	2	19.1	147.1	1002	13
	8	28	8	19.4	147.1	1000	15
	8	28	14	19.7	147.1	998	18
	8	28	20	20.1	147.2	998	18
	8	29	2	20.9	147.6	995	20
	8	29	8	21.7	147.8	995	20
	8	29	14	22.6	147.8	990	23
	8	29	20	24.2	147.4	990	23
	8	30	2	25.7	146	990	23
	8	30	8	26.7	144.2	988	25
	8	30	14	26.8	142.8	988	25
	8	30	20	26.9	141.4	988	25
	8	31	2	26.6	140.8	985	28
	8	31	8	26.8	141.8	985	28
	8	31	14	27.2	142	980	30

(续表)

年	月	日	时	中心位置		中心气压（hPa）	最大风速（m/s）
				北纬（°N）	东经（°E）		
2017	8	31	20	27.9	141.9	975	33
	9	1	2	27.7	141.6	970	35
	9	1	8	27.2	142.3	960	40
	9	1	14	27.3	143.1	960	40
	9	1	20	27.9	143.6	965	38
	9	2	2	28.5	144	970	35
	9	2	8	29.4	144.6	970	35
	9	2	14	31.3	145.7	975	33
	9	2	20	33	147	975	33
	9	3	2	35.2	148.1	980	30
	9	3	8	38.4	150.1	982	28
	9	3	14	41.6	152.7	985	25
△	9	3	20	45.2	154.6	985	23
	9	4	2	47.8	156.6	985	20
	9	4	8	49.6	157	975	20
	9	4	14	50.4	158	970	20
	9	4	20	51.3	159.3	970	20
	9	5	2	52	161	975	18
	9	5	8	52.6	164	980	18
	9	5	14	53	166.8	980	18
	9	5	20	53.5	170	980	18
	9	6	2	53.8	172.8	988	15
	9	6	8	53.6	175.8	990	15
	9	6	14	53.2	179	990	15
				消散			

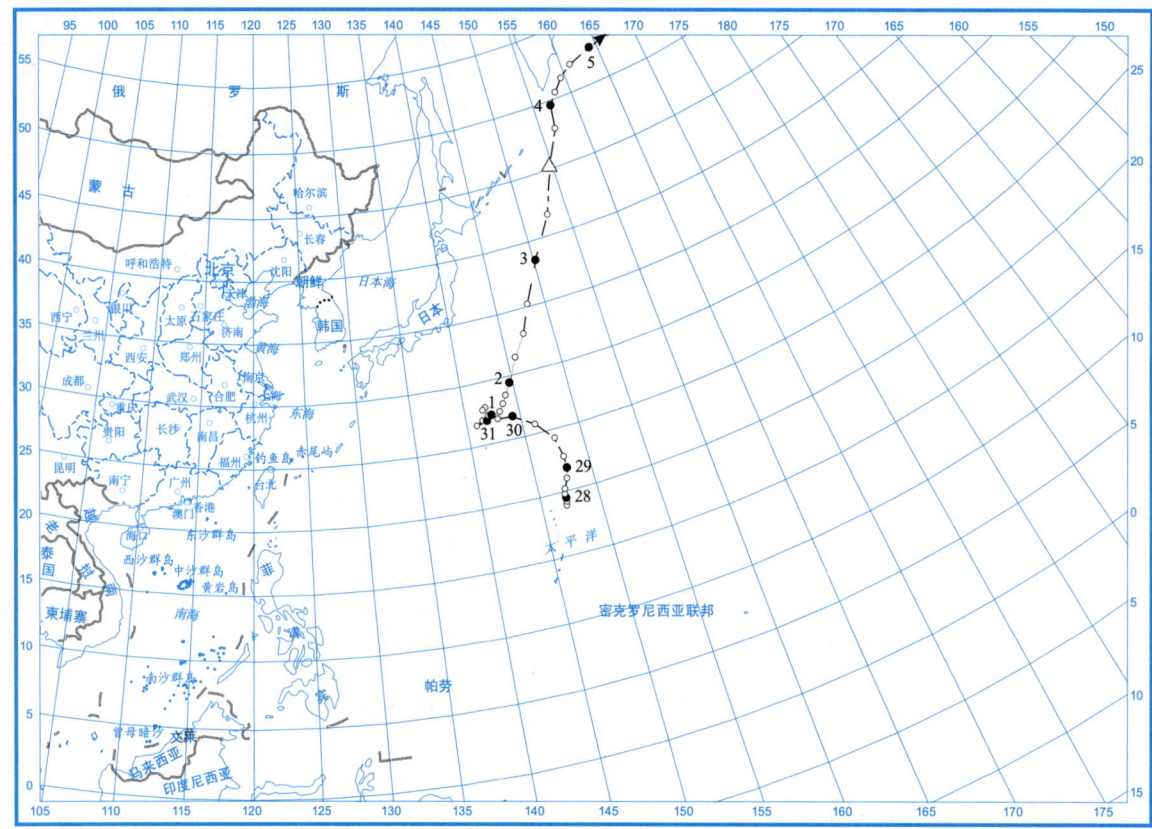

图 2.16.1　1715 号台风"珊瑚"（Sanvu）路径图

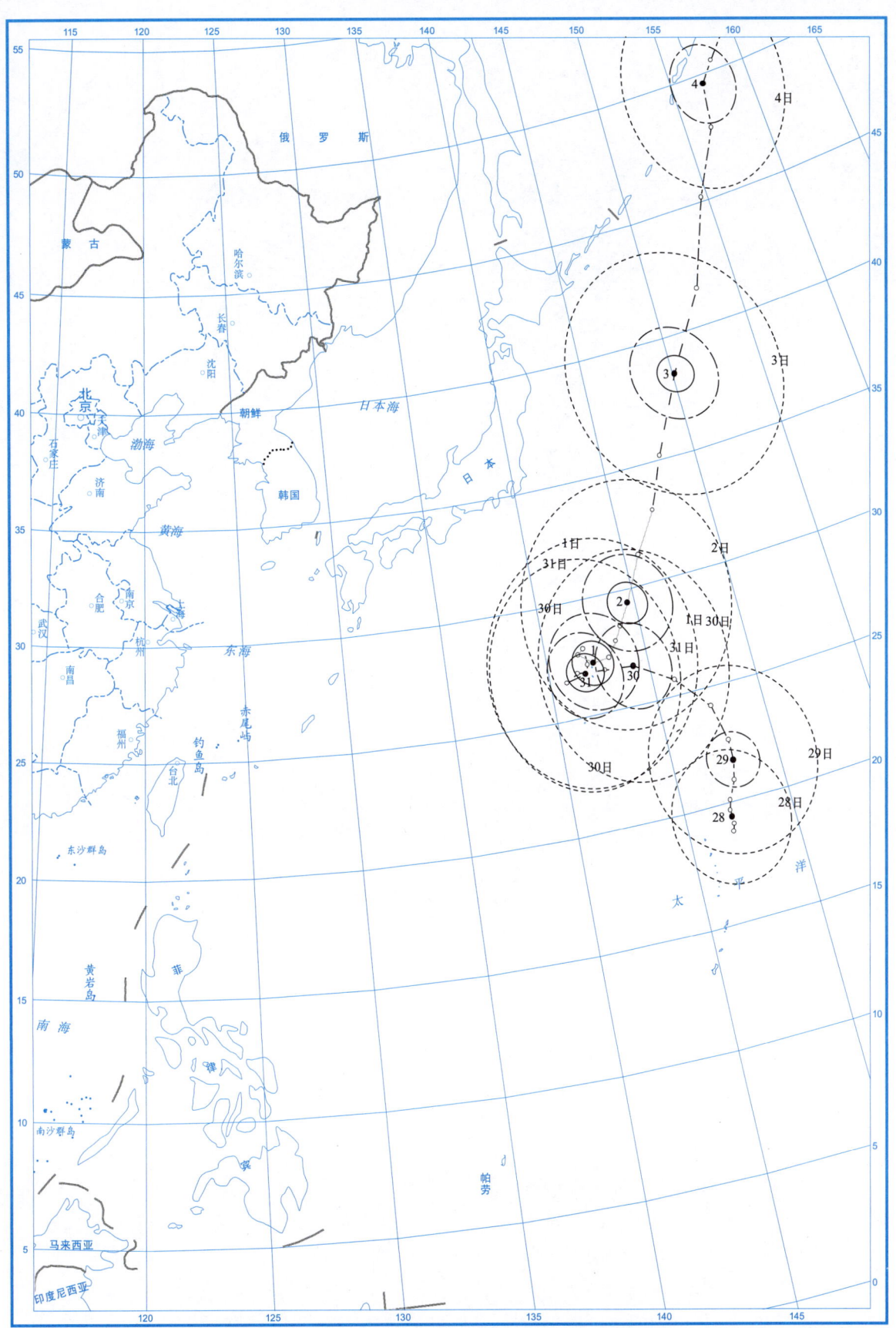

图 2.16.2　1715 号台风"珊瑚"(Sanvu)大风区域演变图

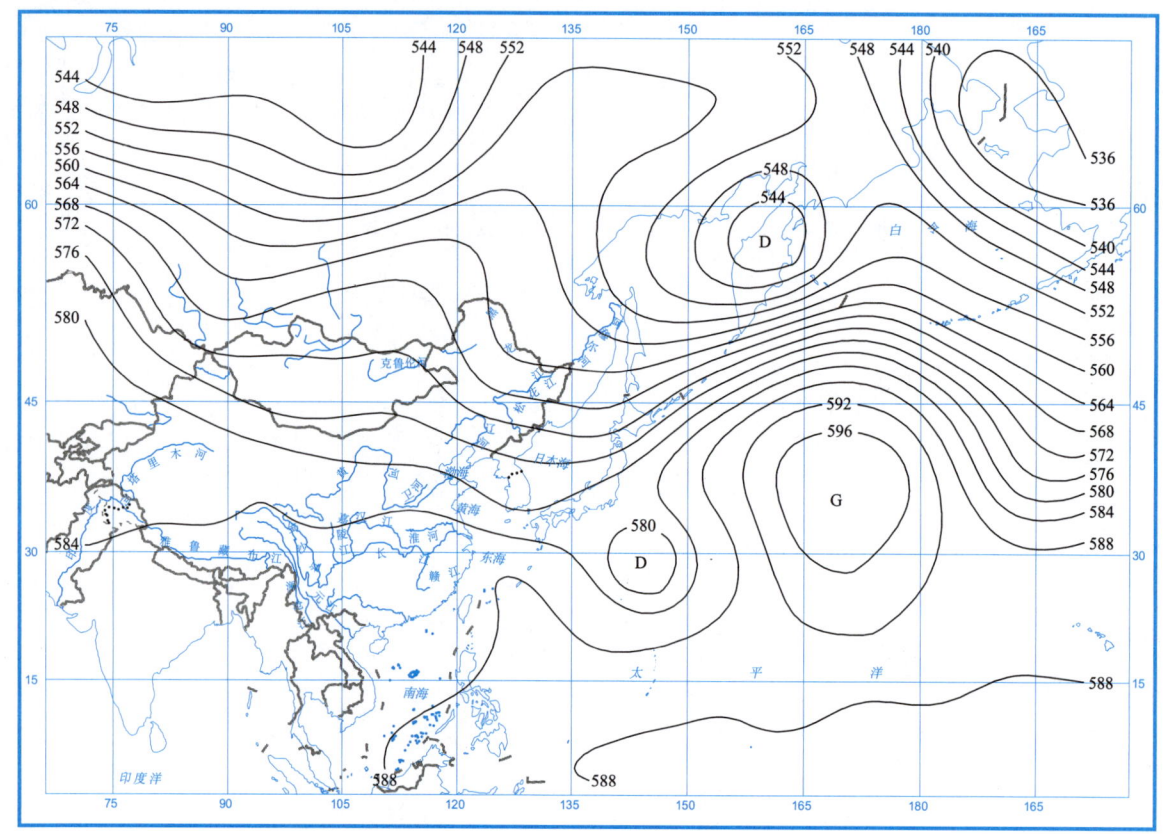

图 2.16.3　2017 年 9 月 1 日 08 时 500 hPa 高度场图（dagpm）

2.17 强热带风暴"玛娃"（Mawar）

第1716号强热带风暴"玛娃"（Mawar）是由8月31日早晨在菲律宾吕宋岛西北约130 km南海海面上的一个热带低压发展形成。形成后低压中心稳定地向西北方向移动，9月1日凌晨增强为热带风暴，并逐渐向广东沿海靠近。2日晚在东沙岛附近的南海海域增强为强热带风暴，移速缓慢，强热带风暴"玛娃"（Mawar）于3日21时30分在广东陆丰登陆，登陆时中心附近风力8级，风速20 m/s，中心气压995 hPa。之后继续向西北方向移动，强度减弱为热带低压，4日下午在广东中部地区消散。

受强热带风暴"玛娃"和西南季风的影响，9月1—4日，海南陵水、广东上川岛和惠来、福建东山和晋江出现最大风力6~7级、阵风7~10级；福建九仙山出现最大风力8级（18.0 m/s）、阵风9级（21.4 m/s），广东惠来出现最大风力7级（16.7 m/s）、阵风10级（24.7 m/s），为本次强热带风暴影响过程风极值。

受其影响，9月1—4日，海南部分、广东大部、广西涠洲岛、东北及南部部分、湖南宜章、江西南部局部、福建沿海部分及龙岩总雨量为10~50 mm；广西金秀、广东珠江口附近大部地区及东部局部、福建东南部部分总雨量为50~166 mm；广东珠海总雨量为251.6 mm，为本次强热带风暴影响过程的总雨量极值。

受"玛娃"环流影响，9月4日，广东珠江口附近地区出现暴雨，局部大暴雨，其中，珠海日雨量205.5 mm，05时雨量97.6 mm，分别为本次强热带风暴影响过程的日雨量及时雨量极值。

强热带风暴"玛娃"在广东近海时移动速度缓慢，虽然登陆于广东珠海，但其降雨主要集中在路径西侧，暴雨落区在广东珠三角，造成严重内涝。受其影响，福建和广东等省出现了一定程度的灾情。总计受灾人数达到3.6万人，紧急转移人数达到2.6万人，农作物受灾面积达到0.6千公顷，直接经济损失0.1亿元（详情见表2.17.2）。

表2.17.1是强热带风暴"玛娃"（Mawar）的中心位置和强度。图2.17.1~图2.17.7分别是强热带风暴"玛娃"（Mawar）路径图、总降水日数图、大风分布图、总降水量图、2017年9月4日的日降水量图、大风区域演变图和2017年9月3日20时500 hPa高度场图。

表2.17.1 1716号强热带风暴"玛娃"（Mawar）中心位置和强度

8月31日—9月4日

年	月	日	时	中心位置		中心气压（hPa）	最大风速（m/s）
				北纬（°N）	东经（°E）		
2017	8	31	8	19.3	119.9	1002	13
	8	31	14	19.4	119.6	1002	13
	8	31	20	19.6	119.3	1000	15
	9	1	2	19.8	119.1	998	18
	9	1	8	20	118.9	998	18

（续表）

年	月	日	时	中心位置		中心气压（hPa）	最大风速（m/s）
				北纬（°N）	东经（°E）		
2017	9	1	14	20.3	118.6	998	18
	9	1	20	20.6	118.2	998	18
	9	2	2	20.9	117.7	998	18
	9	2	8	21.1	117.3	990	23
	9	2	14	21.3	117.1	990	23
	9	2	20	21.5	117	990	25
	9	2	23	21.7	116.9	990	25
	9	3	2	21.8	116.8	990	25
	9	3	5	21.9	116.7	990	25
	9	3	8	22	116.6	990	25
	9	3	11	22.2	116.5	990	25
	9	3	14	22.4	116.4	990	25
	9	3	17	22.5	116.3	990	25
	9	3	20	22.6	116.1	990	23
	9	4	2	23.1	115.3	1000	15
	9	4	8	23.4	114.5	1002	13
	9	4	14	23.7	113.5	1004	10
				消散			

表 2.17.2　1716 号强热带风暴"玛娃"（Mawar）在福建和广东省引发的灾情

受灾省（区）	受灾人口（万人）	死亡人口（人）	失踪人口（人）	紧急转移人口（万人）	农作物		倒塌房屋（万间）	直接经济损失（亿元）
					受灾面积（千公顷）	绝收面积（千公顷）		
福建省	0.4	0	0	0.4	0	0	0	0
广东省	3.2	0	0	2.2	0.6	0	0	0.1
合计	3.6	0	0	2.6	0.6	0	0	0.1

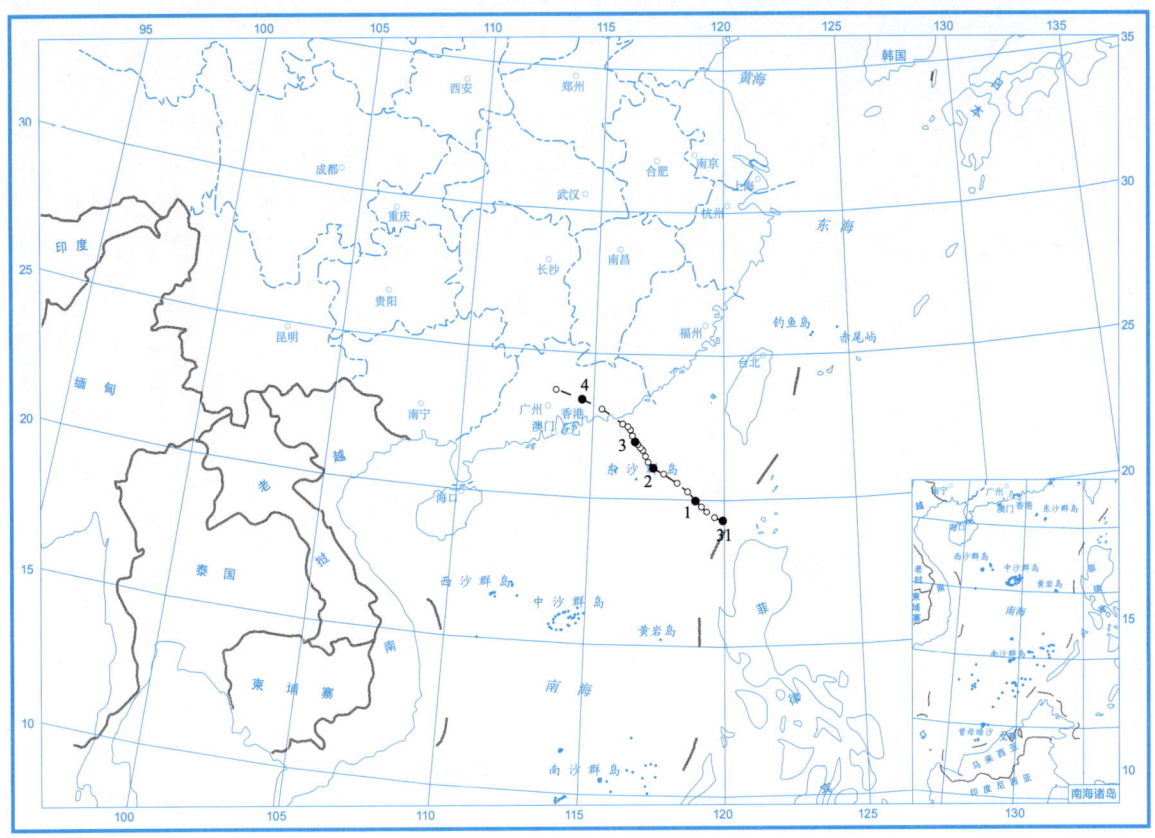

图 2.17.1　1716 号强热带风暴"玛娃"(Mawar)路径图

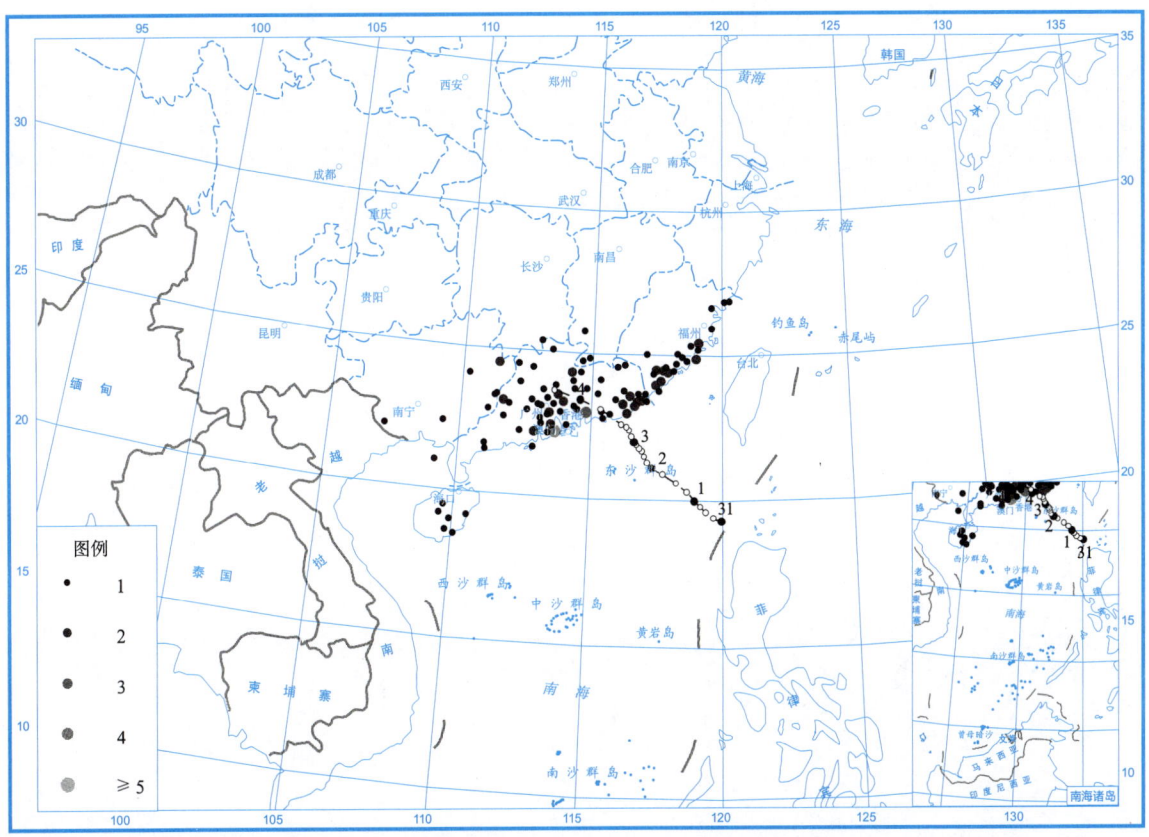

图 2.17.2　1716 号强热带风暴"玛娃"(Mawar)总降水日数图(9月1—4日)(天)

图 2.17.3　1716 号强热带风暴"玛娃"（Mawar）大风分布图（9 月 1—4 日）

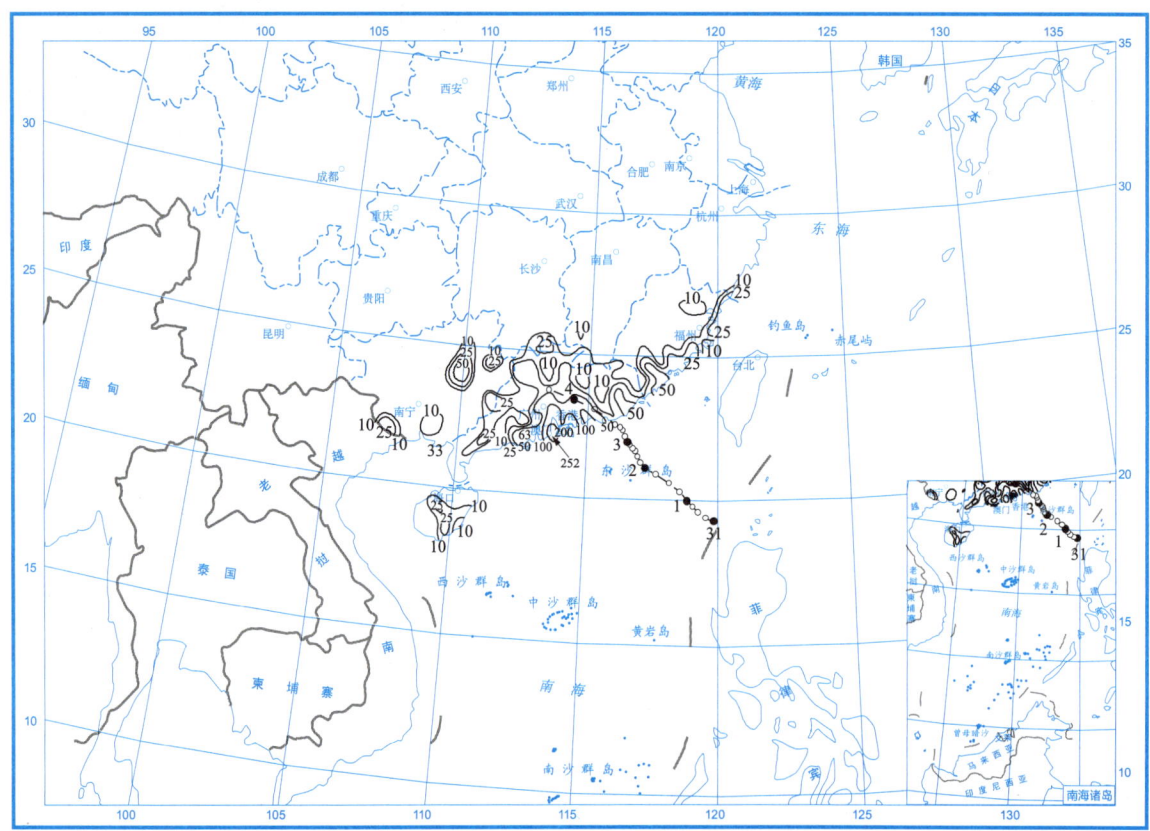

图 2.17.4　1716 号强热带风暴"玛娃"（Mawar）总降水量图（9 月 1—4 日）（mm）

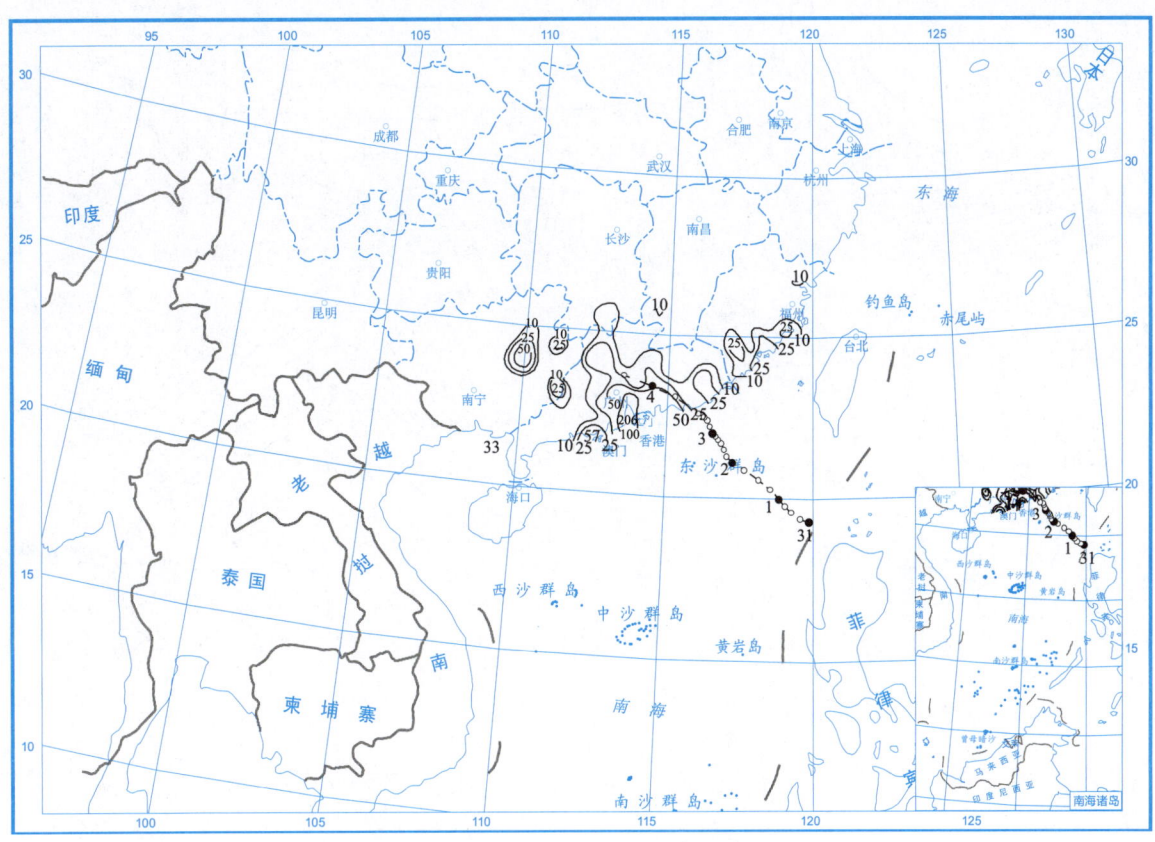

图 2.17.5　2017 年 9 月 4 日的日降水量图（mm）

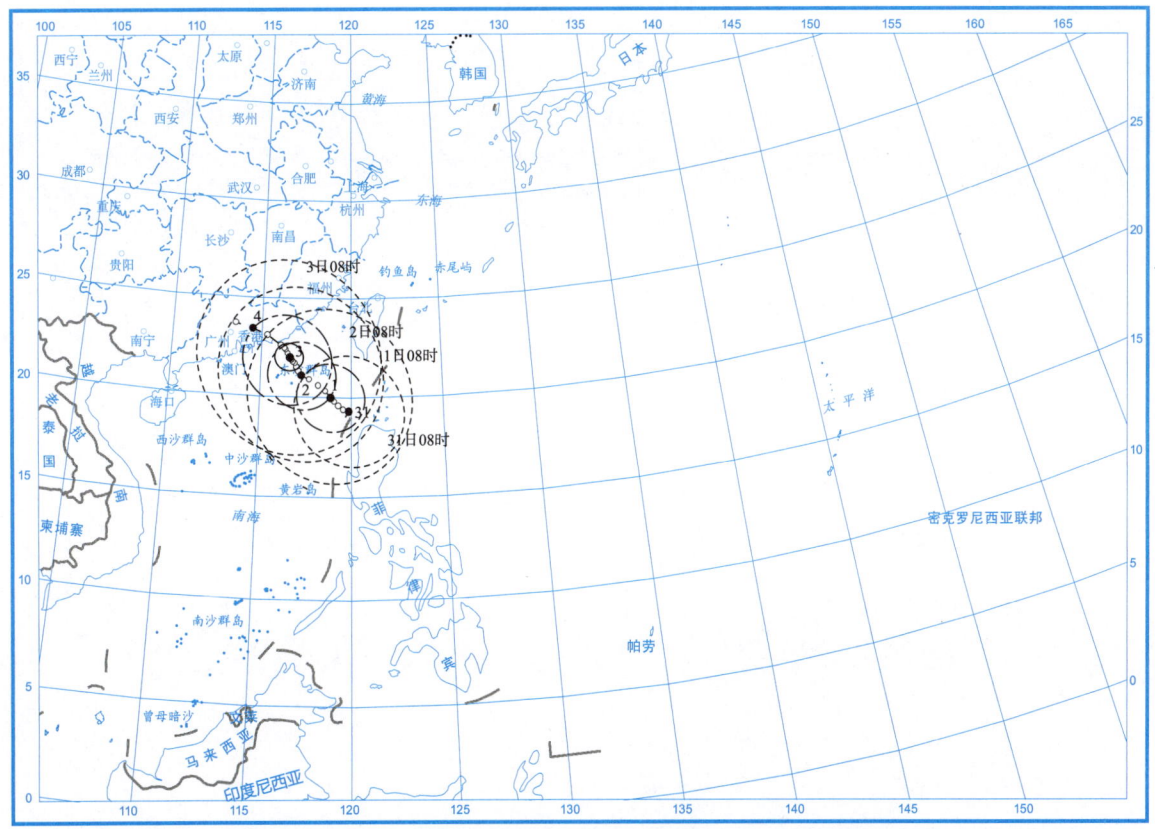

图 2.17.6　1716 号强热带风暴"玛娃"（Mawar）大风区域演变图

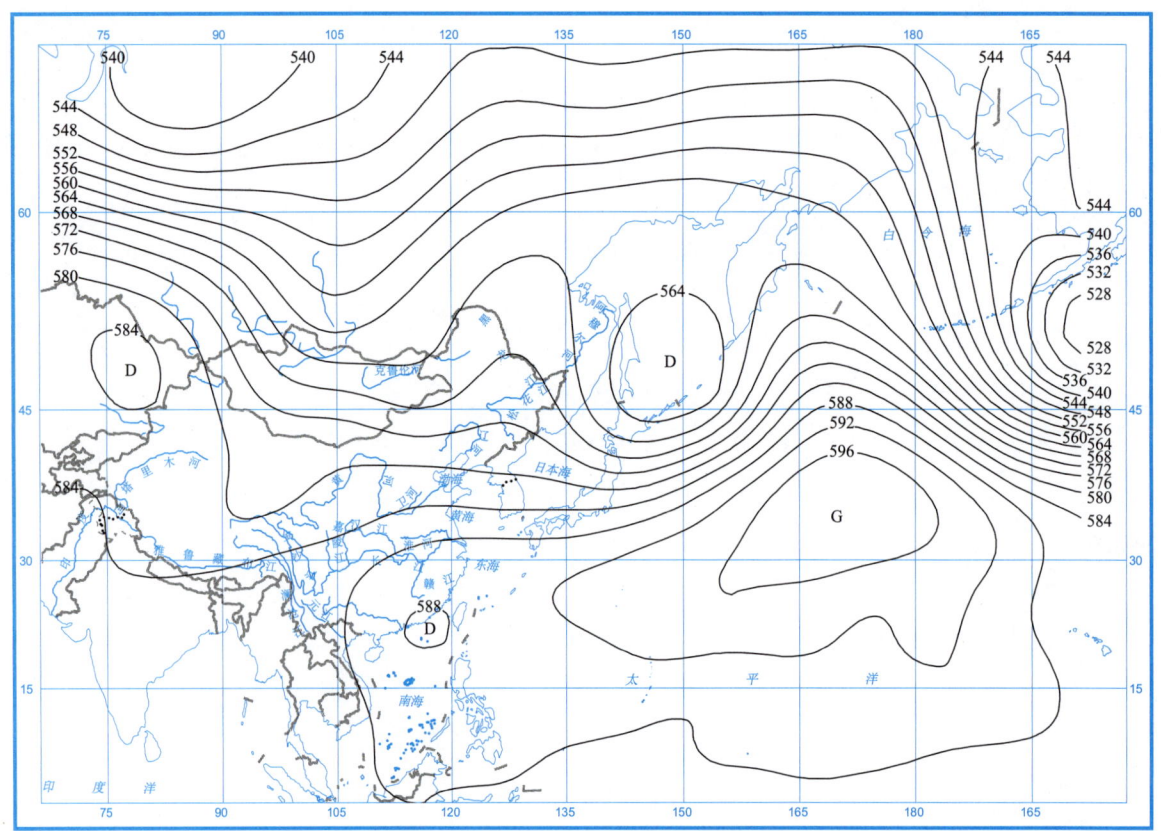

图 2.17.7　2017 年 9 月 3 日 20 时 500 hPa 高度场图（dagpm）

2.18 热带风暴"古超"（Guchol）

第1717号热带风暴"古超"（Guchol）是由9月4日位于菲律宾吕宋岛以东约820 km的西北太平洋及南海海面上一个热带低压发展形成。形成后低压中心向偏西方向移动，5日凌晨转向为西北偏北方向移动，6日凌晨加强为热带风暴，进入南海东北部，逐渐向台湾南部沿海靠近，并转向为西北方向移动，7日凌晨减弱为热带低压，08时后折向东北偏北方向，晚间在台湾海峡海面上消散。

受热带风暴"古超"和西南季风共同影响，9月6—7日，海南大部、广东大部、广西大部、江西南部部分、福建东北部和西部部分、浙江东南部部总雨量为10～50 mm；海南东部局部、广东局部、广西局部、福建屏南、浙江温州总雨量为50～127 mm；其中，广东云浮总雨量126.9 mm，为本次影响过程总雨量极值。

受其影响，6日海南东北部出现了暴雨到大暴雨。海南文昌6日17时雨量83.5 mm，为本次热带风暴"古超"影响过程时的小时降雨量极值。；7日广东部分，广西中部和南部部分地区，福建局部出现了暴雨到大暴雨，其中，广东佛冈和云浮，广西武宣出现了大暴雨，广东云浮日降雨量到达125.5 mm，为本次热带风暴"古超"影响时的日降雨量极值。

表2.18.1是热带风暴"古超"（Guchol）中心位置和强度。图2.18.1～图2.18.7分别是热带风暴"古超"（Guchol）的路径图、总降水日数图、大风分布图、总降水量图、2017年9月6—7日的日降水量图、大风区域演变图和2017年9月6日20时500 hPa高度场图。

表2.18.1 1717号热带风暴"古超"（Guchol）中心位置和强度

9月4—7日

年	月	日	时	中心位置		中心气压（hPa）	最大风速（m/s）
				北纬（°N）	东经（°E）		
2017	9	4	2	16.2	129.8	1004	10
	9	4	8	16.3	128.3	1002	13
	9	4	14	16.4	127.3	1002	13
	9	4	20	16.5	126	1002	13
	9	5	2	16.7	125.2	1002	13
	9	5	8	17.5	124.8	1002	13
	9	5	14	19	124.2	1002	13
	9	5	20	19.8	122.5	1002	13
	9	6	2	20.3	120.8	998	18
	9	6	8	20.4	120.4	998	18
	9	6	14	20.7	120	998	18

(续表)

年	月	日	时	中心位置		中心气压（hPa）	最大风速（m/s）
				北纬（°N）	东经（°E）		
2017	9	6	20	21.7	120	998	18
	9	7	2	22.2	119.3	1000	15
	9	7	8	22.8	118.9	1002	13
	9	7	14	23.7	119.1	1002	13
	9	7	20	24.5	119.6	1008	10
消散							

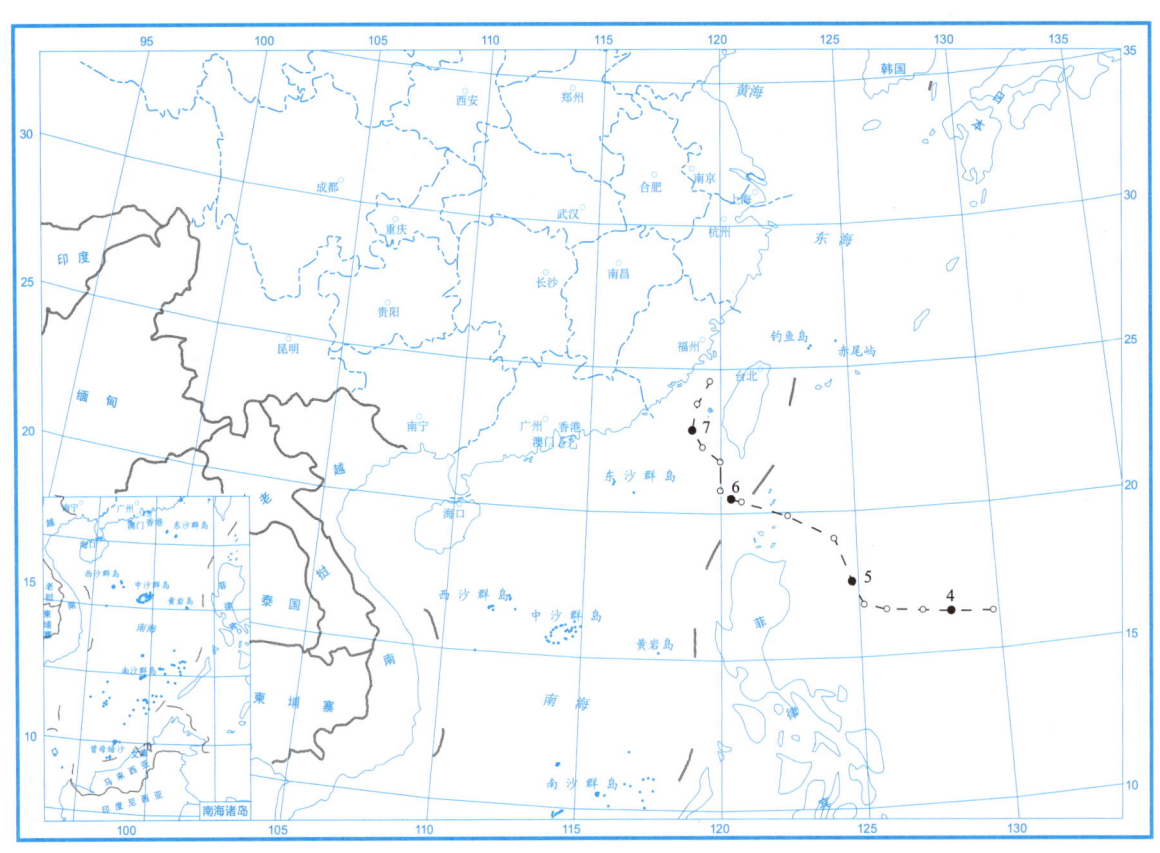

图 2.18.1　1717 号热带风暴"古超"（Guchol）路径图

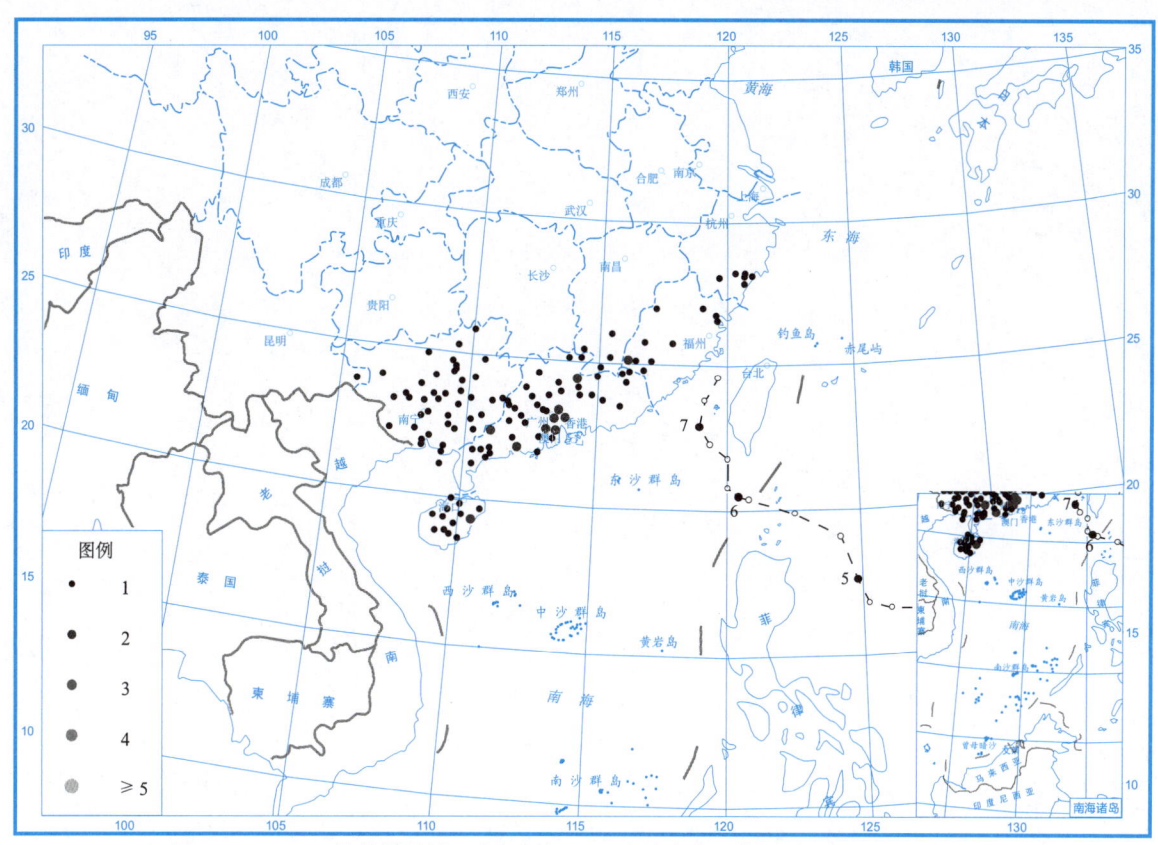

图 2.18.2　1717 号热带风暴"古超"(Guchol)总降水日数图（9月6—7日）（天）

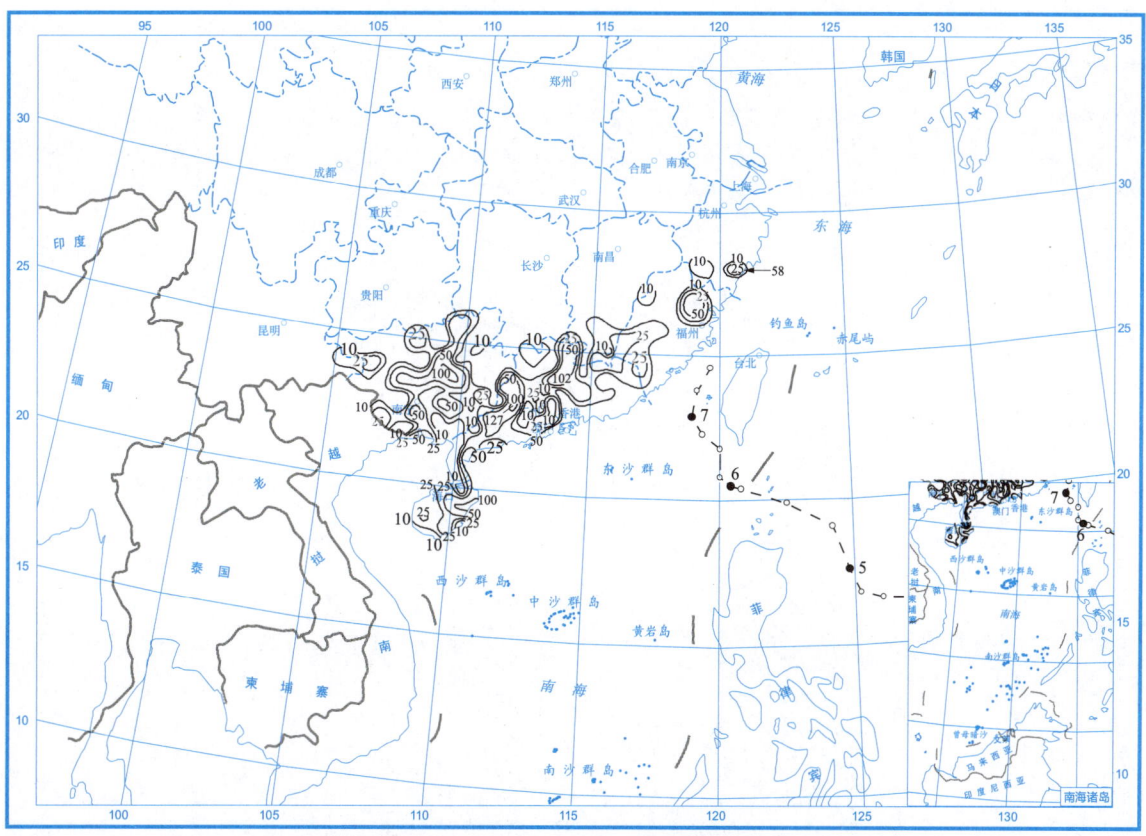

图 2.18.3　1717 号热带风暴"古超"(Guchol)总降水量图（9月6—7日）（mm）

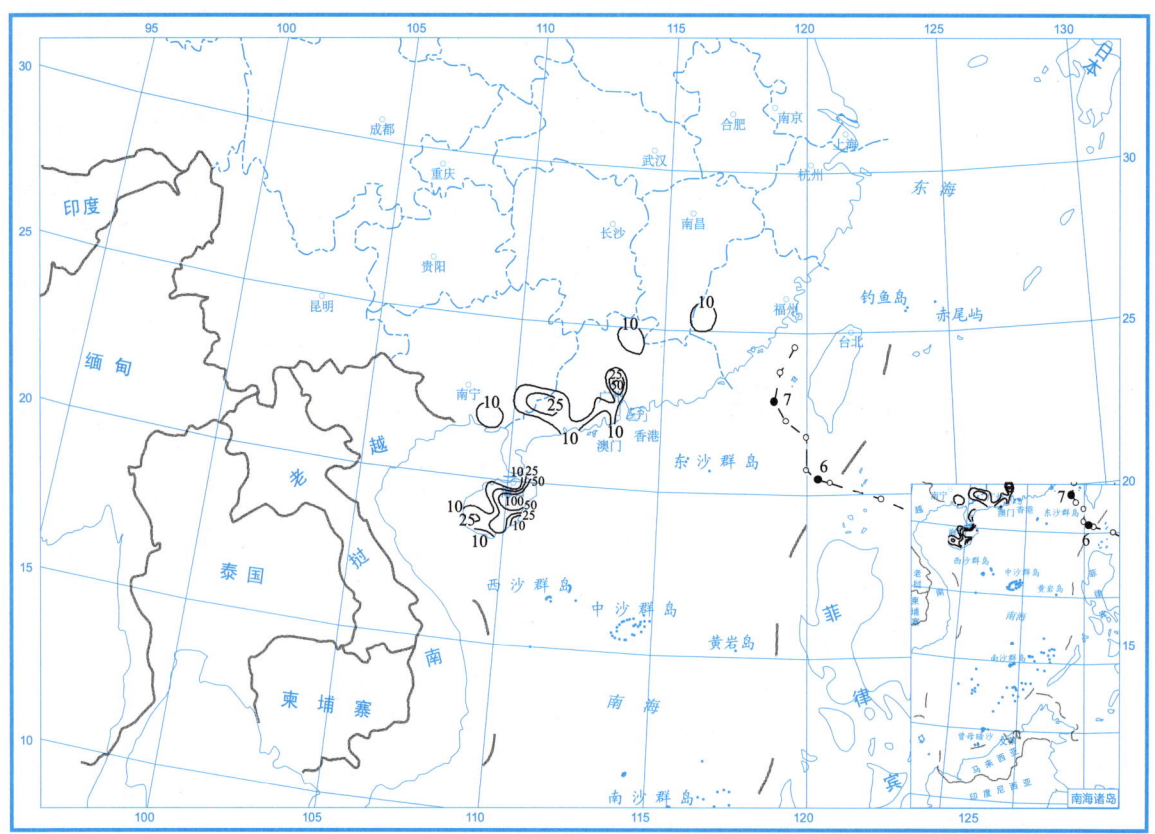

图 2.18.4　2017 年 9 月 6 日的日降水量图（mm）

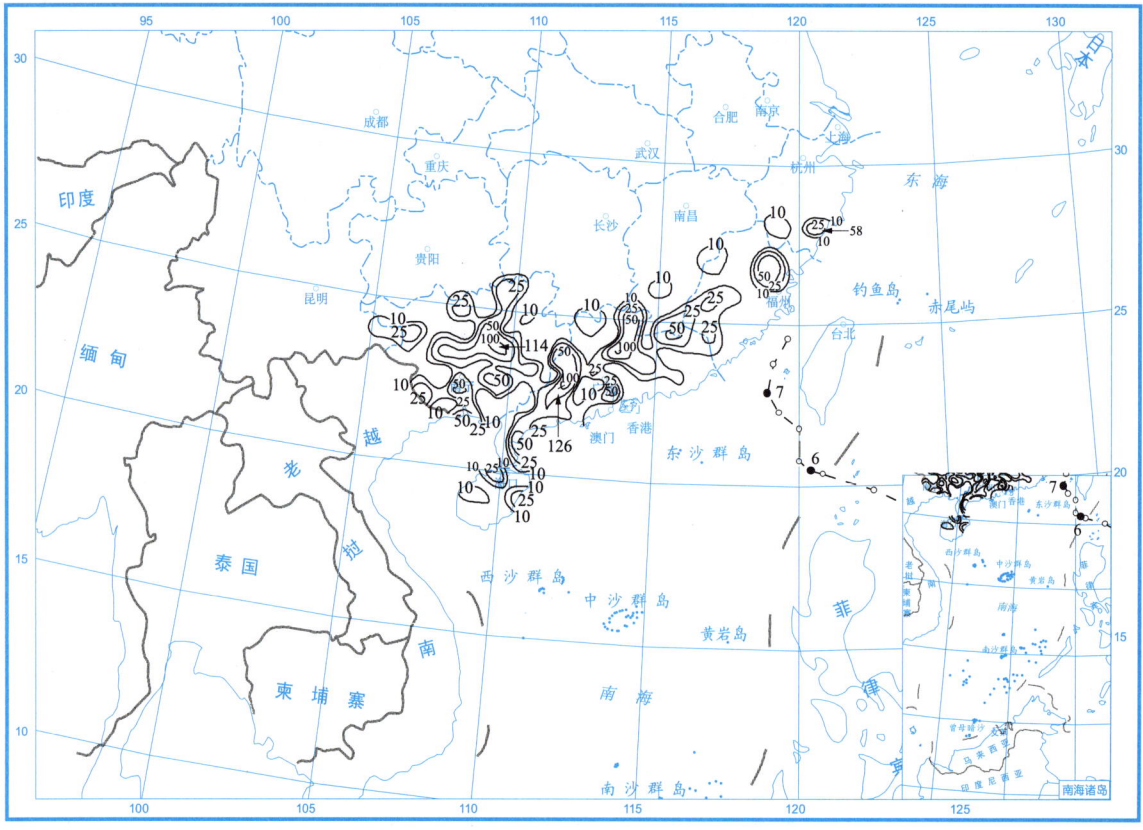

图 2.18.5　2017 年 9 月 7 日的日降水量图（mm）

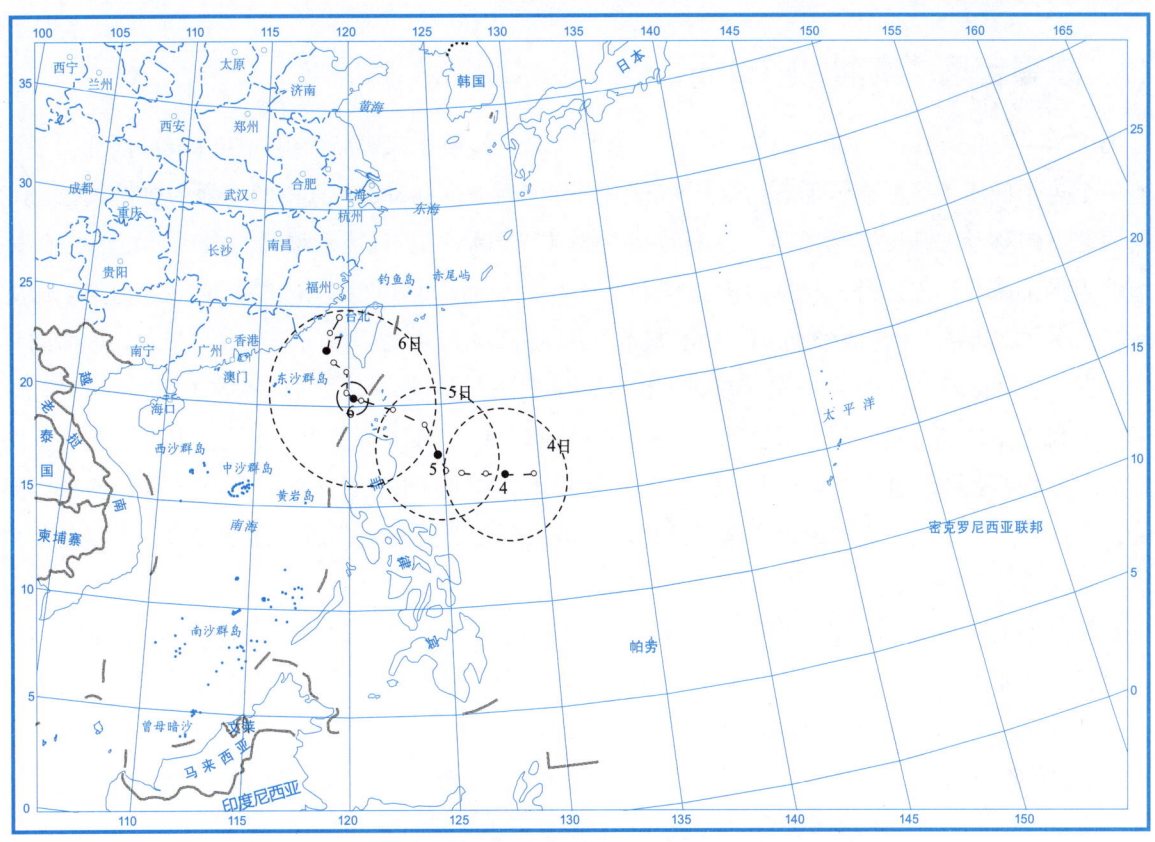

图 2.18.6　1717 号热带风暴"古超"（Guchol）大风区域演变图

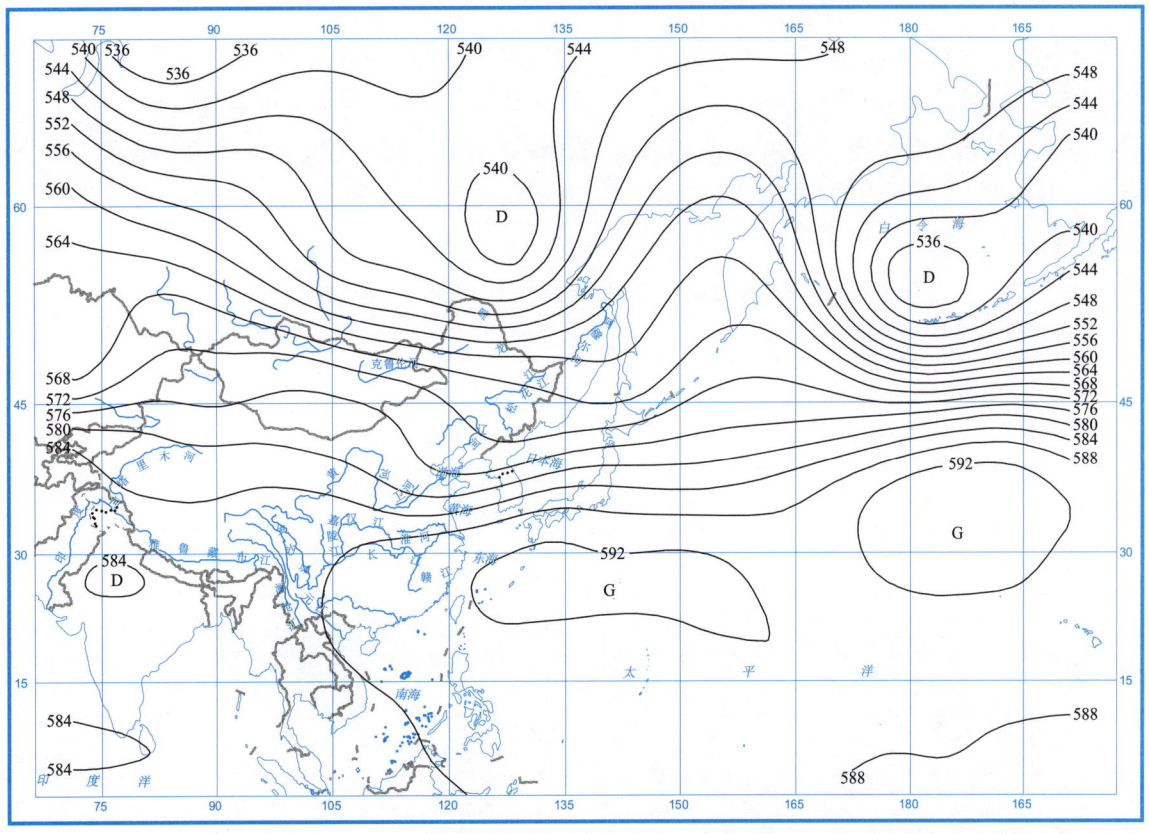

图 2.18.7　2017 年 9 月 6 日 20 时 500 hPa 高度场图（dagpm）

2.19 超强台风"泰利"(Talim)

第 1718 号超强台风"泰利"(Talim)是由 9 月 9 日早晨位于塞班岛西南约 70 km 的西北太平洋洋面上一个热带低压发展形成。形成后低压中心向西北偏西方向移动,9 日夜间增强为热带风暴,10 日转向西北方向移动,强度逐渐增强,11 日凌晨为强热带风暴,12 日凌晨增强为台风,13 日下午进一步增强为强台风并进入东海,移速缓慢。14 日下午在钓鱼岛东北约 200 km 的洋面上达到其生命史最大强度,中心附近最大风速为 52 m/s,中心最低气压为 935 hPa。之后折向东北方向移动,逐渐向日本九州靠近,强度减弱,15 日下午强度减弱为台风,16 日下午强度减弱为强热带风暴,17 日移速加快,上午"泰利"在日本九州南部沿海登陆,登陆后继续向东北方向移动,并于当天下午再次在日本四国西南沿海登陆,登陆后再继续向东北方向移动,经过日本本州后进入日本海,18 日凌晨已变性为温带气旋,变性后的"泰利"再次经过日本北海道之后进入鄂霍次克海域,强度逐渐减弱并一路北上,21 日早晨减弱为低气压,22 上午在鄂霍次克海消散。

受超强台风"泰利"外围环流影响,9 月 13—17 日,浙江沿海大部出现最大风力 6～7 级、阵风 7～9 级;浙江嵊泗和大陈岛出现最大风力 8 级、阵风 9～10 级;其中,浙江大陈岛出现最大风力 8 级(20.8 m/s)、阵风 10 级(28.4 m/s)为本次影响过程的风极值。

受其外围环流影响,9 月 14—16 日,浙江北部沿海和上海南汇总雨量为 10～55 mm;其中浙江鄞州总雨量 55.0 mm,为本次超强台风影响过程总雨量极值;浙江余姚 15 日雨量 38.8 mm,浙江大陈 14 日 17 时雨量 14.0 mm,分别为本次超强台风影响过程的日雨量和时雨量极值。

超强台风"泰利"是 2017 年台风轨迹纬度跨度最大的一个,先西北行,进入东海于 9 月 14 日突然折向东北,从南到北覆盖整个日本后一路向北。且具有结构对称、眼区结构明显等特点。

表 2.19.1 是超强台风"泰利"(Talim)的中心位置和强度。图 2.19.1～图 2.19.6 分别是超强台风"泰利"(Talim)路径图、总降水日数图、大风分布图、总降水量图、大风区域演变图和 2017 年 9 月 14 日 14 时 500 hPa 高度场图。

表 2.19.1 1718 号超强台风"泰利"(Talim)中心位置和强度

9 月 9—22 日

年	月	日	时	中心位置		中心气压 (hPa)	最大风速 (m/s)
				北纬(°N)	东经(°E)		
2017	9	9	8	14.9	145.2	1002	13
	9	9	14	15.1	144	1000	15
	9	9	20	15.3	143	998	18
	9	10	2	15.6	141.7	995	20
	9	10	8	16	140.5	995	20
	9	10	14	16.4	139.7	990	23

（续表）

年	月	日	时	中心位置		中心气压（hPa）	最大风速（m/s）
				北纬（°N）	东经（°E）		
2017	9	10	20	16.7	138.5	990	23
	9	11	2	17.3	137.3	988	25
	9	11	8	18.1	136.1	985	28
	9	11	14	19	134.7	980	30
	9	11	20	19.8	133.2	980	30
	9	12	2	20.5	131.7	975	33
	9	12	8	21.3	130.5	970	35
	9	12	14	21.9	128.8	970	35
	9	12	20	22.6	127.8	965	38
	9	13	2	23.5	126.8	965	38
	9	13	8	24.2	126.1	965	38
	9	13	14	24.9	125.8	955	42
	9	13	20	25.6	125.4	950	45
	9	14	2	26	125	945	48
	9	14	8	26.6	124.5	940	50
	9	14	14	27.1	124.1	935	52
	9	14	20	27.3	124.2	945	48
	9	15	2	27.7	124.3	950	45
	9	15	8	28	124.5	955	42
	9	15	14	28.4	124.9	960	40
	9	15	20	28.7	125.3	965	38
	9	16	2	28.9	125.7	970	35
	9	16	8	29.4	126.1	975	33
	9	16	14	29.4	126.7	980	30
	9	16	20	29.8	127.6	980	30
	9	17	2	30.1	128.6	980	30

(续表)

年	月	日	时	中心位置		中心气压（hPa）	最大风速（m/s）
				北纬（°N）	东经（°E）		
2017	9	17	8	30.8	130.2	980	30
	9	17	14	32.3	132	982	28
	9	17	20	34.6	134.7	982	28
△	9	18	2	37.4	137.8	984	25
	9	18	8	40.9	139.4	978	25
	9	18	14	44	141.9	976	25
	9	18	20	46.5	143.1	976	25
	9	19	2	48.4	143.7	980	23
	9	19	8	49.9	144.2	980	23
	9	19	14	50.7	144.6	980	23
	9	19	20	51.3	145	984	20
	9	20	2	51.7	145.4	988	20
	9	20	8	52.1	145.8	990	18
	9	20	14	52.6	146.1	992	18
	9	20	20	53.3	146.2	994	18
	9	21	2	53.8	146.2	994	18
	9	21	8	54.5	146.4	996	15
	9	21	14	55.3	146.6	998	15
	9	21	20	55.9	146.6	1000	13
	9	22	2	56.4	147.3	1000	13
	9	22	8	56.9	148	1000	13
				消散			

2 2017年逐个热带气旋概述

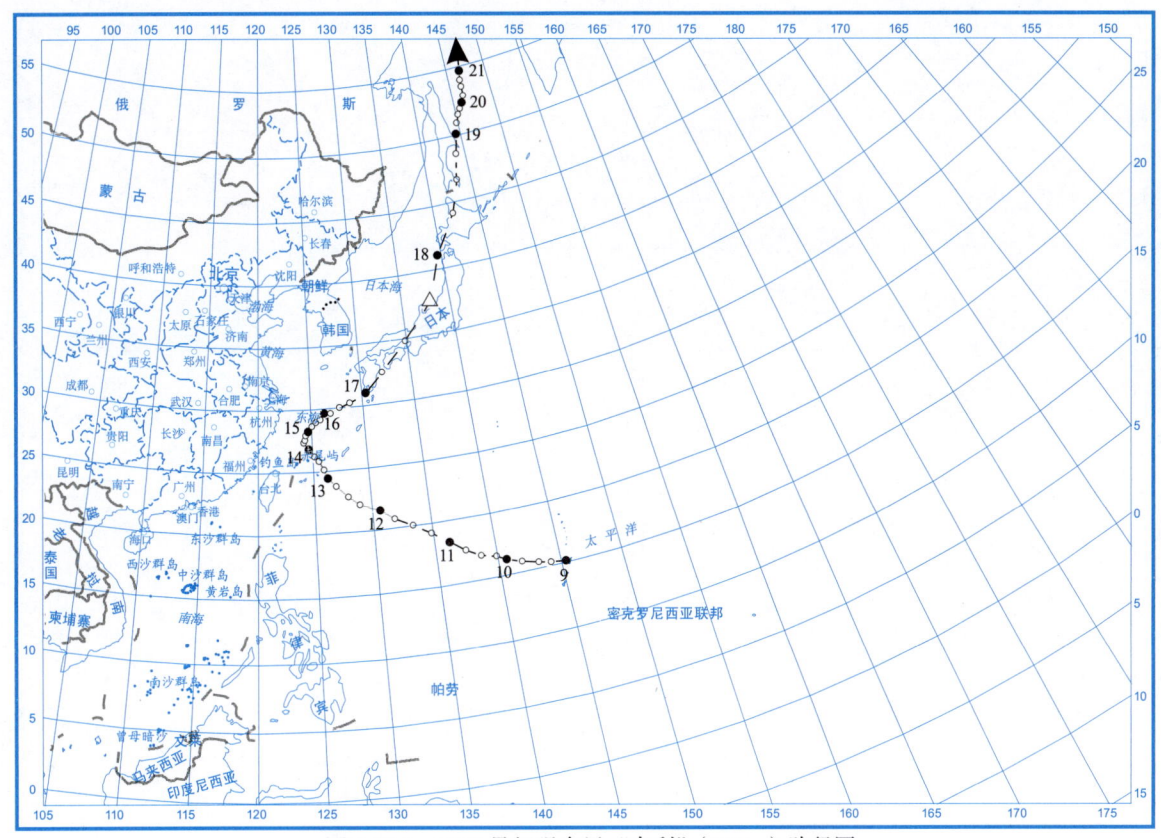

图 2.19.1　1718 号超强台风"泰利"(Talim)路径图

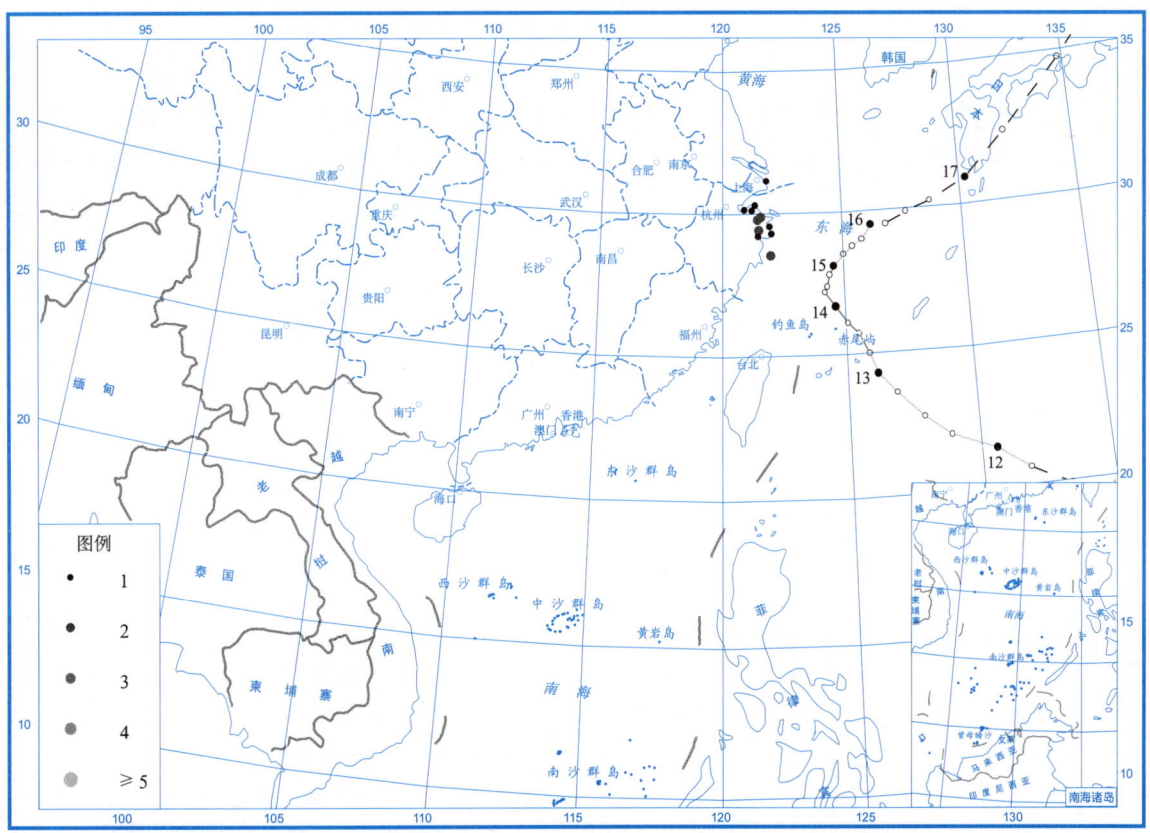

图 2.19.2　1718 号超强台风"泰利"(Talim)总降水日数图(9月14—16日)(天)

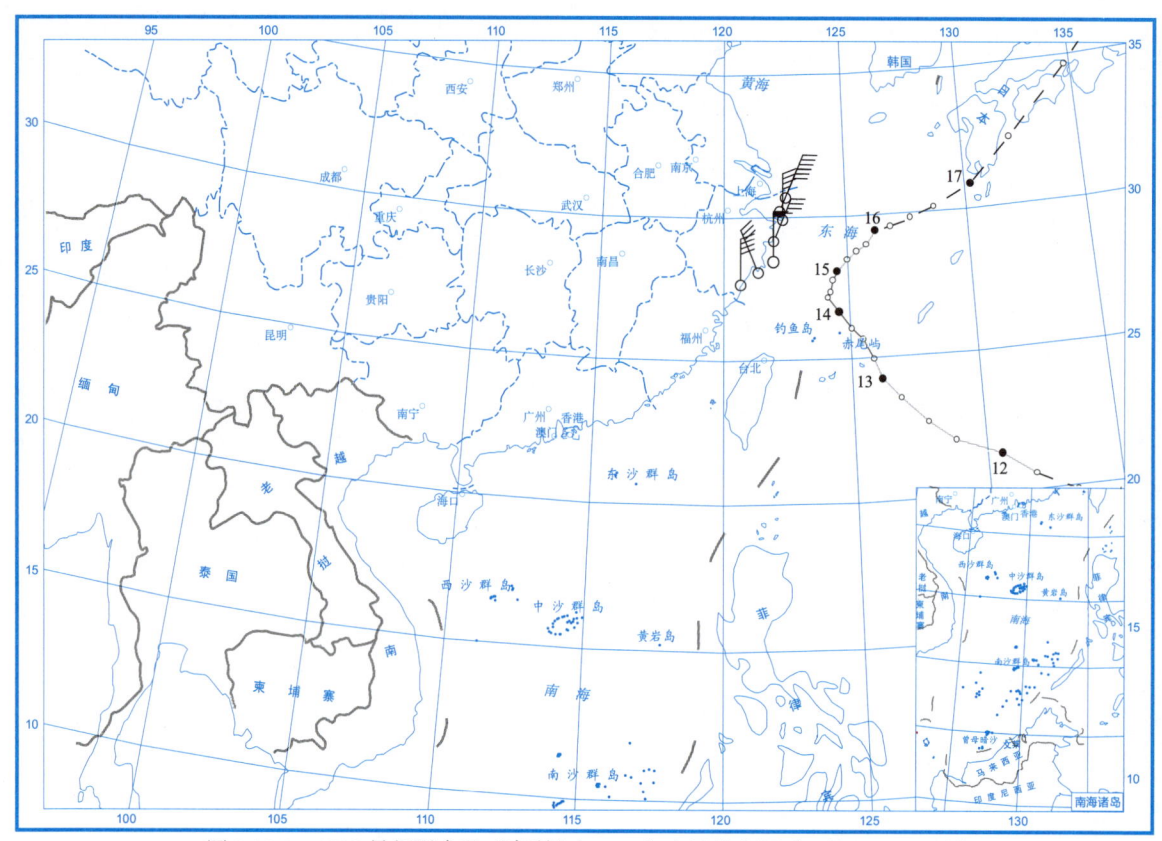

图 2.19.3　1718 号超强台风"泰利"（Talim）大风分布图（9月13—17日）

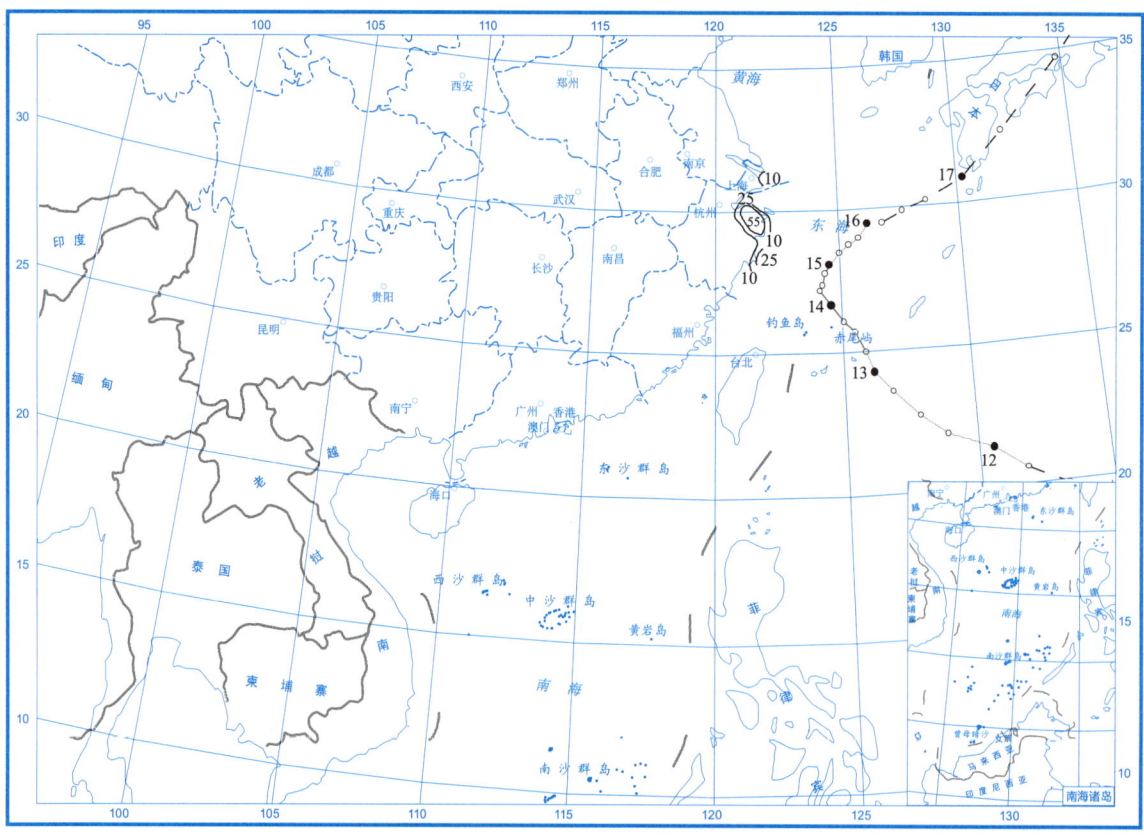

图 2.19.4　1718 号超强台风"泰利"（Talim）总降水量图（9月14—16日）（mm）

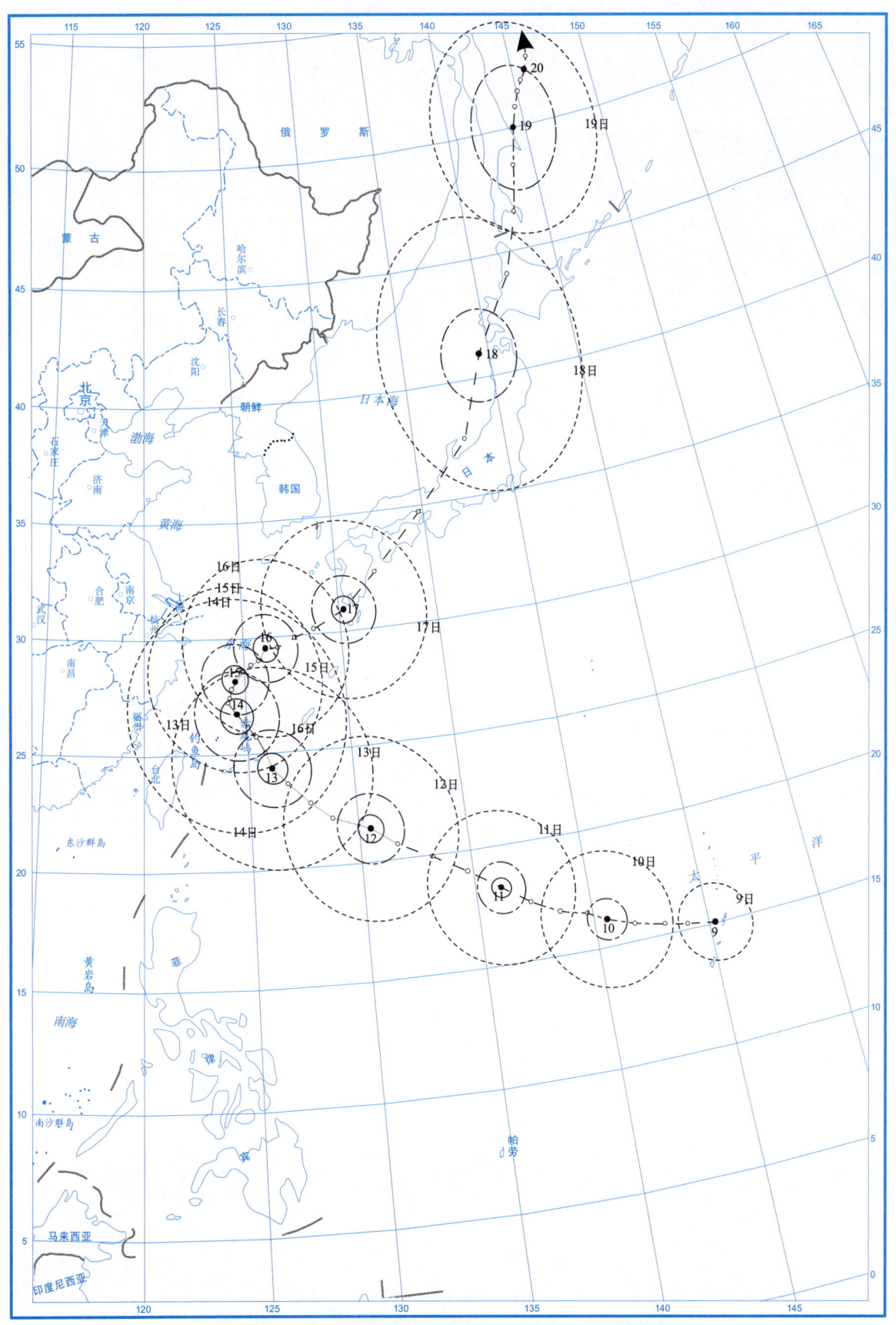

图 2.19.5　1718 号超强台风"泰利"（Talim）大风区域演变图

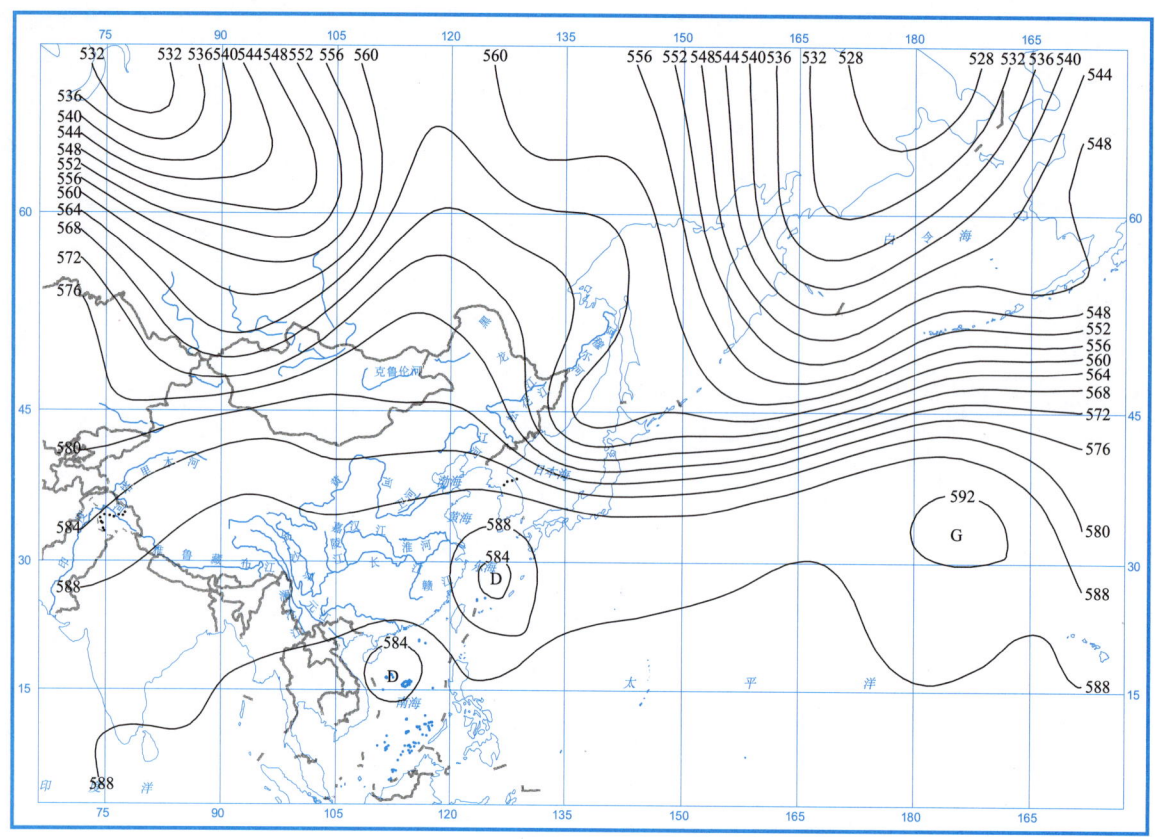

图 2.19.6　2017 年 9 月 14 日 14 时 500 hPa 高度场图（dagpm）

2.20 强台风"杜苏芮"(Doksuri)

第1719号强台风"杜苏芮"(Doksuri)是由9月11日早晨位于菲律宾马尼拉以东约550 km的西北太平洋洋面上一个热带低压发展形成。形成后低压中心向偏西方向移动,12日上午登陆菲律宾中北部沿海登陆,登陆后向西移动,14时增强为热带风暴,"杜苏芮"横穿过菲律宾中北部之后进入南海海域,并继续向偏西方向移动。14日凌晨增强为强热带风暴,下午在西沙群岛以西附近海域增强为台风,15日上午在距海南省西南约230 km的海域上增强为强台风,并直趋越南东部沿海,午后在越南广平省沿海登陆。登陆后继续向西北偏西方向移动,强度迅速减弱,下午进入老挝境内,夜间减弱为强热带风暴,16日凌晨减弱为热带风暴,08时减弱为热带低压后并进入泰国北部,下午在泰国北部境内消散。

受强台风"杜苏芮"影响,9月14—15日,海南西沙、陵水、东方和海口、广东徐闻和上川岛、广西东兴出现最大风力6~7级、阵风7~11级;海南珊瑚岛出现最大风力10级、阵风13级;海南三亚出现最大风力11级(29.6 m/s)、阵风14级(44.0 m/s),为本次强台风影响过程的风极值。

受其影响,9月13—16日,海南北部和西部沿海局部、广东珠江口及以西大部、广西南部部分、云南东南部部分和西南部局部总雨量为10~50 mm;海南中南部大部和西沙岛、珊瑚岛、广东徐闻和雷州、广西沿海局部总雨量为50~165 mm;海南五指山总雨量达213.2 mm,为本次强台风影响过程总雨量极值。13日海南昌江出现暴雨,15时雨量50.6 mm,为本次强台风影响时的小时雨量极值。14日海南中东部和西沙岛、珊瑚岛出现了暴雨,15日海南中南部出现了暴雨,局部大暴雨,海南五指山日雨量149.0 mm,为本次强台风影响时的日雨量极值。

强台风"杜苏芮"路径移向和移速相对稳定,结构呈现不对称,受其影响,海南等省出现了一定程度的灾情。总计受灾人数达到18.3万人,紧急转移人数达到4.4万人,农作物受灾面积达到4.2千公顷,直接经济损失1亿元(详情见表2.20.2)。

表2.20.1是强台风"杜苏芮"(Doksuri)的中心位置和强度。图2.20.1~图2.20.8分别是强台风"杜苏芮"(Doksuri)路径图、总降水日数图、大风分布图、总降水量图、2017年9月14—15日的日降水量图、大风区域演变图和2017年9月15日08时500 hPa高度场图。

表2.20.1 1719号强台风"杜苏芮"(Doksuri)中心位置和强度

9月11—16日

年	月	日	时	中心位置		中心气压(hPa)	最大风速(m/s)
				北纬(°N)	东经(°E)		
2017	9	11	8	14.8	126.1	1004	13
	9	11	14	14.7	124.8	1002	15
	9	11	20	14.7	123.8	1002	15
2017	9	12	2	14.7	122.9	1002	15
	9	12	8	14.5	121.9	1002	15

(续表)

年	月	日	时	中心位置		中心气压（hPa）	最大风速（m/s）
				北纬（°N）	东经（°E）		
	9	12	14	14.7	120.7	998	18
	9	12	20	14.6	119.5	998	18
	9	13	2	14.7	118.3	995	20
	9	13	8	14.8	117.2	995	20
	9	13	14	15.3	116	990	23
	9	13	20	15.6	114.6	990	23
	9	14	2	15.8	113.5	988	25
	9	14	8	16.1	112.4	985	28
	9	14	14	16.4	111.2	975	33
	9	14	20	16.9	110	965	38
	9	15	2	17.4	108.9	960	40
	9	15	8	17.8	107.4	955	42
	9	15	14	17.9	106.1	955	42
	9	15	20	18	104.6	980	30
	9	16	2	18.2	102.7	995	23
	9	16	8	18.6	101.3	1002	15
	9	16	14	19.5	100.1	1004	13
				消散			

表2.20.2　1719号强台风"杜苏芮"（Doksuri）在海南省引发的灾情

受灾省	受灾人口（万人）	死亡人口（人）	失踪人口（人）	紧急转移人口（万人）	农作物		倒塌房屋（万间）	直接经济损失（亿元）
					受灾面积（千公顷）	绝收面积（千公顷）		
海南省	18.3	0	0	4.4	4.2	0.1	0	1

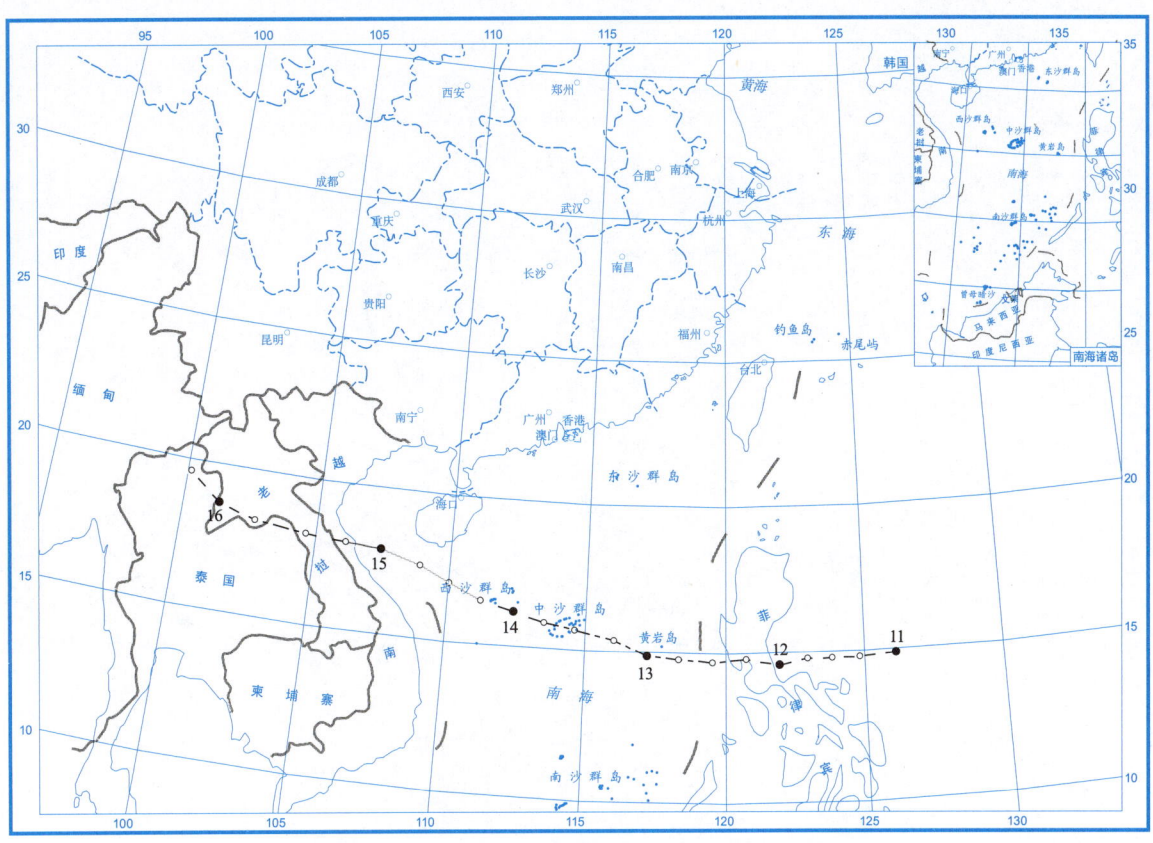

图 2.20.1　1719 号强台风"杜苏芮"（Doksuri）路径图

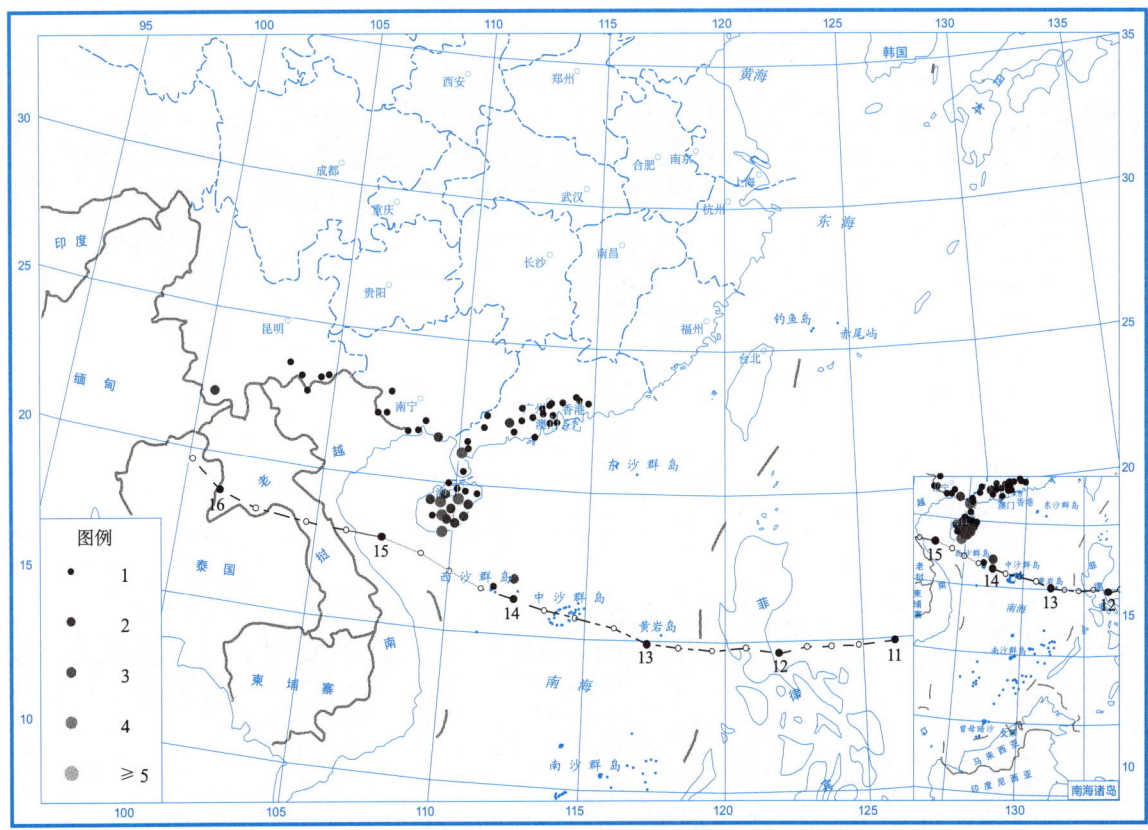

图 2.20.2　1719 号强台风"杜苏芮"（Doksuri）总降水日数图（9月13—16日）（天）

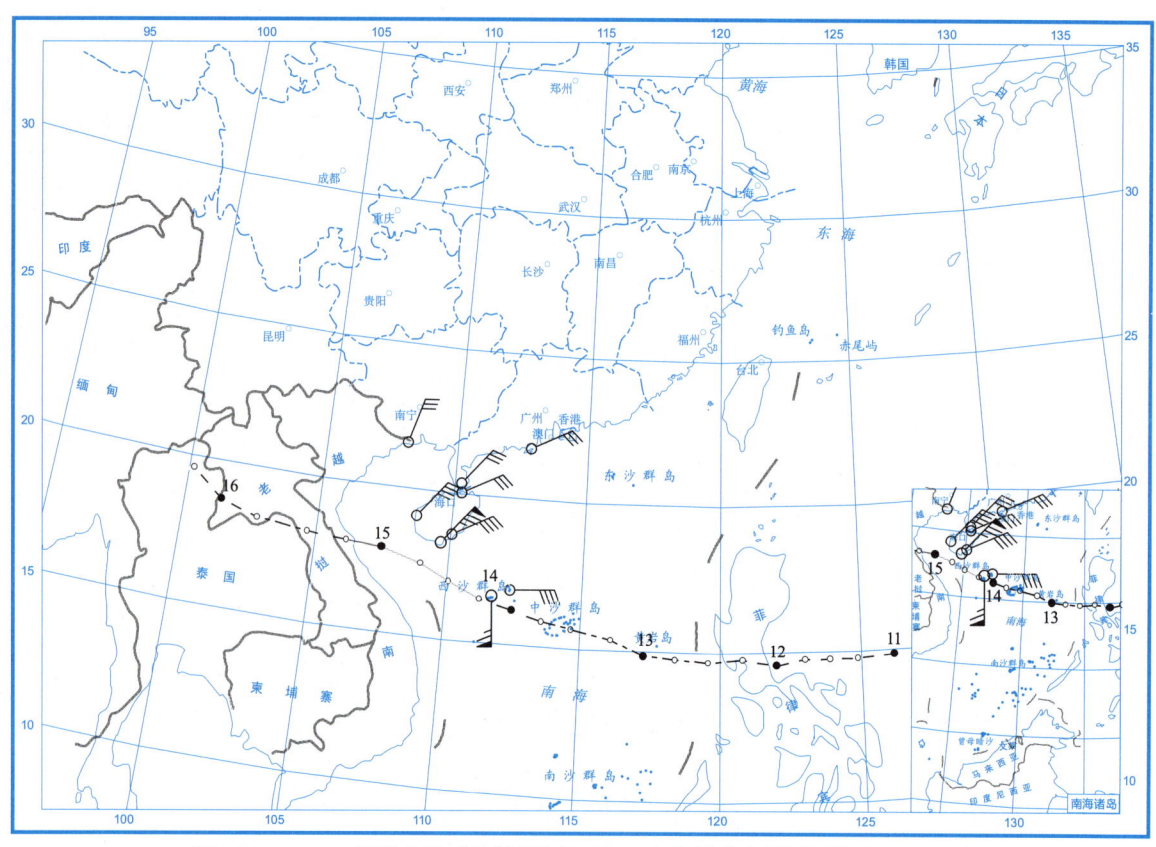

图 2.20.3　1719 号强台风"杜苏芮"（Doksuri）大风分布图（9 月 14—15 日）

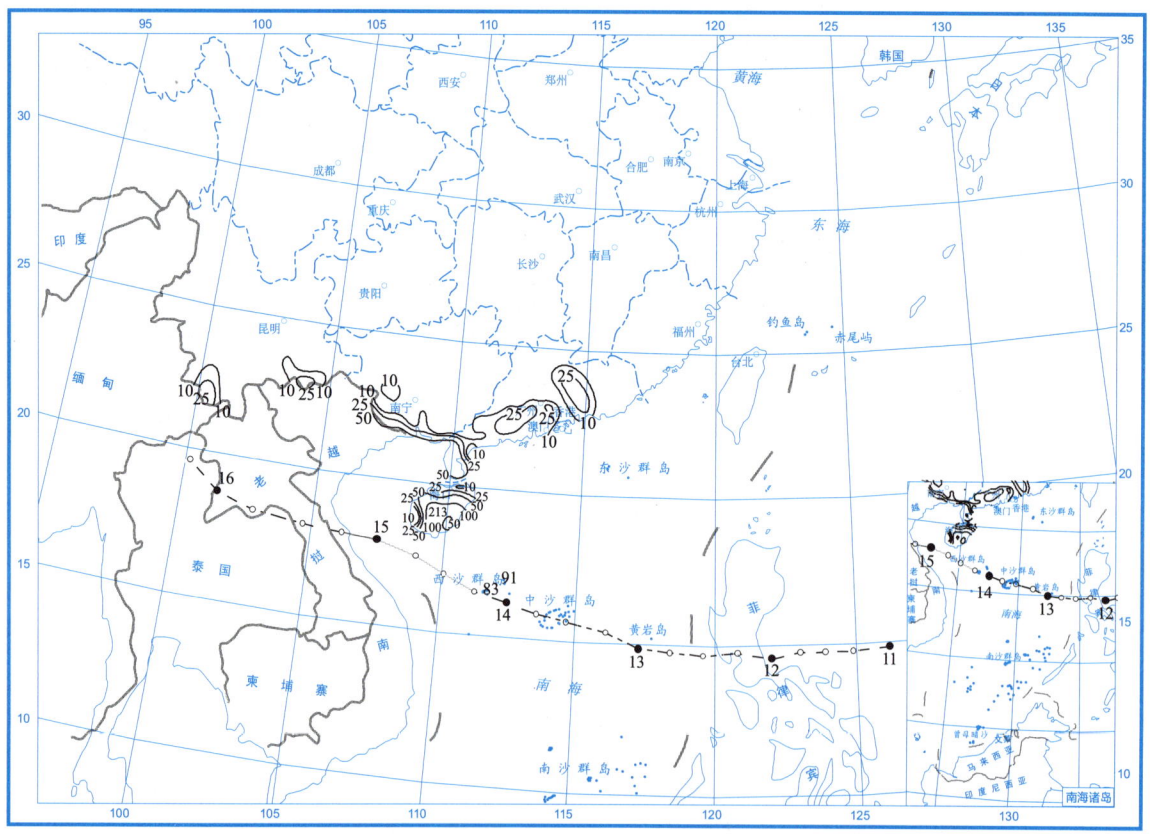

图 2.20.4　1719 号强台风"杜苏芮"（Doksuri）总降水量图（9 月 13—16 日）（mm）

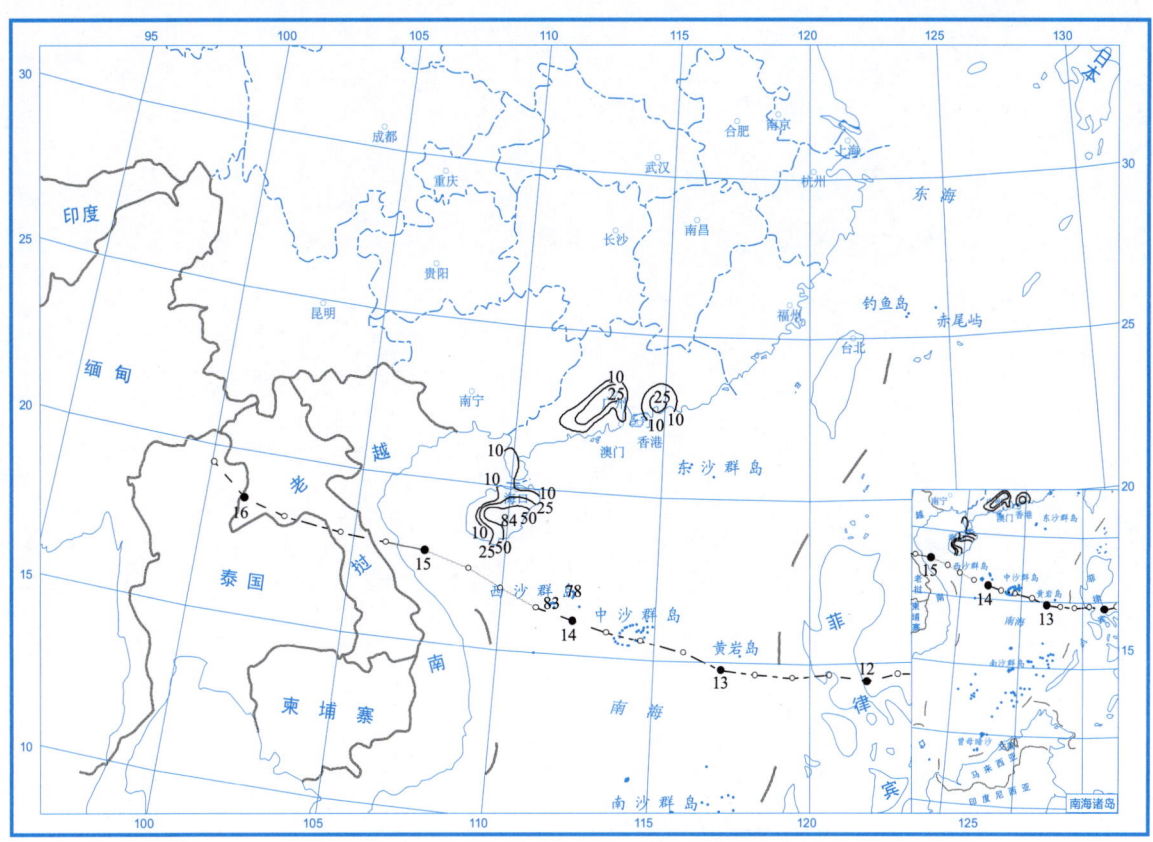

图 2.20.5　2017 年 9 月 14 日的日降水量图（mm）

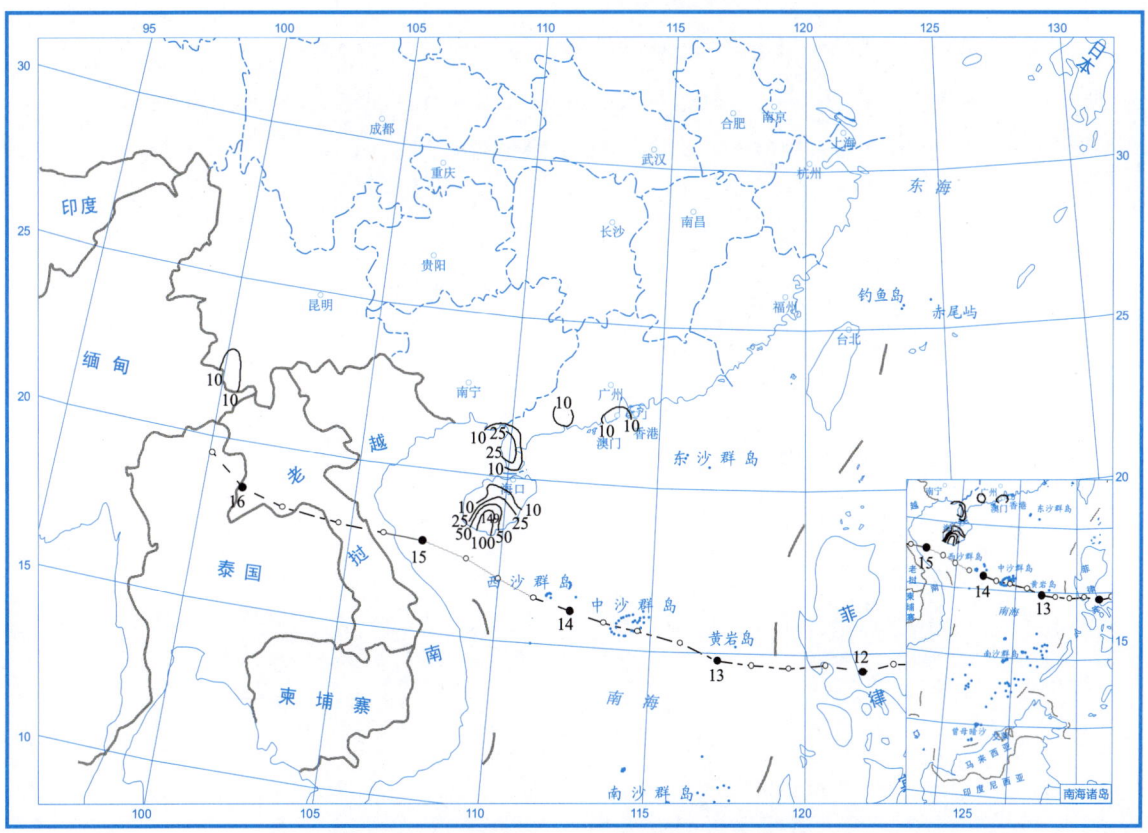

图 2.20.6　2017 年 9 月 15 日的日降水量图（mm）

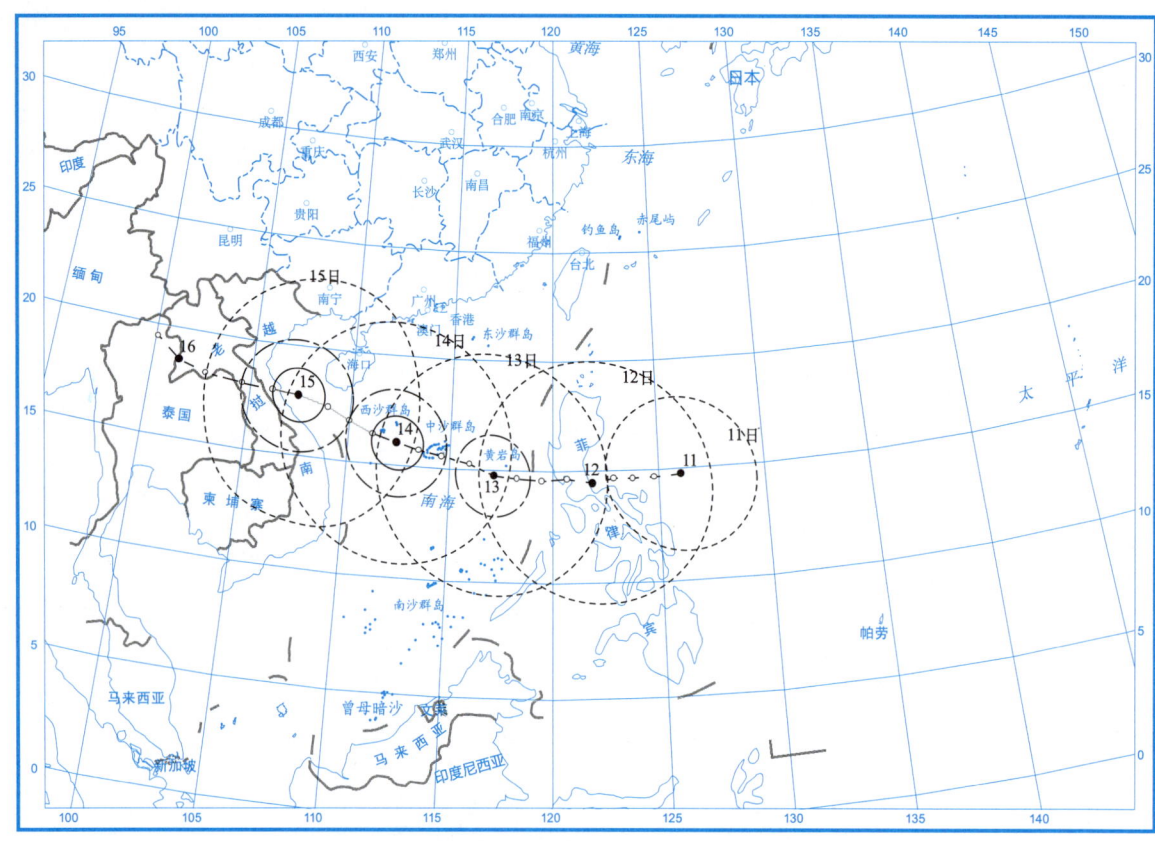

图 2.20.7　1719 号强台风"杜苏芮"（Doksuri）大风区域演变图

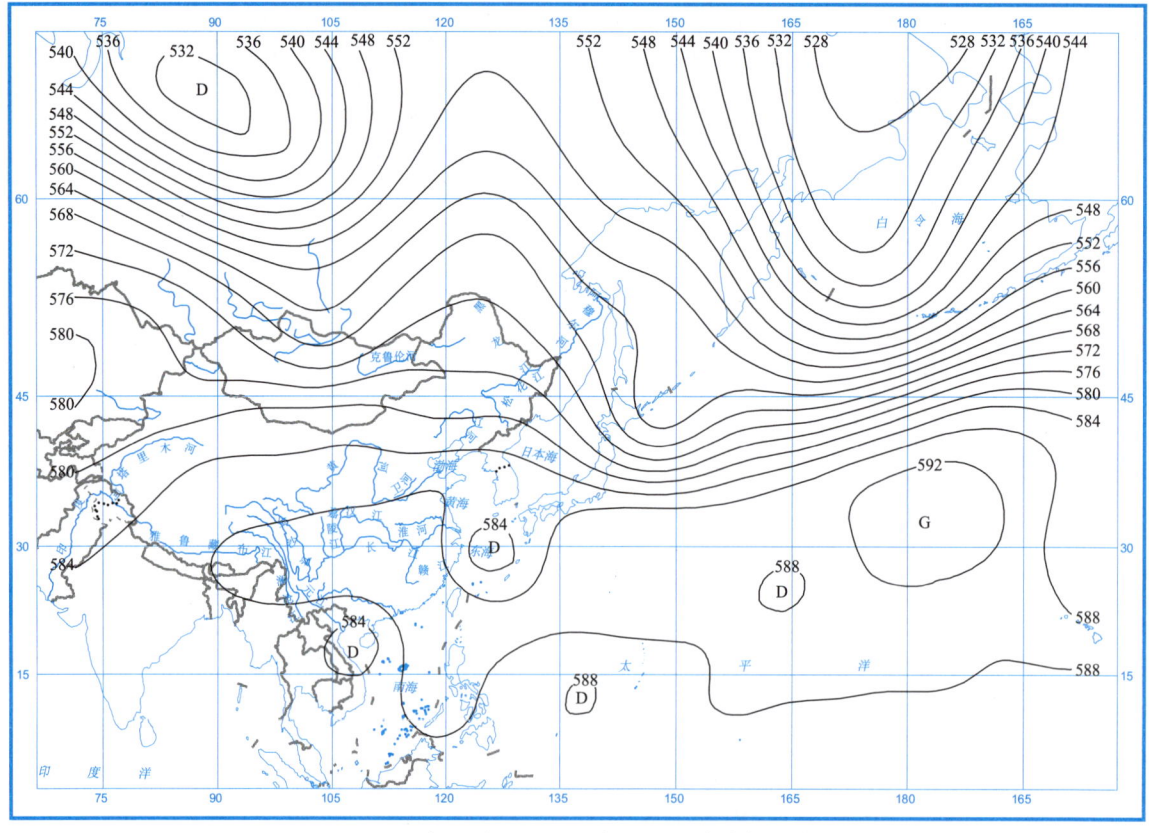

图 2.20.8　2017 年 9 月 15 日 08 时 500 hPa 高度场图（dagpm）

2.21 热带风暴（未命名）

热带风暴（未命名）是由 9 月 23 日晚位于中沙群岛东北约 200 km 的南海海面上一个热带低压发展形成。形成后低压中心向西北方向移动，24 日早晨增强为热带风暴，并逐渐向海南岛靠近。于 9 月 24 日 21 时 20 分在海南万宁登陆，登陆时中心附近最大风速为 20 m/s（8 级），中心最低气压为 995 hPa。登陆后继续向西北方向移动，25 日凌晨减弱为热带低压，横穿海南岛之后进入北部湾，08 时在北部湾海域强度再次加强，下午减弱为热带低压并登陆越南东北部，夜间在越南东北部地区消散。

受热带风暴影响，9 月 24—25 日，广东上川岛和珠海、广西涠洲岛和东兴出现最大风力 6～7 级、阵风 7～8 级；广东上川岛出现最大风力 6 级（13.2 m/s）、阵风 8 级（17.4 m/s），为本次影响过程的风极值。

受其影响，9 月 24—25 日，海南大部、西沙岛和珊瑚岛、广东西南部部分及揭西、广西南部部分、云南思茅总雨量为 10～50 mm；海南局部、广西防城和东兴总雨量为 50～70 mm；海南白沙总雨量 69.2 mm，广西东兴 25 日雨量 56.8 mm，为本次影响过程总雨量及日雨量极值；海南白沙 24 日 15 时雨量 27.9 mm，为本次热带风暴影响过程时雨量极值。

表 2.21.1 是热带风暴（未命名）的中心位置和强度。图 2.21.1～图 2.21.6 分别是本次热带风暴（未命名）路径图、总降水日数图、大风分布图、总降水量图、大风区域演变图和 2017 年 9 月 24 日 20 时 500 hPa 高度场图。

表 2.21.1 热带风暴"未命名"中心位置和强度

9 月 23—25 日

年	月	日	时	中心位置		中心气压（hPa）	最大风速（m/s）
				北纬（°N）	东经（°E）		
2017	9	23	20	17.3	116.2	1002	13
	9	23	23	17.7	115.7	1002	13
	9	24	2	17.9	114.9	1000	15
	9	24	5	18.1	114.2	1000	15
	9	24	8	18.3	113.3	998	18
	9	24	11	18.5	112.3	998	18
	9	24	14	18.7	111.8	995	20
	9	24	17	18.8	111.3	995	20
	9	24	20	18.9	110.8	995	20
	9	25	2	19.5	109.5	1000	15

(续表)

年	月	日	时	中心位置		中心气压（hPa）	最大风速（m/s）
				北纬（°N）	东经（°E）		
2017	9	25	8	20.2	108.2	998	18
	9	25	14	21.1	107.1	1000	15
	9	25	20	21.8	105.9	1004	13
消散							

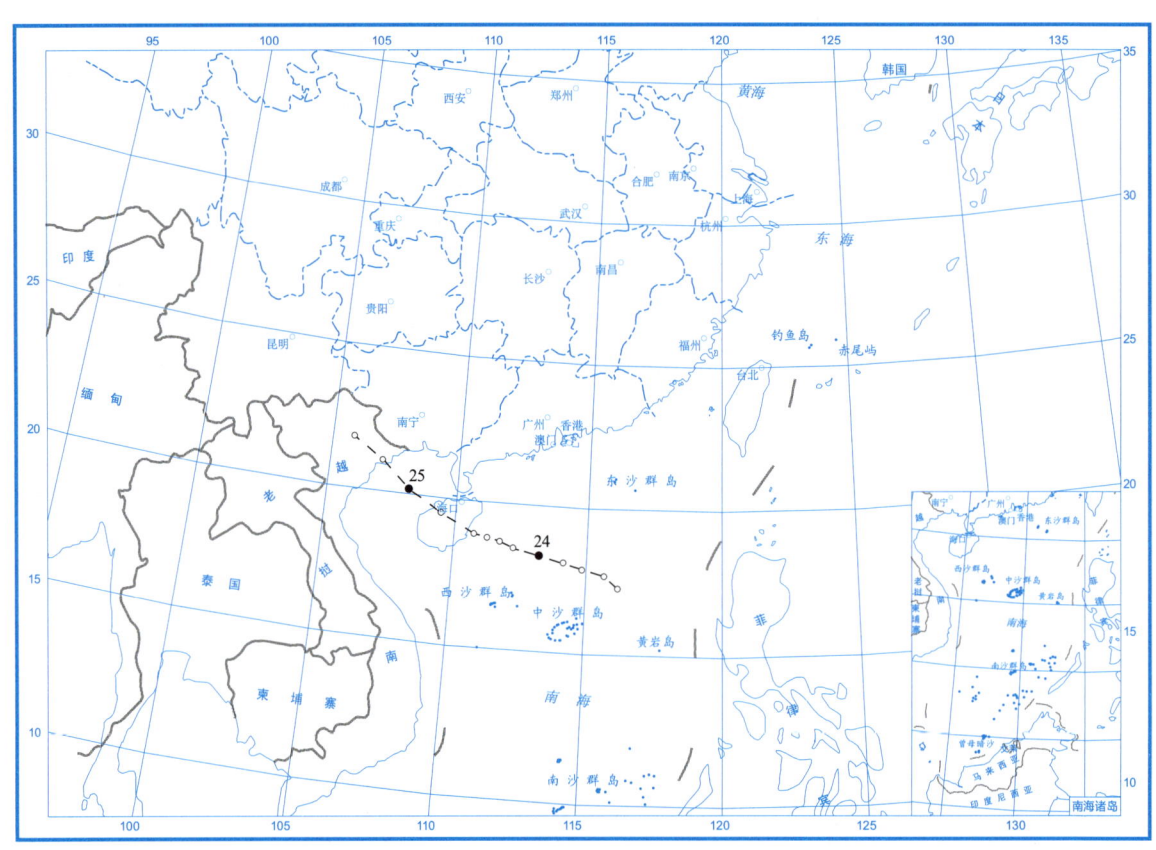

图 2.21.1　热带风暴（未命名）路径图

2 2017年逐个热带气旋概述

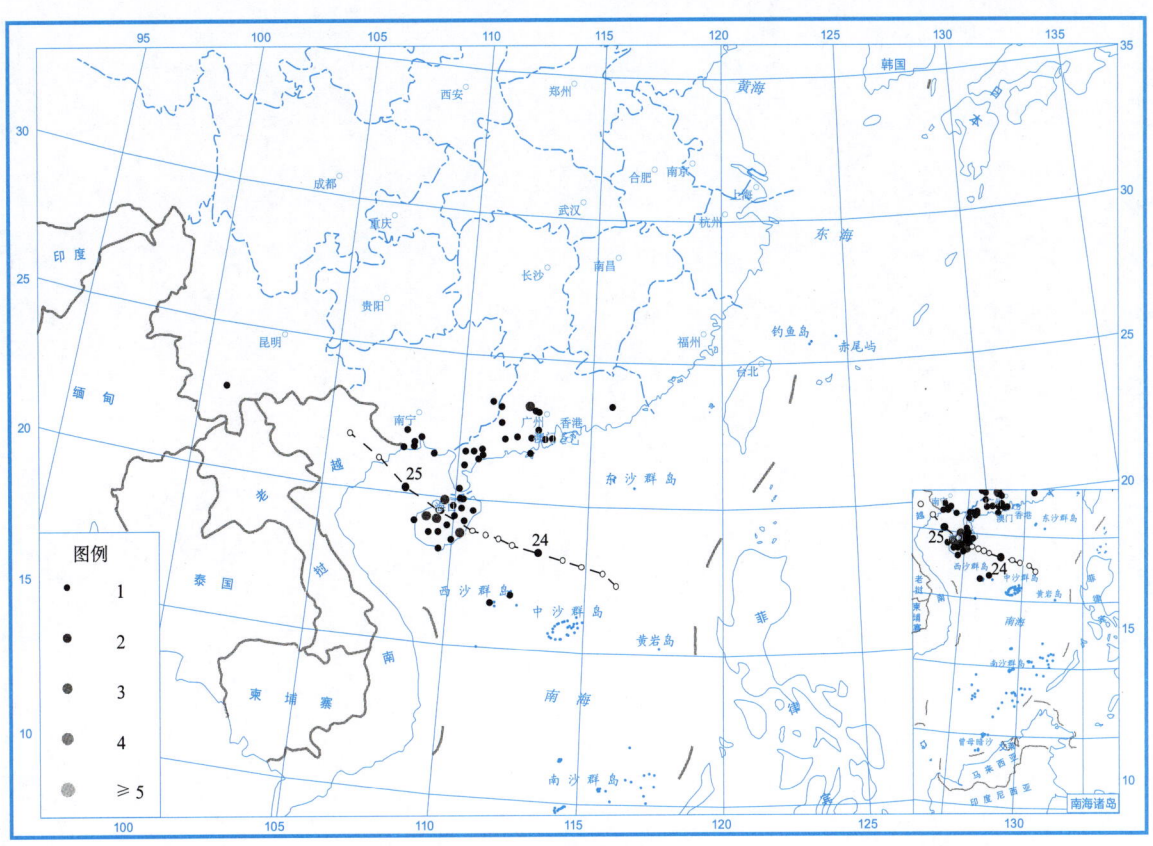

图 2.21.2　热带风暴（未命名）路径图总降水日数图（9月24—25日）（天）

图 2.21.3　热带风暴（未命名）路径图大风分布图（9月24—25日）

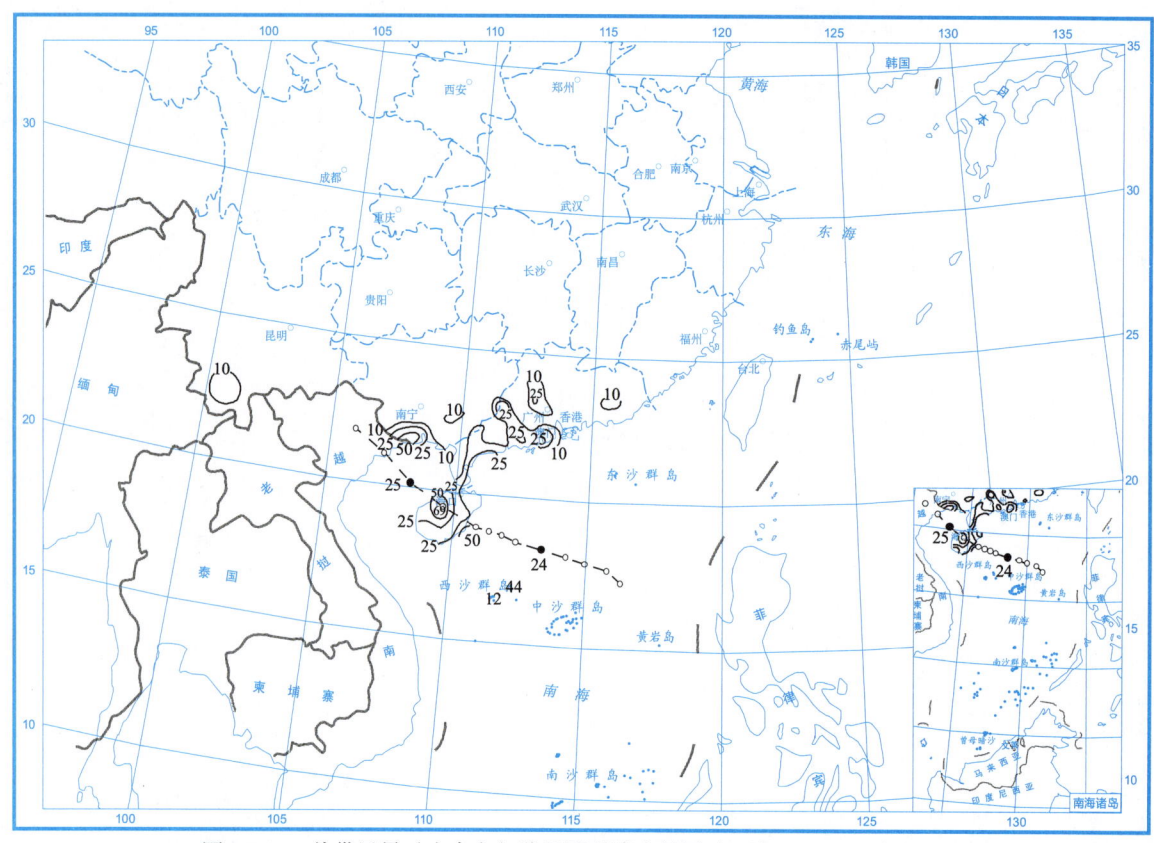

图 2.21.4　热带风暴（未命名）路径图总降水量图（9月24—25日）(mm)

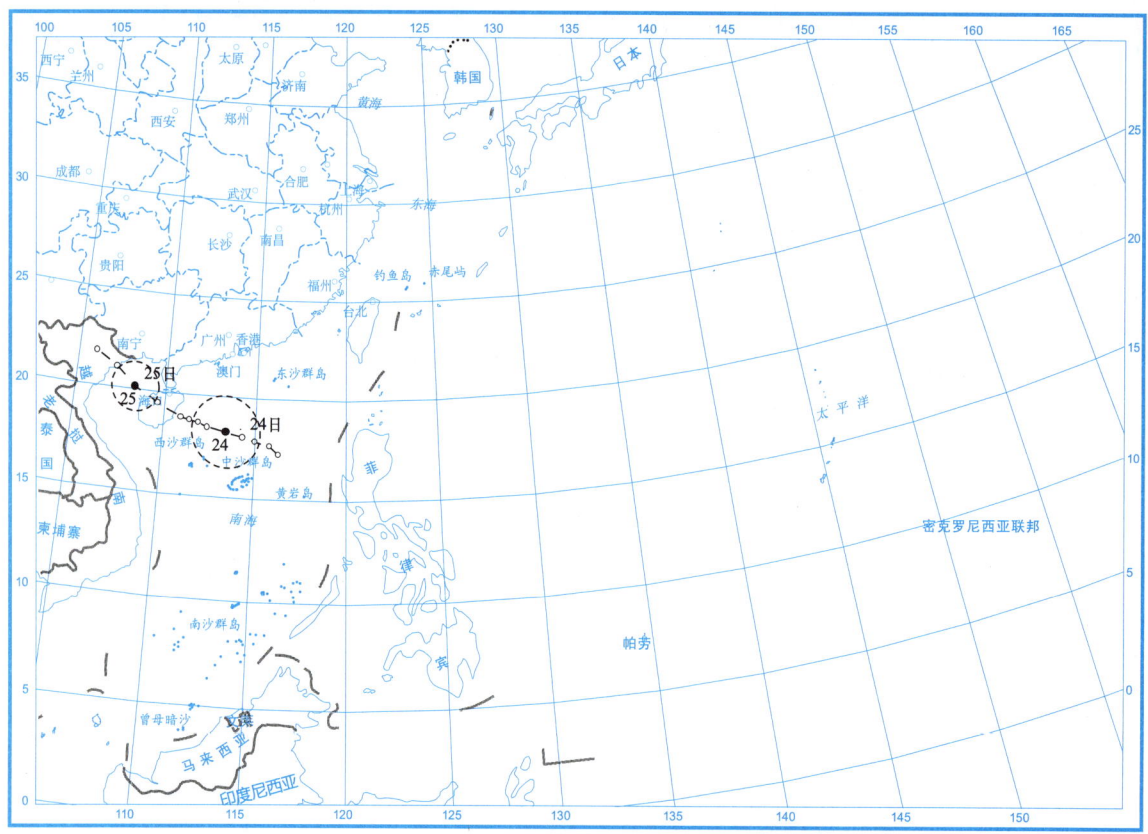

图 2.21.5　热带风暴（未命名）路径图大风区域演变图

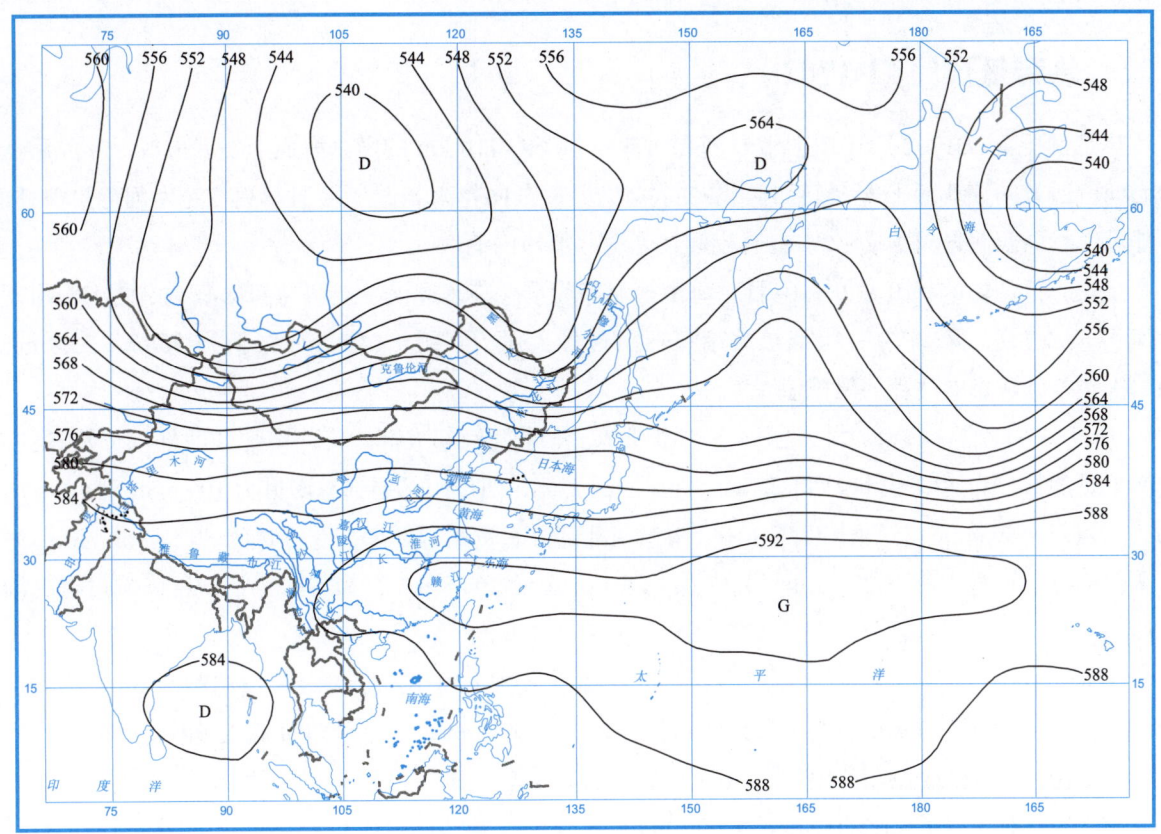

图 2.21.6 2017 年 9 月 24 日 20 时 500 hPa 高度场图（dagpm）

2.22 热带低压（TD1702）

热带低压（TD1702）于10月8日晚在西沙岛东南约110 km的南海海面上发展形成。形成后低压中心向偏西方向移动，9日早晨转向西北方向移动，并逐渐向越南靠近。10日早晨在越南河静沿海登陆，登陆后继续向西北方向移动，于10日夜间在老挝北部境内消散。

受热带低压影响，10月9—10日，海南三亚和陵水、广东遂溪、上川岛和珠海、广西宁明出现最大风力6～7级、阵风7～10级；海南三亚出现最大风力7级（14.8 m/s）、阵风10级（25.8 m/s），为本次热带低压影响过程的风极值。

10月9—11日，海南局部、西沙岛和珊瑚岛、广东西南部大部、广西南部和西部部分及涠洲岛、云南中东部部分和西南局部及西北部分、贵州西部大部、四川南部局部总雨量为10～50 mm；海南大部、广东西南部局部、广西南部部分、云南东南部部分、贵州西部局部总雨量为50～150 mm；海南东南部部分总雨量150～295 mm，其中海南琼中总雨量294.8 mm，为本次热带低压影响过程总雨量极值。

受其影响，9—11日海南东南出现了暴雨，局部大暴雨。海南万宁10日雨量197.5 mm，为本次热带低压影响时的日雨量极值；海南陵水10日9时雨量44.8 mm，为本次热带低压影响过程时的小时雨量极值；10—11日广西西南局部，云南东南局部出现了暴雨天气。

表2.22.1是热带低压（TD1702）的中心位置和强度。图2.22.1～图2.22.9分别是热带低压（TD1702）路径图、总降水日数图、大风分布图、总降水量图、2017年10月9—11日的日降水量图、大风区域演变图和2017年10月9日20时500 hPa高度场图。

表2.22.1 热带低压（TD1702）中心位置和强度

10月8—10日

年	月	日	时	中心位置		中心气压（hPa）	最大风速（m/s）
				北纬（°N）	东经（°E）		
2017	10	8	20	16.5	113.4	1004	13
	10	9	2	16.2	112.6	1002	13
	10	9	8	16.2	111.7	1002	13
	10	9	14	16.6	110.6	1002	13
	10	9	20	17.2	109.3	1000	15
	10	10	2	17.7	107.6	1000	15
	10	10	8	18.4	105.8	998	15

(续表)

年	月	日	时	中心位置		中心气压（hPa）	最大风速（m/s）
				北纬（°N）	东经（°E）		
	10	10	14	20	103.6	1004	13
	10	10	20	21.5	101.9	1006	10
消散							

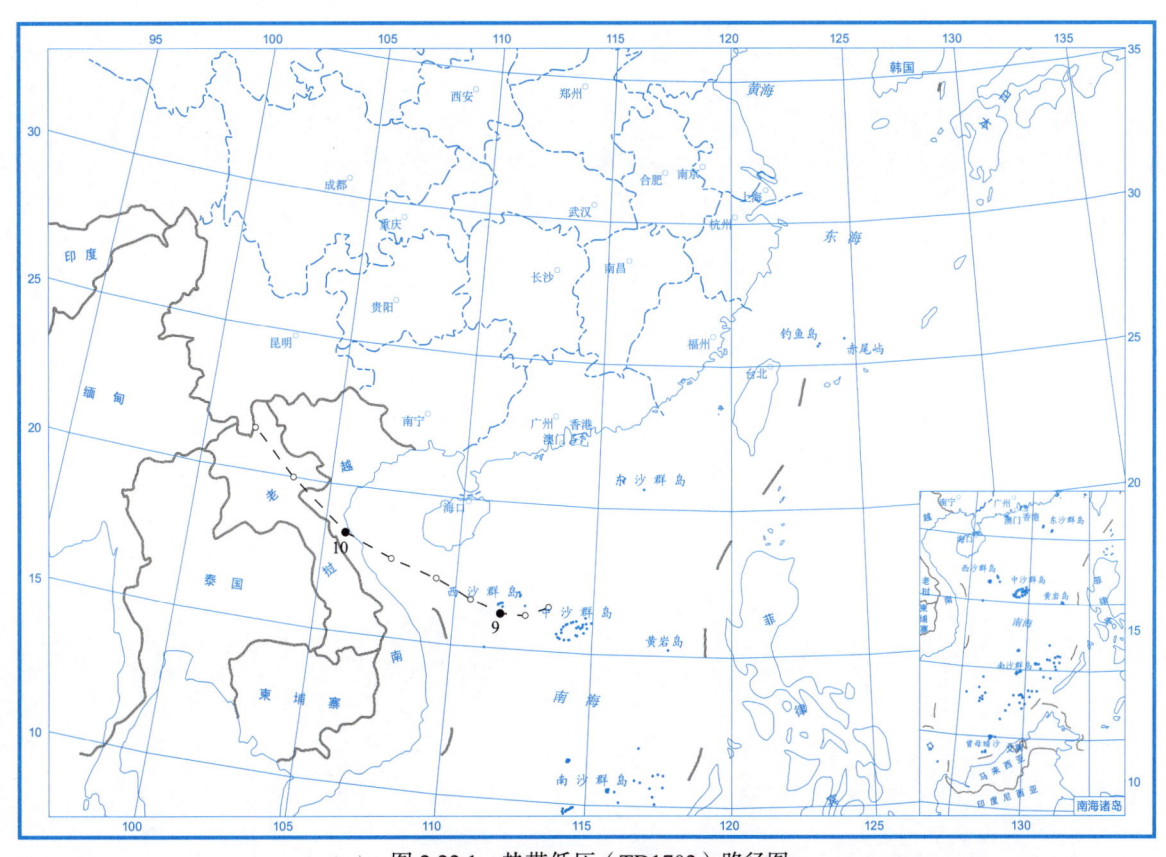

图 2.22.1　热带低压（TD1702）路径图

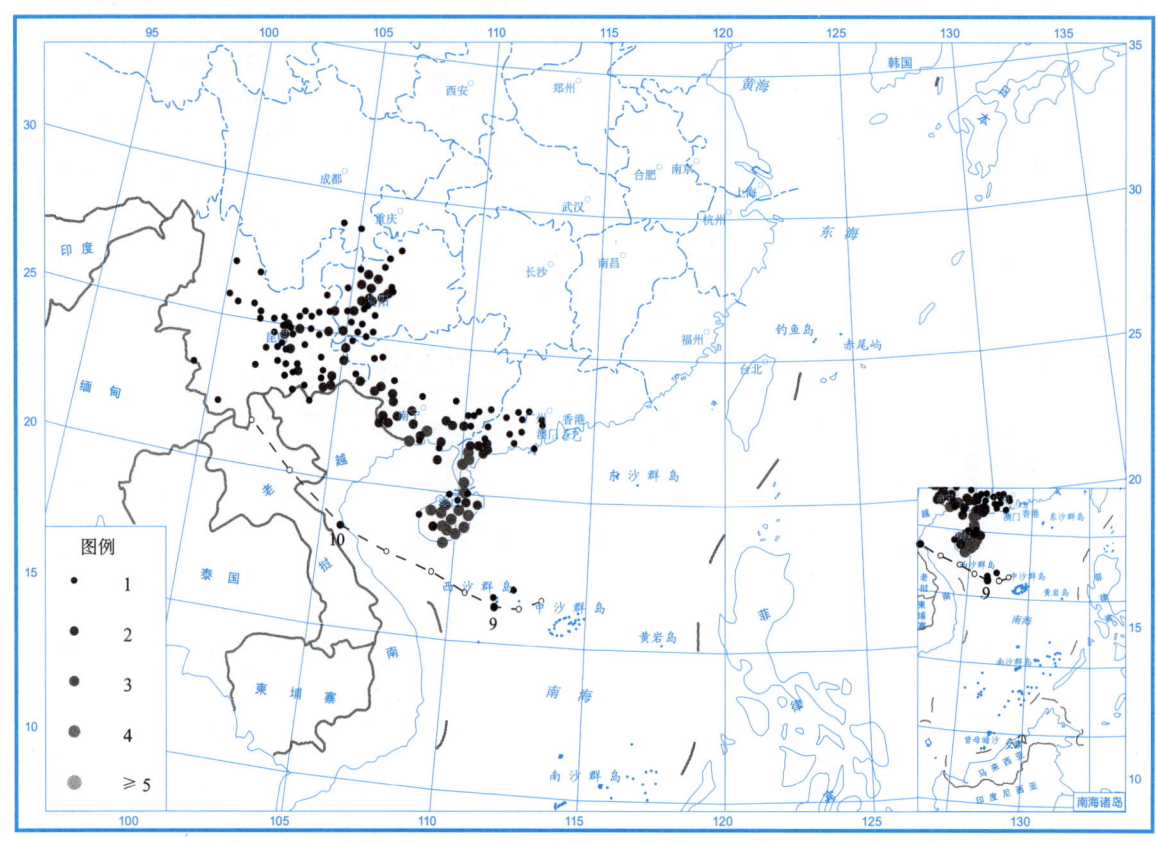

图 2.22.2　热带低压（TD1702）总降水日数图（10月9—11日）（天）

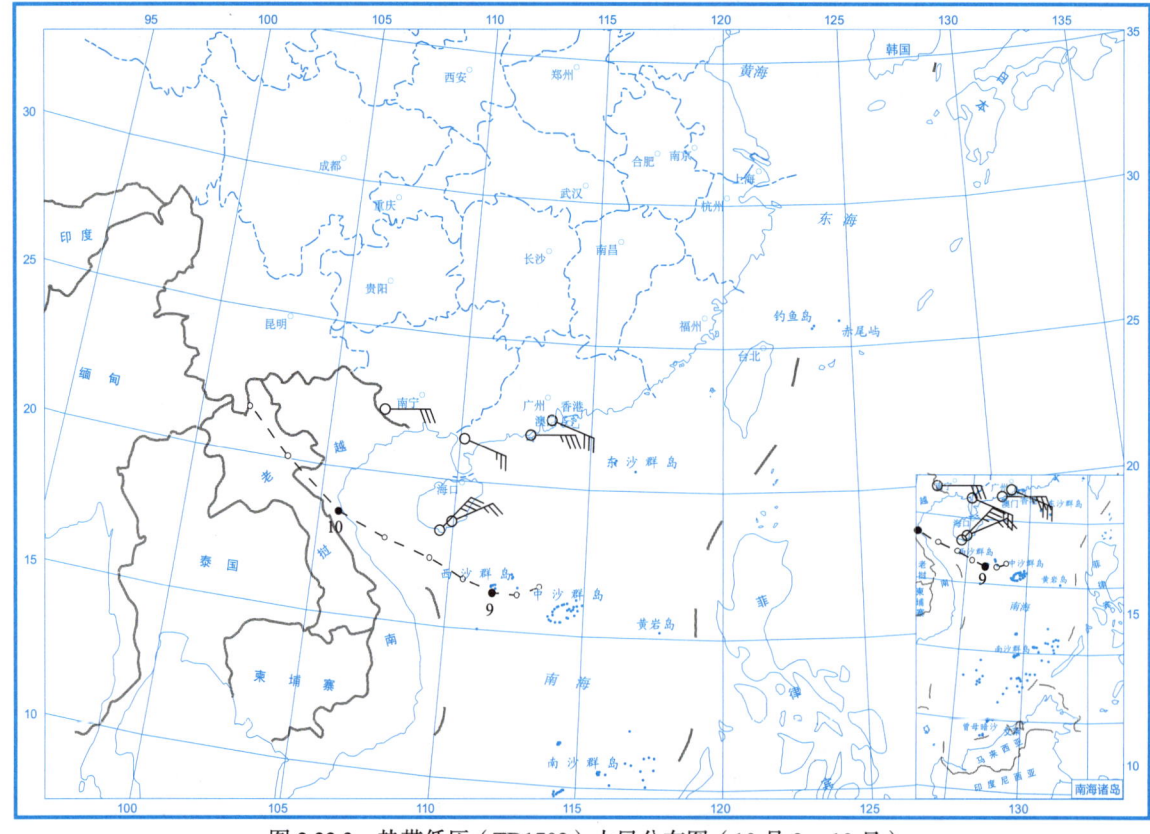

图 2.22.3　热带低压（TD1702）大风分布图（10月9—10日）

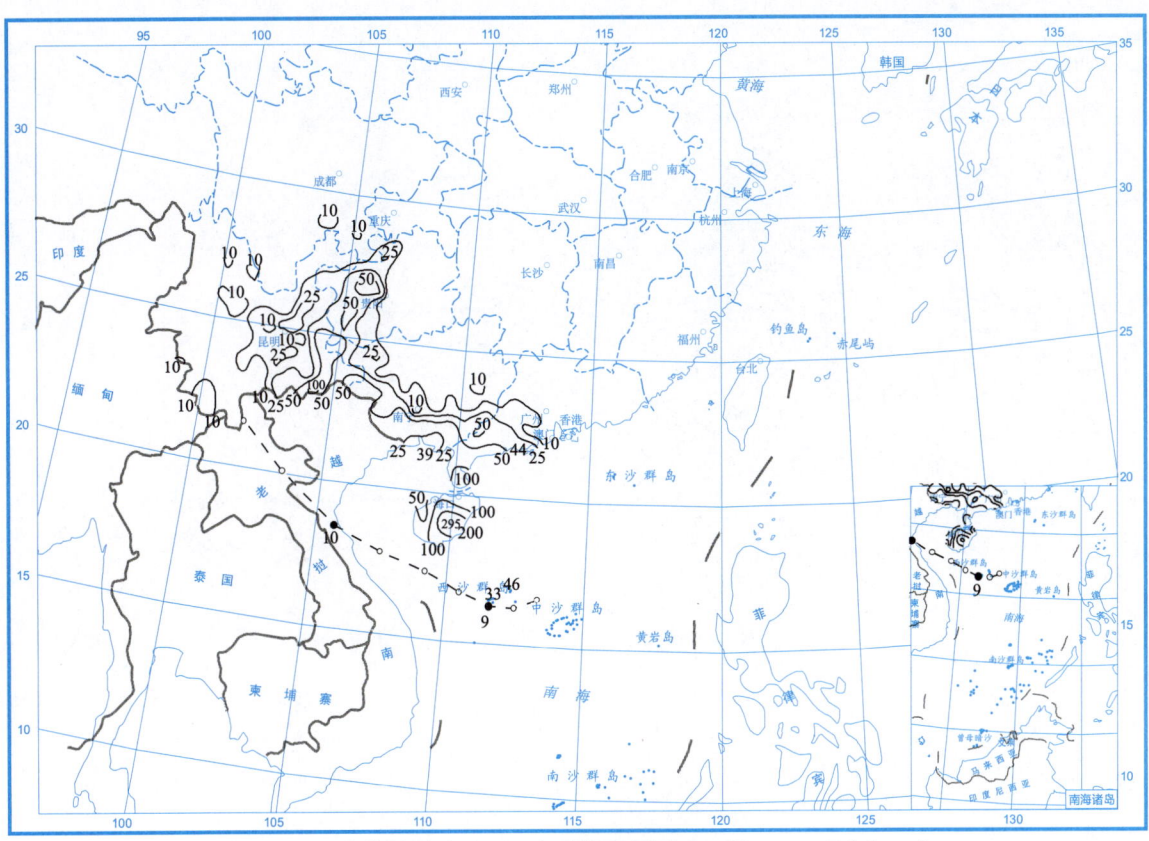

图 2.22.4　热带低压（TD1702）总降水量图（10月9—11日）（mm）

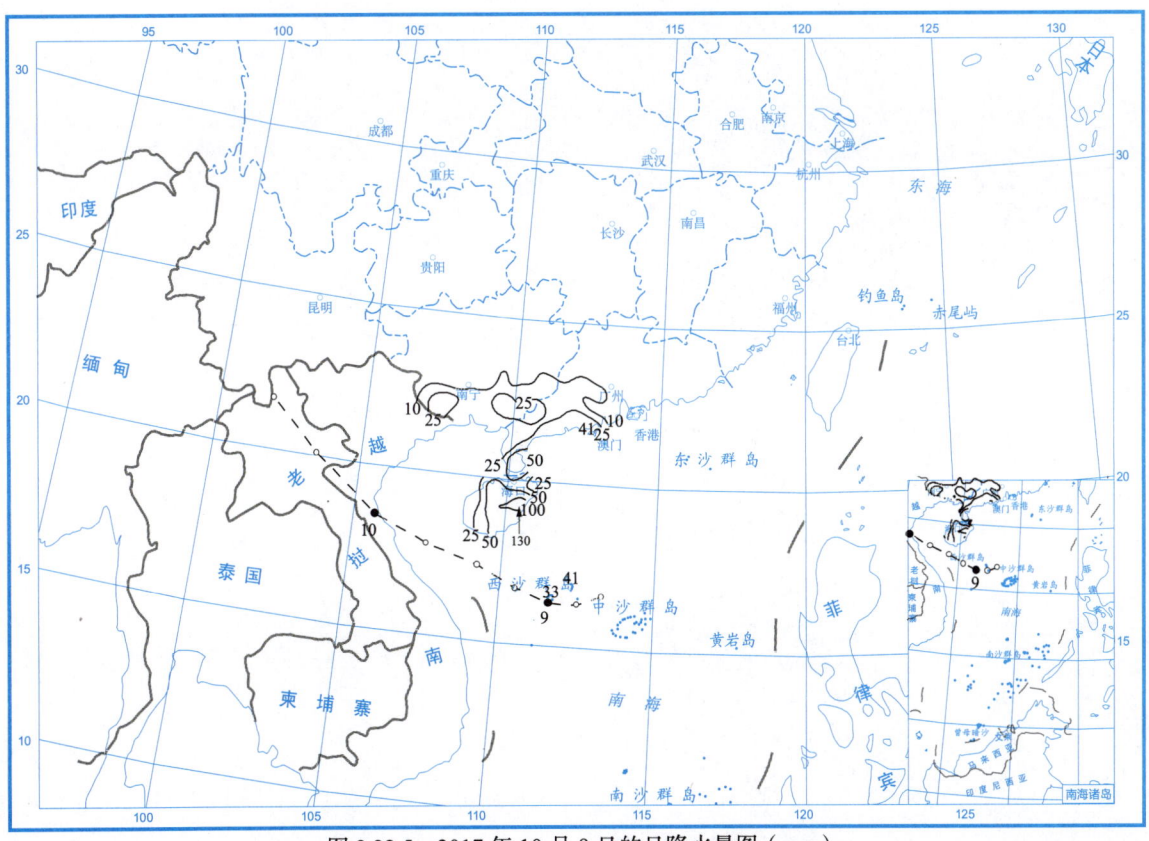

图 2.22.5　2017年10月9日的日降水量图（mm）

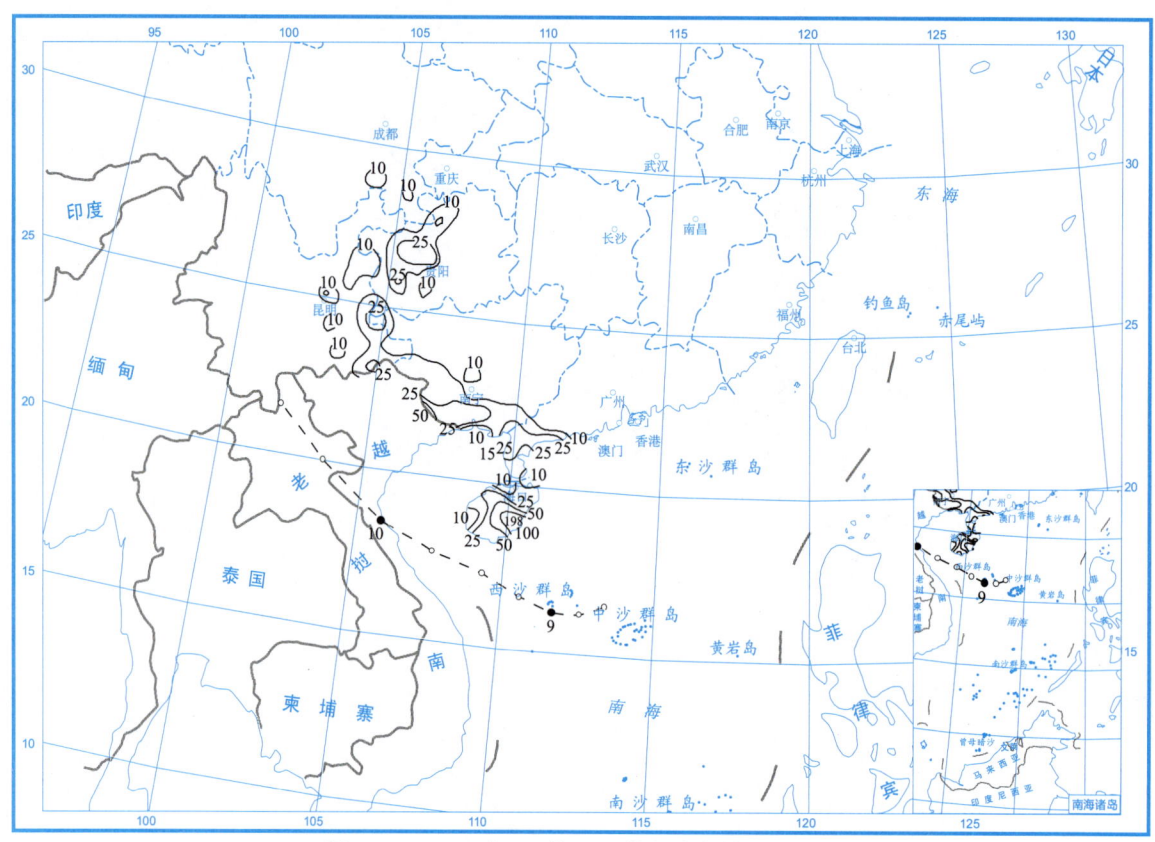

图 2.22.6 2017 年 10 月 10 日的日降水量图（mm）

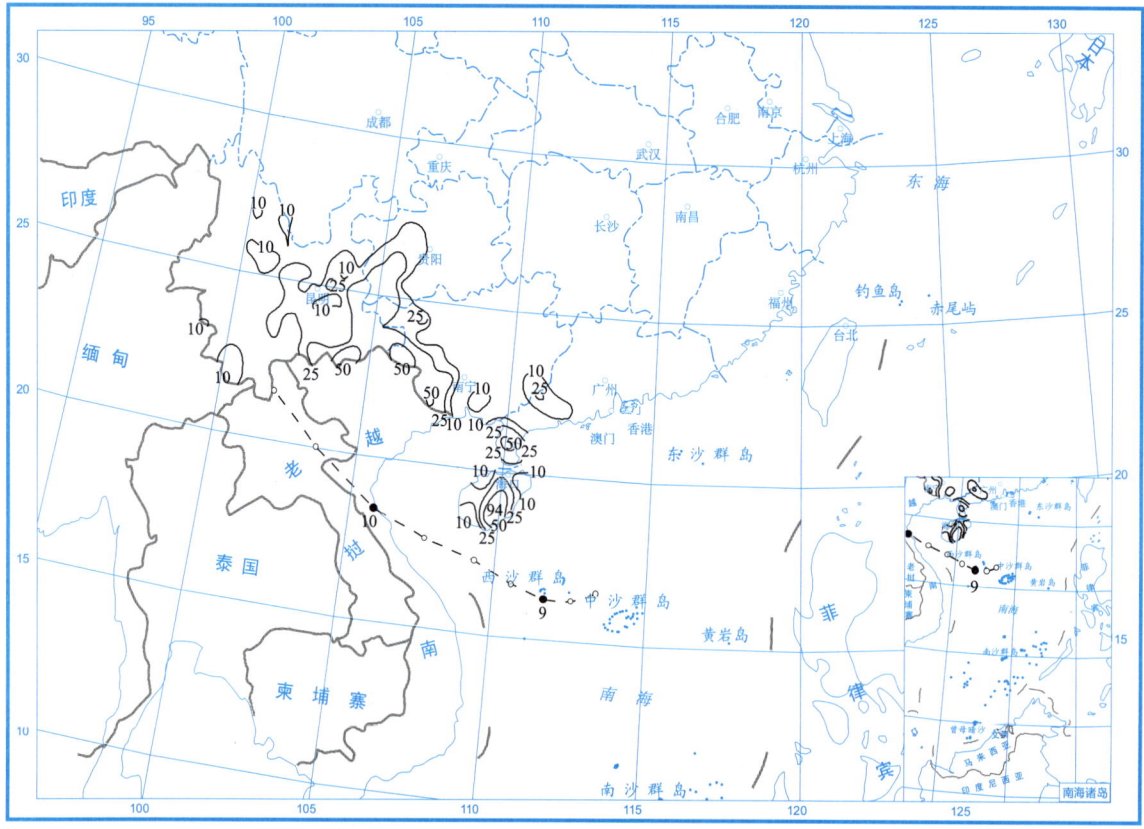

图 2.22.7 2017 年 10 月 11 日的日降水量图（mm）

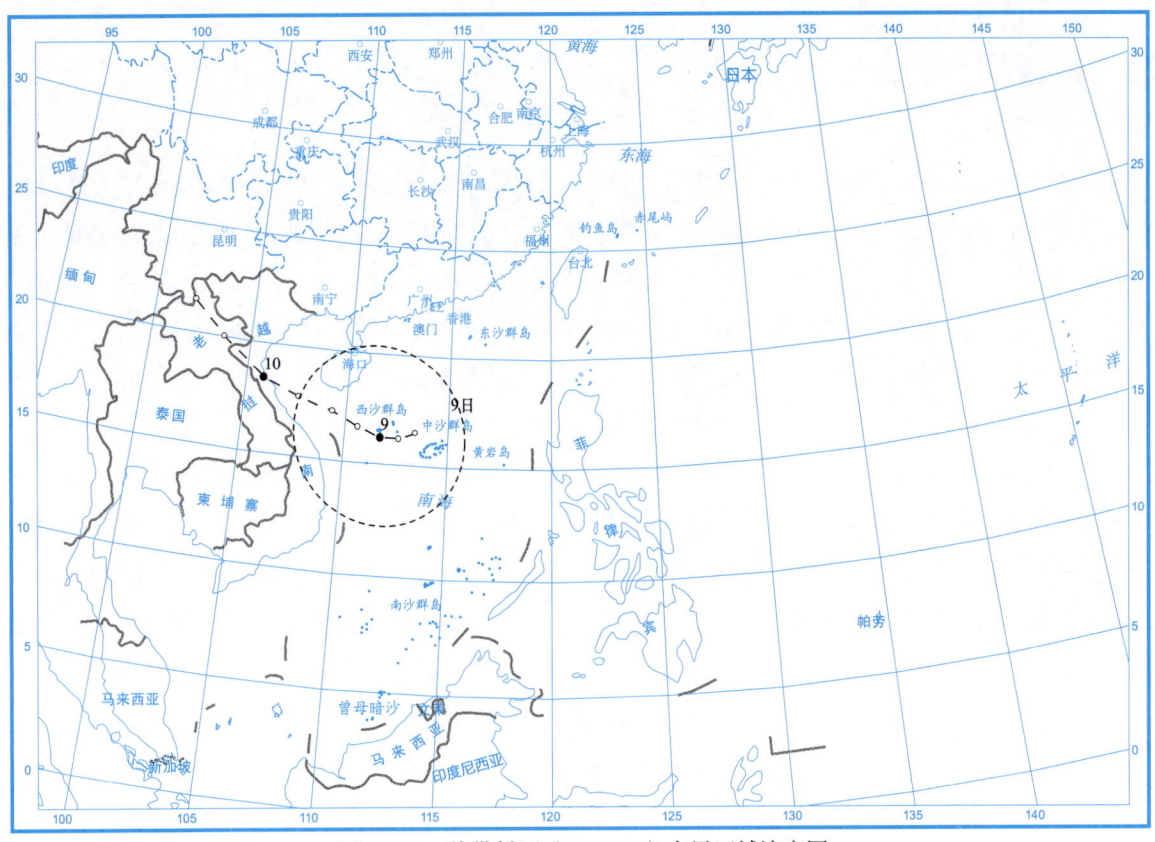

图 2.22.8　热带低压（TD1702）大风区域演变图

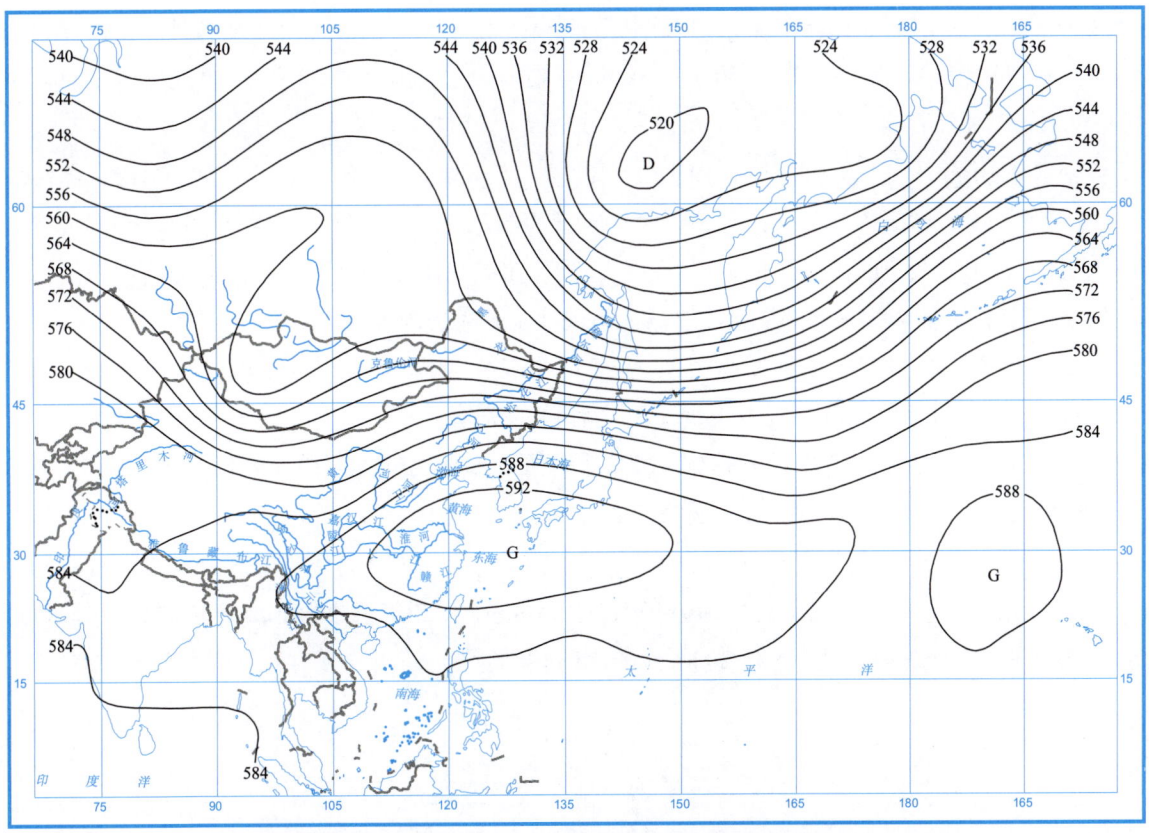

图 2.22.9　2017年10月9日20时500 hPa高度场图（dagpm）

2.23 强台风"卡努"(Khanun)

第1720号强台风"卡努"(Khanun)是由10月11日下午位于菲律宾吕宋岛以东约1000 km的西北太平洋洋面上一个热带低压发展形成。形成后低压中心向偏西方向移动,逐渐向菲律宾吕宋岛北部沿海靠近,12日夜间增强为热带风暴,13日凌晨登陆于菲律宾吕宋岛东北部,登陆后横穿吕宋岛之后进入南海,14日凌晨折向西北方向移动,强度增强为强热带风暴,15日凌晨增强为台风,14时增强为强台风,之后强度减弱,移动时偏西方向的分量逐渐加大,在广东近海附近台风路径向西移动,强台风"卡努"于16日03时40分在广东徐闻登陆,登陆时中心附近最大风速为25 m/s(10级),中心最低气压为990 hPa。登陆之后转向西南方向移动,强度迅速减弱,08时减弱为热带风暴,并在琼州海峡海域转向西北方向移动,下午强度减弱为热带低压,并在广东雷州半岛以西附近海域消散。

受强台风"卡努"和冷空气共同影响,10月13—16日,海南三亚、广东沿海、广西南部和涠洲岛、福建沿海、浙江沿海出现最大风力6~7级、阵风7~10级;广东上川岛和清远、福建东山、九仙山和三沙、浙江大陈岛、石浦和嵊泗出现最大风力8~9级、阵风9~12级;广东上川岛出现最大风力9级(23.9 m/s)、阵风12级(35.3 m/s),为本次超强台风影响过程的风极值。

受其影响,10月13—16日,海南南部及西沙岛、广东大部、广西大部、贵州东南部、湖南大部、江西大部、福建沿海大部及西南部分、浙江中南部大部、湖北东南部大部、安徽南部大部、江苏南部部分、上海部分地区总雨量为10~50 mm;海南北部部分、广东沿海大部、广西南部局部、湖南东南部部分、江西南部局部和北部部分、福建南部局部及柘荣、浙江沿海及北部部分、上海部分、江苏南部局部、安徽南部局部总雨量为50~150 mm;湖南南岳、浙江北部沿海大部及大陈岛总雨量为150~300 mm;浙江石浦总雨量344.7 mm,为本次强台风影响过程的总雨量极值。

受其台风倒槽和冷空气共同影响,10月15日,海南东北部、广东东南部出现了暴雨,浙江东北部沿海出现了暴雨,局部特大暴雨。浙江石浦日雨量286.7 mm,15日19时雨量48.6 mm,为本次强台风影响时的日雨量及小时雨量极值;16日,"卡努"在湛江徐闻登陆,海南西北部、广东沿海、广西局部出现了暴雨,而浙江东北部沿海连续两天出现暴雨到大暴雨天气。

强台风"卡努"具有路径前期移速快、后期移速慢、在广东近海增强、风雨范围广等特点。受其影响,浙江、广东、广西和海南等省(区)出现了一定程度的灾情,总计受灾人数达到133.3万人,紧急转移人口46.5万人,农作物受灾面积达到122.7千公顷,农作物绝收面积3.9千公顷,倒塌房屋300间,直接经济损失达到22.7亿元(详情见表2.23.2)。

表2.23.1是强台风"卡努"(Khanun)的中心位置和强度。图2.23.1~图2.23.8分别是强台风"卡努"(Khanun)的路径图、总降水日数图、大风分布图、总降水量图、2017年10月15—16日的日降水量图、大风区域演变图和2017年10月15日20时500 hPa高度场图。

表 2.23.1　1720 号强台风"卡努"（Khanun）中心位置和强度

10 月 11—16 日

年	月	日	时	中心位置		中心气压（hPa）	最大风速（m/s）
				北纬（°N）	东经（°E）		
2017	10	11	14	16.3	132.2	1002	13
	10	11	20	16.6	130.2	1002	13
	10	12	2	17.2	128	1002	13
	10	12	8	17.6	126.4	1002	13
	10	12	14	17.9	125	1000	15
	10	12	20	18	123.7	998	18
	10	13	2	18.1	122.1	998	18
	10	13	8	17.8	120.6	998	18
	10	13	14	17.4	119.2	992	20
	10	13	20	17.2	118.8	992	20
	10	14	2	17.2	118.5	985	25
	10	14	8	17.3	118.3	985	25
	10	14	14	17.7	118	982	28
	10	14	20	18.6	117.6	980	30
	10	15	2	19.5	116.6	970	35
	10	15	5	19.8	115.7	965	38
	10	15	8	20	114.9	965	38
	10	15	11	20.3	114.2	960	40
	10	15	14	20.5	113.5	955	42
	10	15	17	20.6	112.6	960	40
	10	15	20	20.7	111.8	965	38
	10	15	23	20.7	111.3	970	35
	10	16	2	20.7	110.7	985	28
	10	16	8	20.1	109.9	998	18
	10	16	14	20.3	109.4	1000	15
				消散			

表 2.23.2 1720 号强台风"卡努"(Khanun)在浙江、广东、广西和海南省(区)引发的灾情

受灾省（区）	受灾人口（万人）	死亡人口（人）	失踪人口（人）	紧急转移人口（万人）	农作物 受灾面积（千公顷）	农作物 绝收面积（千公顷）	倒塌房屋（万间）	直接经济损失（亿元）
浙江省	23.9	0	0	0.6	18.8	1.2	0	11.5
广东省	72.5	0	0	24.4	100.3	2.2	0.03	10.5
广西区	0.8	0	0	0	0.1	0	0	0
海南省	36.1	0	0	21.5	3.5	0.5	0	0.7
合计	133.3	0	0	46.5	122.7	3.9	0.03	22.7

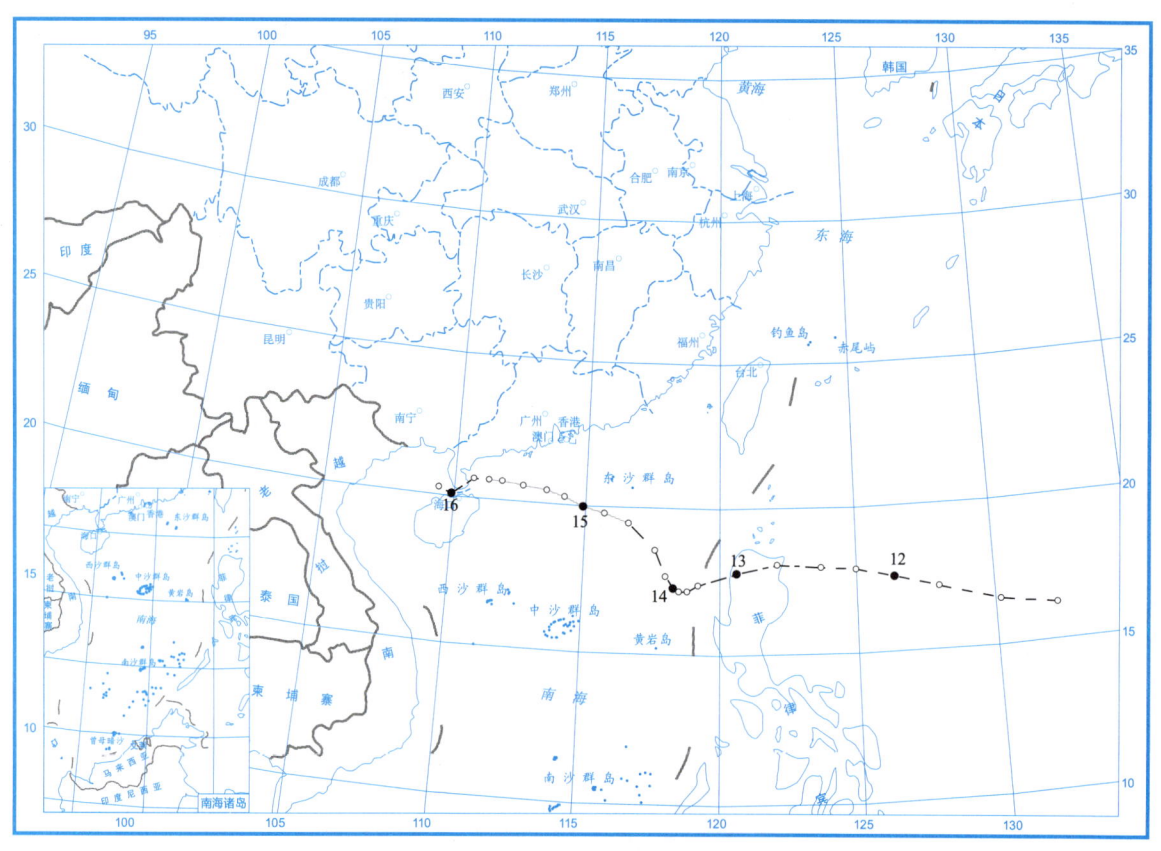

图 2.23.1 1720 号强台风"卡努"(Khanun)路径图

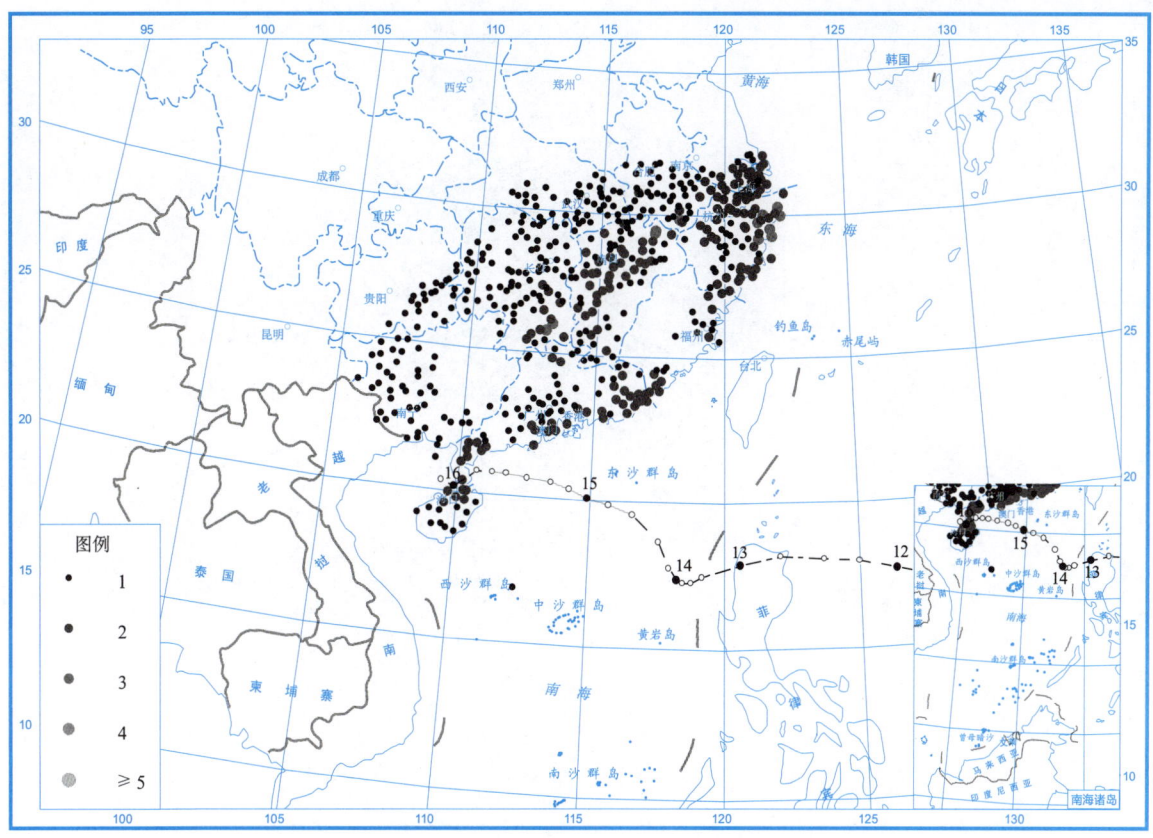

图 2.23.2　1720 号强台风"卡努"(Khanun) 总降水日数图 (10 月 13—16 日) (天)

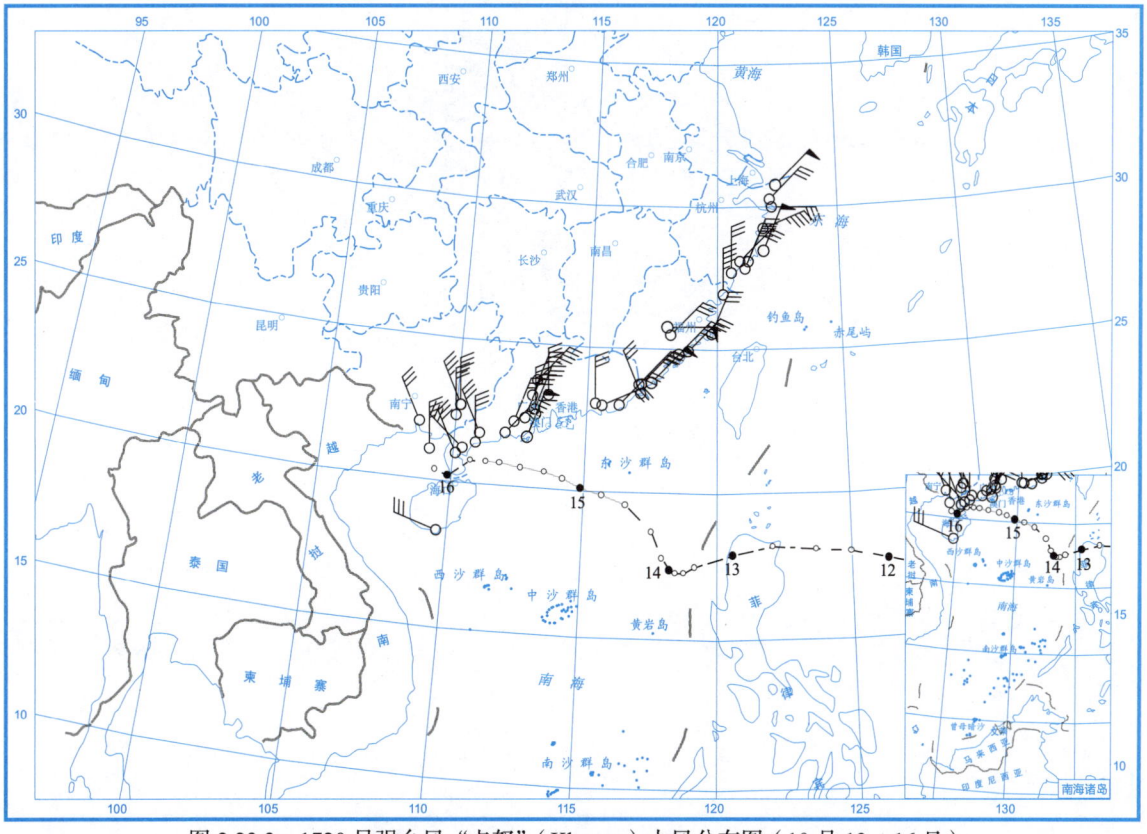

图 2.23.3　1720 号强台风"卡努"(Khanun) 大风分布图 (10 月 13—16 日)

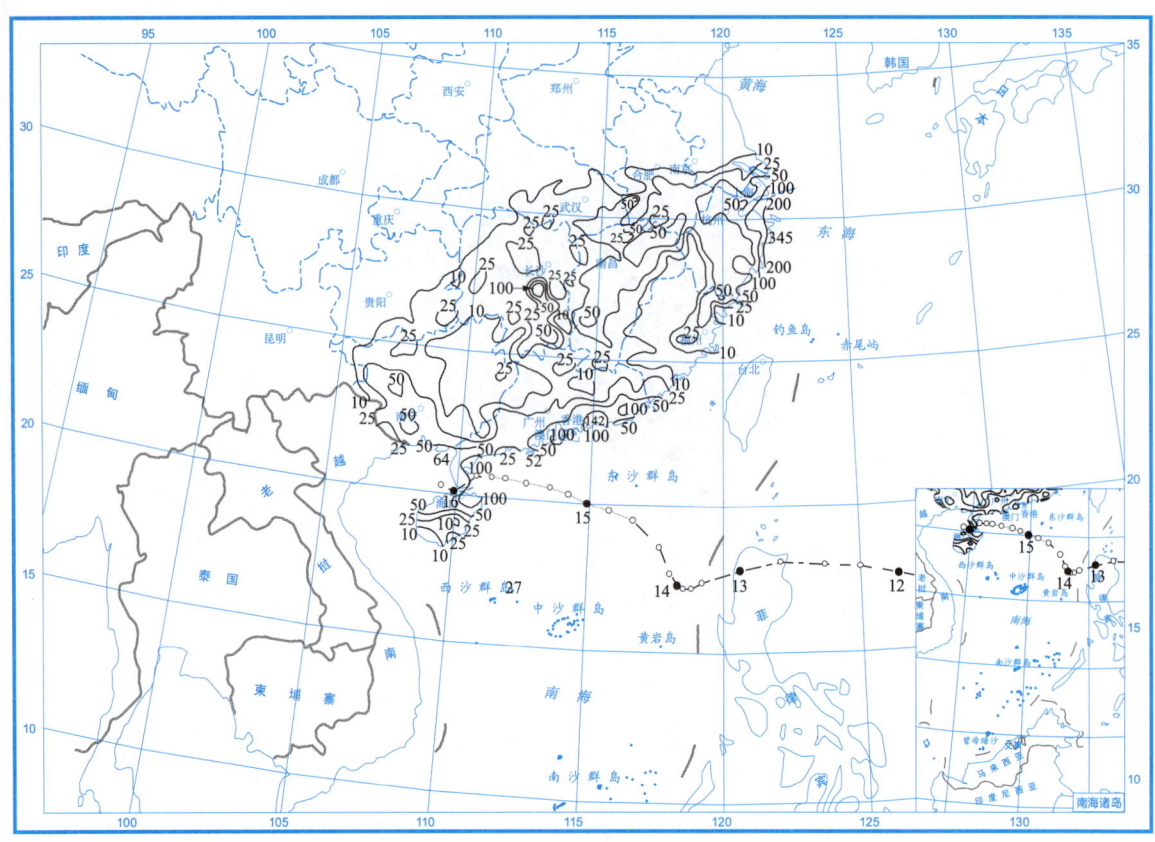

图 2.23.4　1720 号强台风"卡努"（Khanun）总降水量图（10 月 13—16 日）（mm）

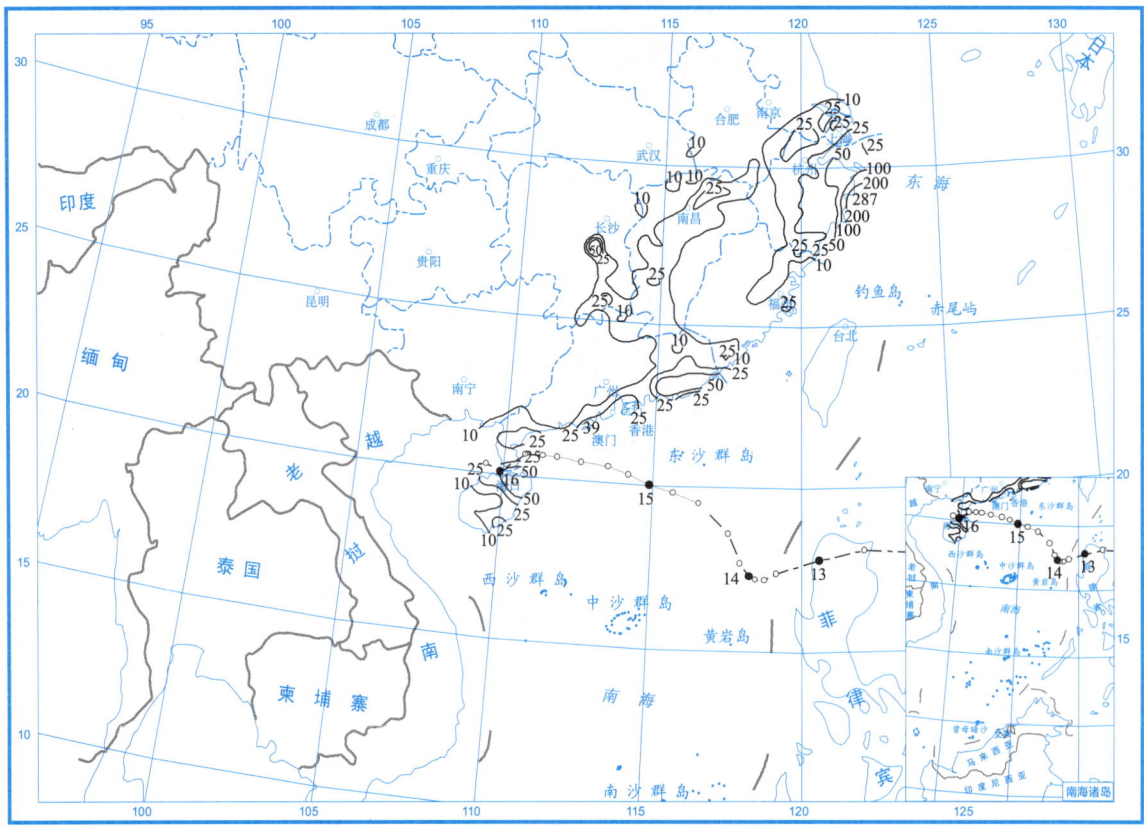

图 2.23.5　2017 年 10 月 15 日的日降水量图（mm）

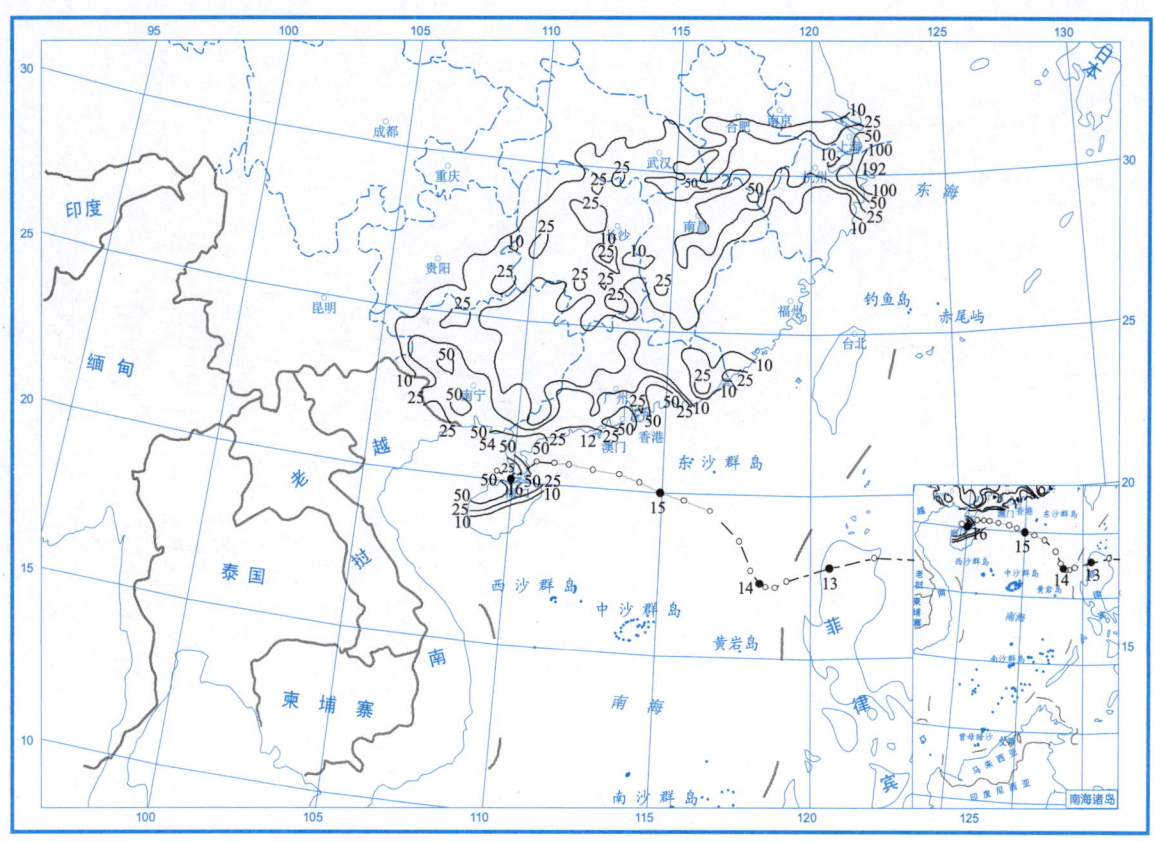

图 2.23.6　2017 年 10 月 16 日的日降水量图（mm）

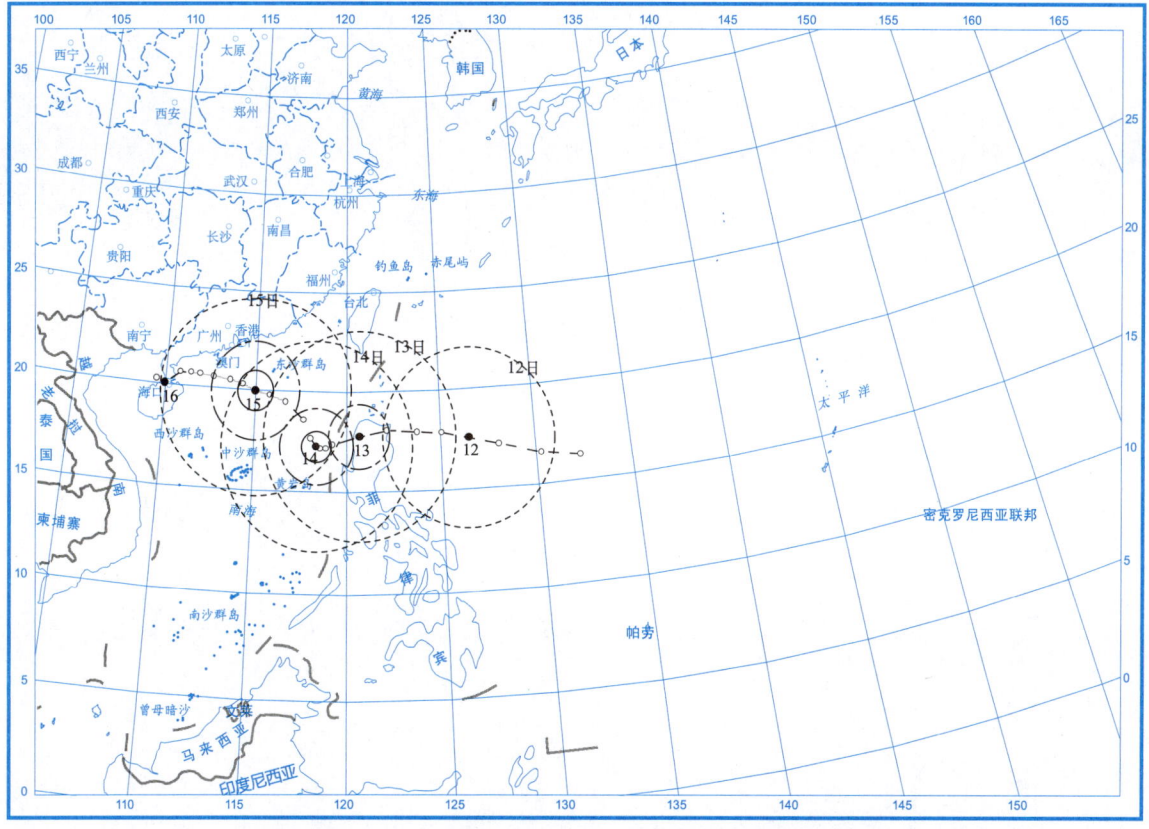

图 2.23.7　1720 号强台风"卡努"（Khanun）大风区域演变图

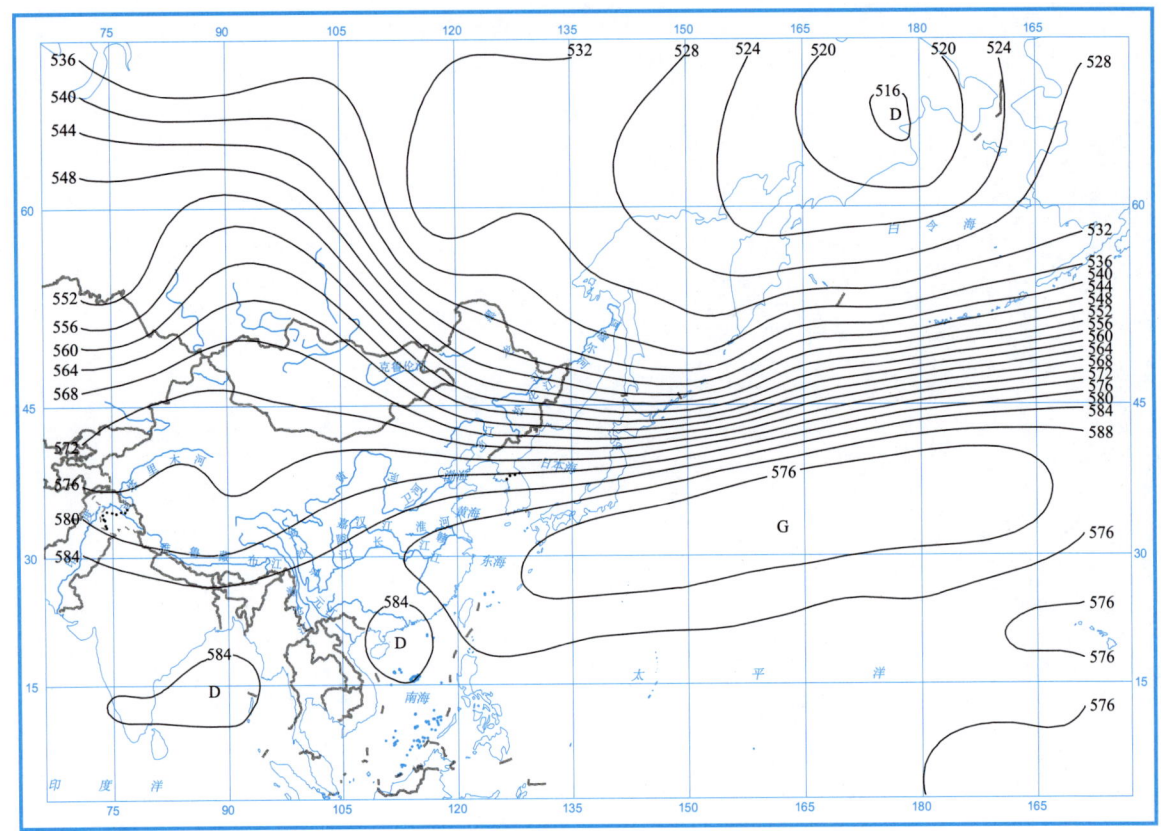

图 2.23.8　2017 年 10 月 15 日 20 时 500 hPa 高度场图（dagpm）

2.24 超强台风"兰恩"(Lan)

第1721号超强台风"兰恩"(Lan)是由10月15日下午位于帕劳东北约340 km的西北太平洋洋面上一个热带低压发展形成。形成后低压中心向西北方向移动,16日凌晨增强为热带风暴,移速较慢,17日下午增强为强热带风暴,强度逐渐增强,并转向偏北方向移动,18日晚间增强为台风,20日进一步增强为强台风,21日凌晨增强为超强台风,08时强度达到其生命史最大强度,中心附近最大风速为58 m/s,中心最低气压为925 hPa。之后超强台风"兰恩"移速加快,22日下午强度减弱为强台风,之后强度迅速减弱并向东北方向移动,23日凌晨在日本静冈南部沿海登陆,登陆后强度减弱为台风,并继续向东北方向移动,08时已变性为温带气旋,24日太平洋上消散。

超强台风"兰恩"是2017年强度最强的一个台风,超强台风级的维持时间为30个小时。而超强台风"泰利"(Talim)此级别的维持时间为6小时。

表2.24.1是超强台风"兰恩"(Lan)的中心位置和强度。图2.24.1~图2.24.3分别是超强台风"兰恩"(Lan)路径图、大风区域演变图和2017年10月21日08时500 hPa高度场图。

表2.24.1 1721号超强台风"兰恩"(Lan)中心位置和强度

10月15—24日

年	月	日	时	中心位置		中心气压(hPa)	最大风速(m/s)
				北纬(°N)	东经(°E)		
2017	10	15	14	8.7	137.4	1004	13
	10	15	20	9.2	136.9	1002	15
	10	16	2	9.7	136.4	998	18
	10	16	8	10.1	135.9	998	18
	10	16	14	10.5	135.2	995	20
	10	16	20	10.8	134.4	995	20
	10	17	2	10.5	133.6	995	20
	10	17	8	10.2	133	992	23
	10	17	14	10.1	132.4	985	25
	10	17	20	10.5	132.3	982	28
	10	18	2	10.9	132.4	980	30
	10	18	8	12	132.5	980	30
	10	18	14	13	132.2	980	30

(续表)

年	月	日	时	中心位置		中心气压（hPa）	最大风速（m/s）
				北纬（°N）	东经（°E）		
2017	10	18	20	14	131.4	975	33
	10	19	2	14.6	130.7	970	35
	10	19	8	15.3	130.2	965	38
	10	19	14	16.2	130.1	965	38
	10	19	20	17	130	965	38
	10	20	2	17.9	129.9	965	38
	10	20	8	18.8	130	955	42
	10	20	14	19.7	130	950	45
	10	20	20	20.3	130.2	945	48
	10	21	2	20.8	130.7	935	52
	10	21	8	21.3	131.2	925	58
	10	21	14	22.3	132	925	58
	10	21	20	23.8	132.6	930	55
	10	22	2	25.5	133.2	930	55
	10	22	8	27.8	133.7	935	52
	10	22	14	29.8	134.5	945	48
	10	22	20	32.1	136.2	955	42
	10	23	2	34.8	138.1	960	40
△	10	23	8	37.2	141.4	975	30
	10	23	14	41	146.2	980	25
	10	23	20	42.6	150.3	980	25
	10	24	2	44	155.4	990	20
				消散			

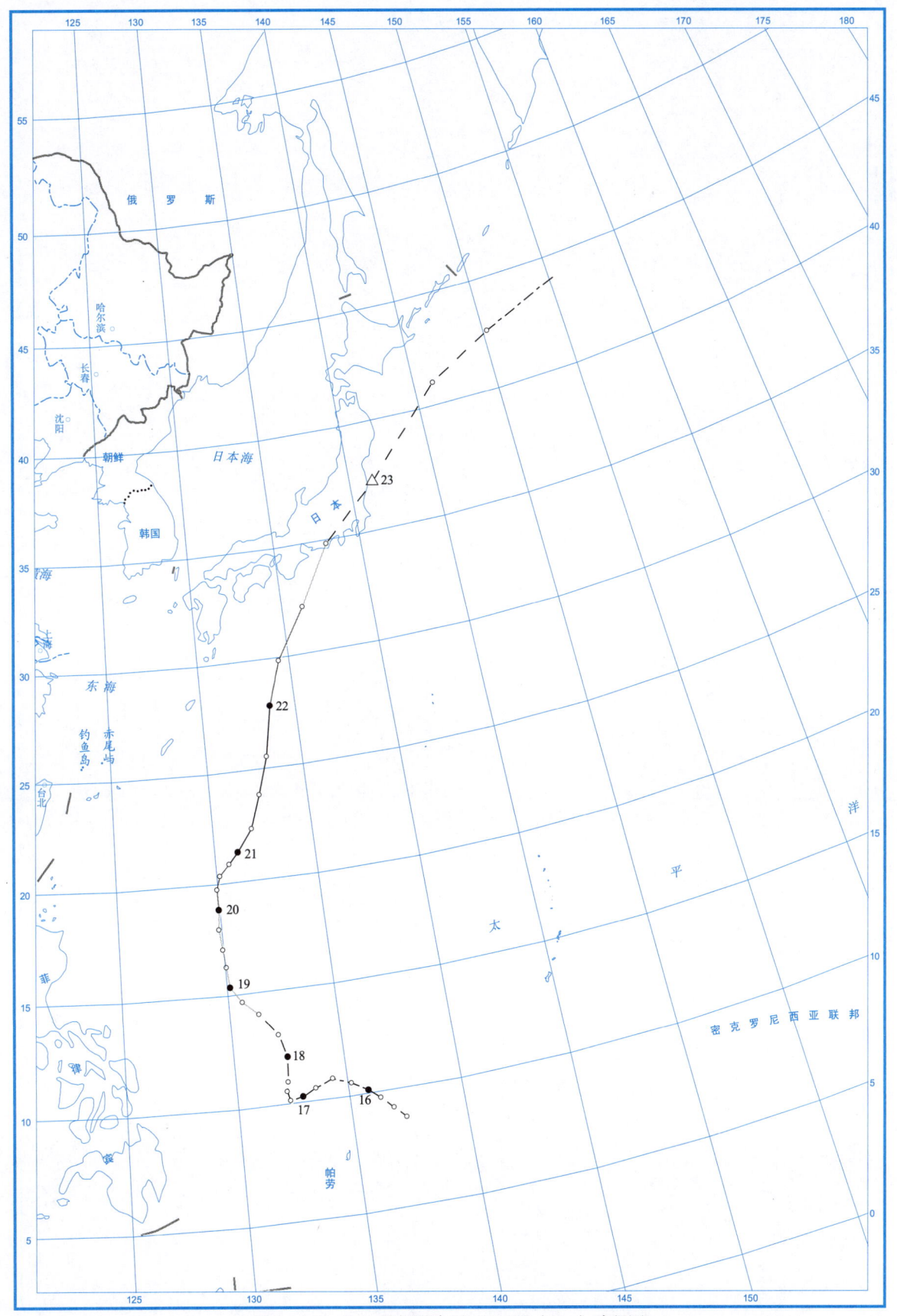

图 2.24.1　1721 号超强台风"兰恩"(Lan)路径图

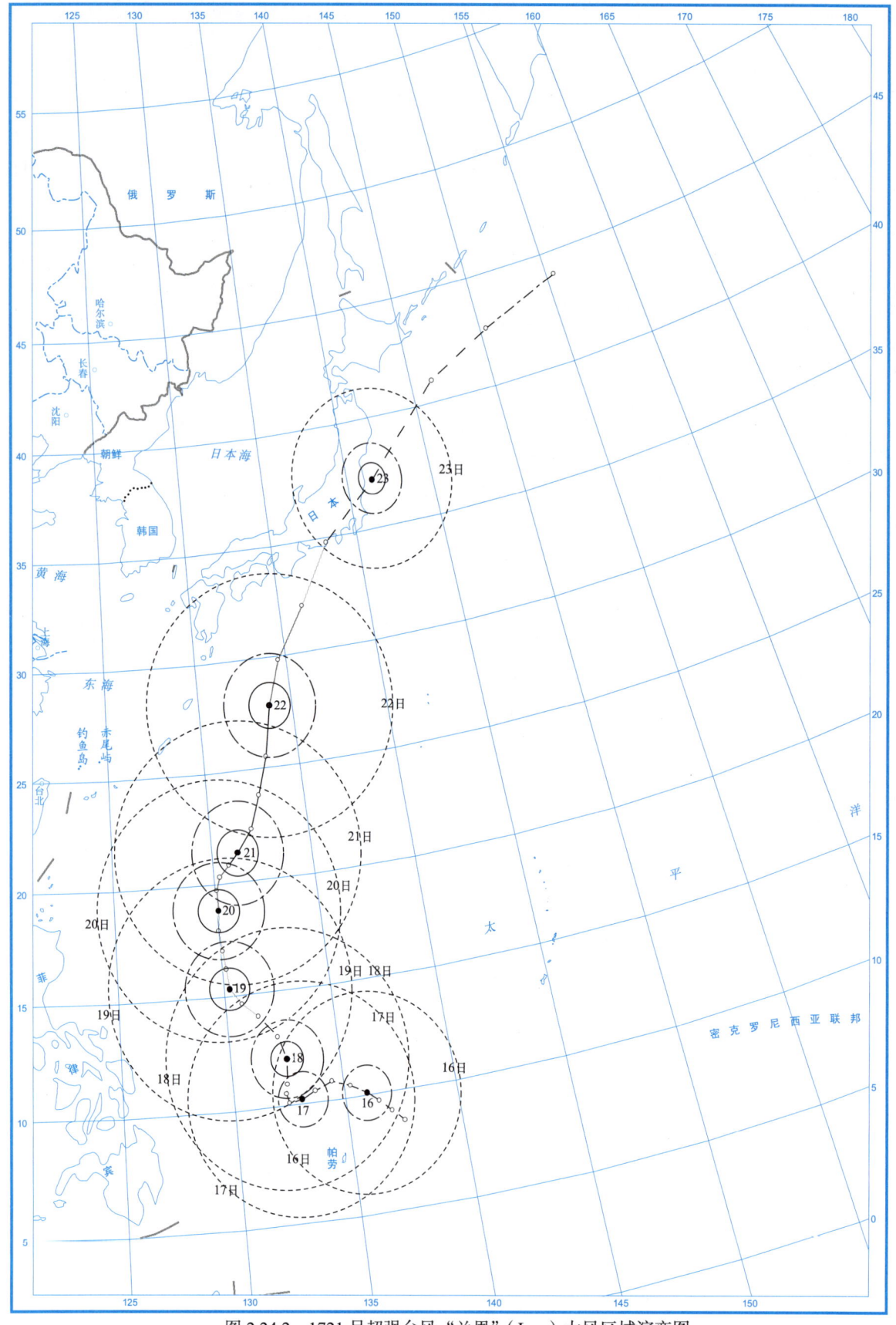

图 2.24.2　1721 号超强台风"兰恩"（Lan）大风区域演变图

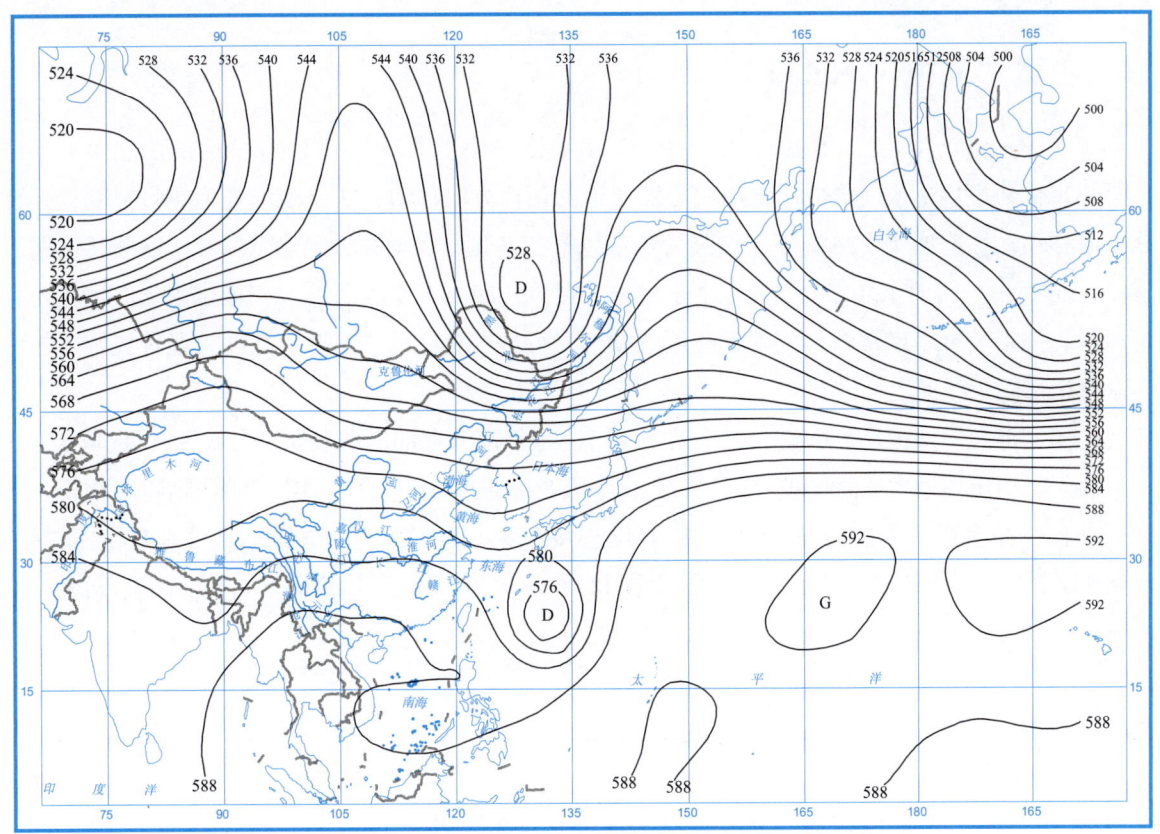

图 2.24.3　2017 年 10 月 21 日 08 时 500 hPa 高度场图（dagpm）

2.25 台风"苏拉"(Saola)

第1722号台风"苏拉"(Saola)是由10月22日下午位于关岛东南约600 km的西北太平洋洋面上一个热带低压发展形成。形成后低压中心缓慢地向偏西方向移动,23日晚增强为热带风暴,并转向西北方向移动,移速加快,24日下午增强为热带风暴,27日早晨增强为强热带风暴,晚间转向偏北方向移动,28日上午转向东北方向移动,下午增强为台风,29日早晨在日本九州南部附近海域减弱为强热带风暴,并沿着日本南部海岸线附近海域继续东北行,当晚台风"苏拉"变性为温带气旋,之后在日本东京南部附近洋面上消散。

受台风"苏拉"外围环流影响,10月27—28日,浙江沿海大部出现最大风力6～7级、阵风7～8级;浙江大陈岛出现最大风力7级(14.0 m/s)、阵风8级(19.7 m/s),为本次台风影响时的风极值。

表2.25.1是台风"苏拉"(Saola)的中心位置和强度。图2.25.1～图2.25.4分别是台风"苏拉"(Saola)路径图、大风分布图、大风区域演变图和2017年10月29日02时500 hPa高度场图。

表2.25.1 1722号台风"苏拉"(Saola)中心位置和强度

10月22—29日

年	月	日	时	中心位置		中心气压 (hPa)	最大风速 (m/s)
				北纬(°N)	东经(°E)		
2017	10	22	14	9.2	148.2	1002	13
	10	22	20	9	148.2	1002	13
	10	23	2	9	148	1002	13
	10	23	8	9.1	147.7	1002	13
	10	23	14	9.2	147.4	1002	13
	10	23	20	9.4	146.8	1002	13
	10	24	2	10.5	145.6	1000	15
	10	24	8	11.8	143.9	1000	15
	10	24	14	13.2	141.9	998	18
	10	24	20	14	139.6	998	18
	10	25	2	13.6	136.9	998	18
	10	25	8	14.3	135.8	995	20
	10	25	14	15.5	135.3	995	20
	10	25	20	16.6	134.5	995	20
	10	26	2	17.1	133.5	990	23

(续表)

年	月	日	时	中心位置		中心气压（hPa）	最大风速（m/s）
				北纬（°N）	东经（°E）		
2017	10	26	8	17.7	132.6	990	23
	10	26	14	18.6	132.1	990	23
	10	26	20	19.6	131.2	990	23
	10	27	2	20.4	130.4	990	23
	10	27	8	21.5	129.8	985	25
	10	27	14	22.6	129	985	25
	10	27	20	23.7	128.3	982	28
	10	28	2	24.2	128.2	982	28
	10	28	8	25.6	128	980	30
	10	28	14	27.1	128.4	975	33
	10	28	20	28.4	129.3	975	33
	10	29	2	30	130.4	975	33
	10	29	8	31.2	132.9	980	30
	10	29	14	32.3	135.6	980	30
△	10	29	20	34.3	140	990	25
				消散			

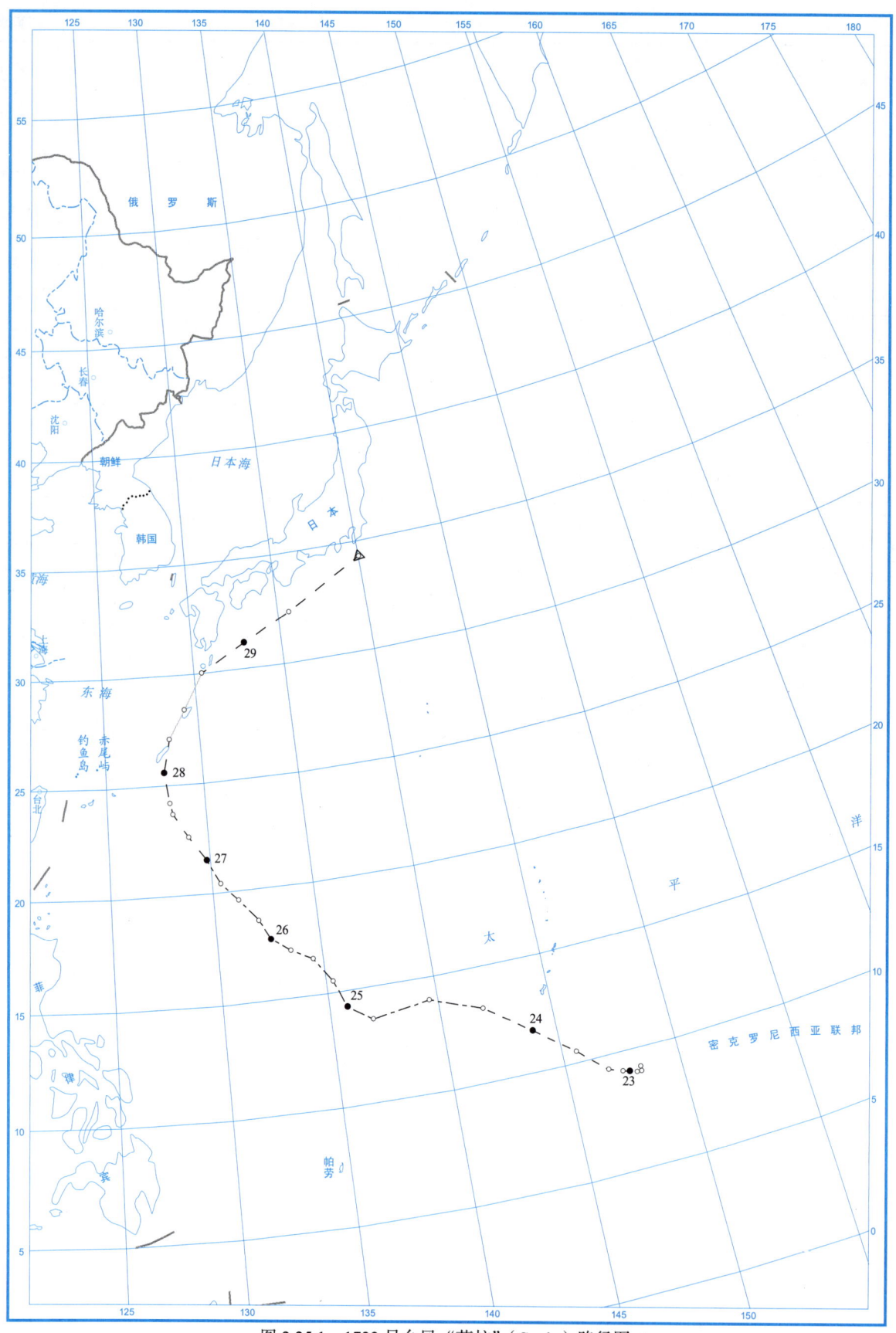

图 2.25.1　1722 号台风"苏拉"(Saola)路径图

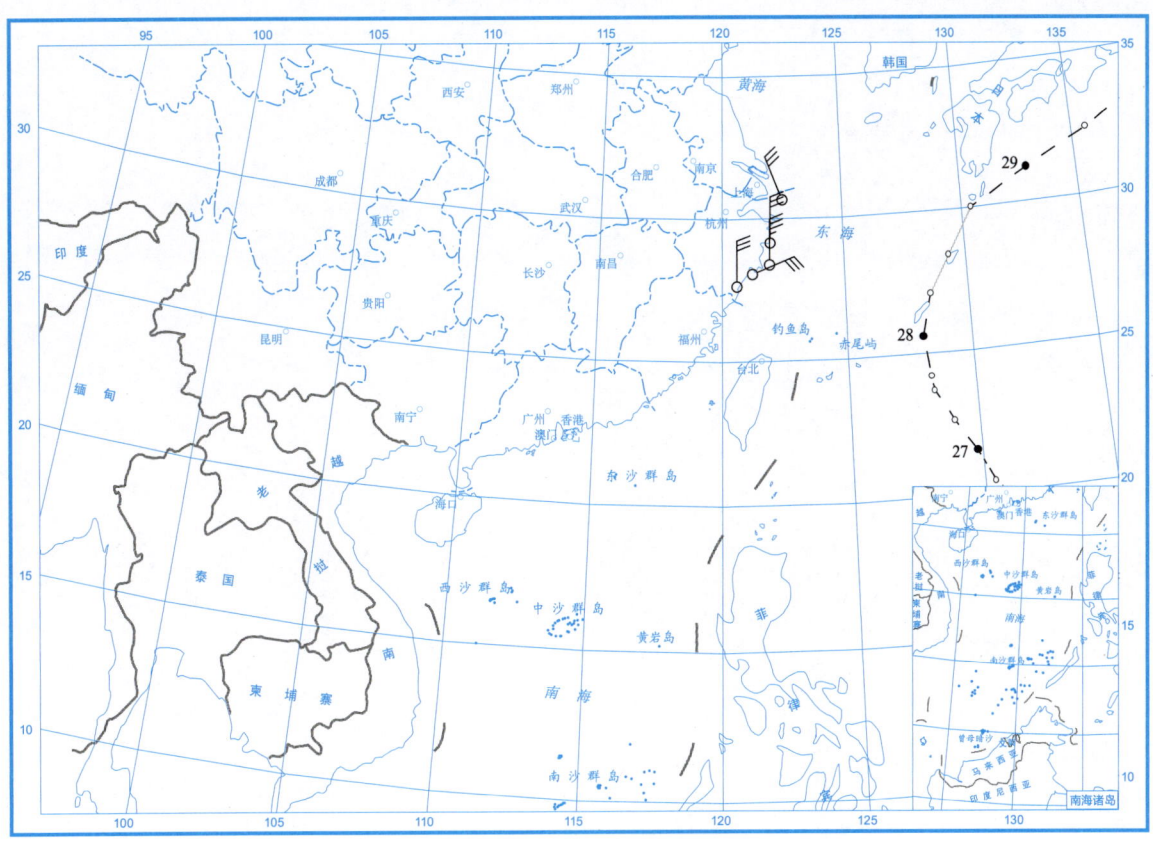

图 2.25.2　1722 号台风 "苏拉"（Saola）大风分布图（10 月 27—28 日）

热带气旋年鉴2017

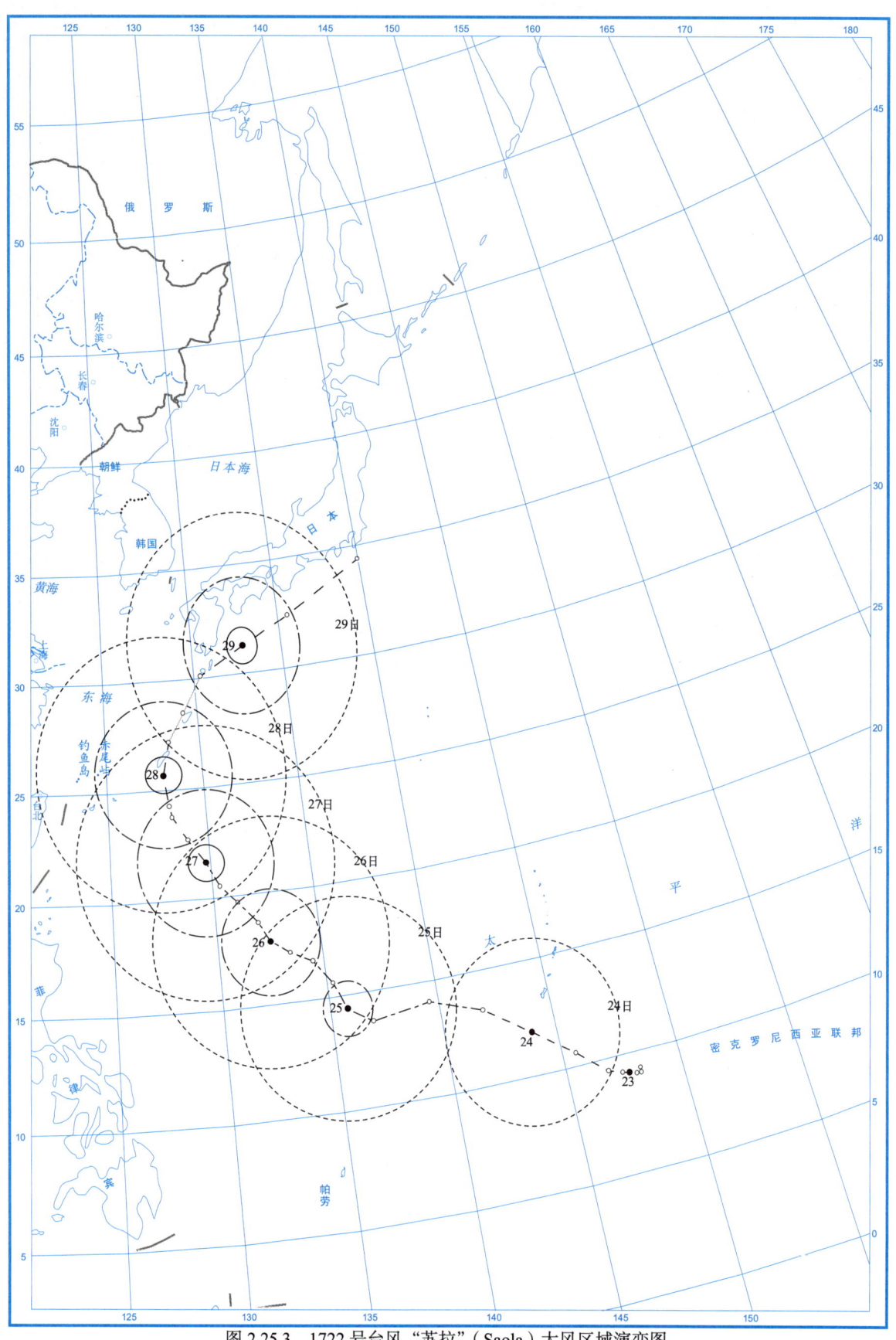

图 2.25.3　1722 号台风"苏拉"（Saola）大风区域演变图

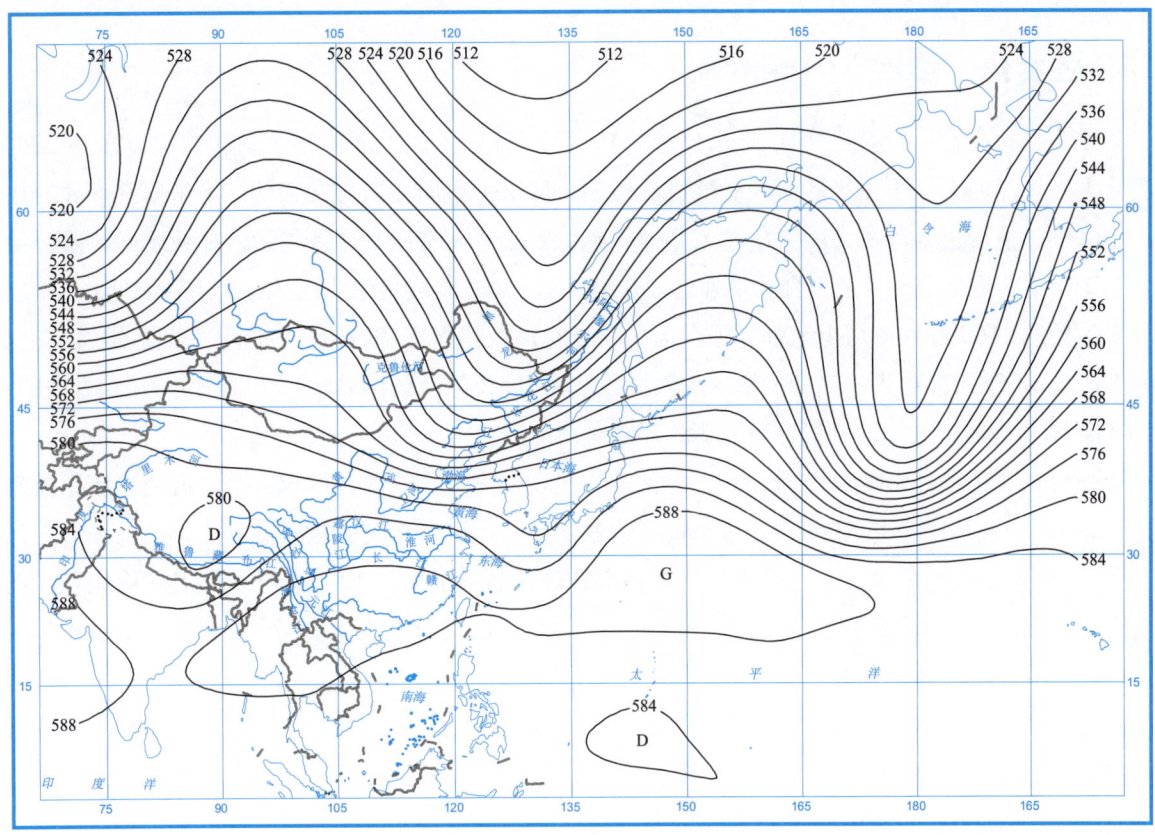

图 2.25.4　2017 年 10 月 29 日 02 时 500 hPa 高度场图（dagpm）

2.26 强台风"达维"(Damrey)

第1723号强台风"达维"(Damrey)是由10月31日早晨位于菲律宾萨马岛南端以东约250 km的西北太平洋洋面上一个热带低压发展形成。形成后低压中心向偏西方向移动,下午横穿菲律宾中南部,11月1日清晨进入苏禄海,下午进入南海海域,2日早晨增强为热带风暴,并继续向偏西方向移动,逐渐向越南南部沿海靠近,夜间增强为强热带风暴,3日早晨增强为台风,4日凌晨在距越南富安省沿海附近约110 km的海域上增强为强台风,于8时前在越南庆和省沿海登陆。登陆后继续向西移,强度迅速减弱,下午减弱为强热带风暴后进入柬埔寨境内,夜间减弱为热带风暴,并转向西北方向移动,15日凌晨减弱为热带低压,上午在柬埔寨北部境内消散。

受强台风"达维"影响,11月4日,海南东方出现最大风力6级、阵风8级;海南三亚出现最大风力8级(17.7 m/s)、阵风10级(27.9 m/s),为本次超强台风影响时的风极值。

受其影响,11月2—4日,海南万宁、西沙岛和珊瑚岛总雨量为10～79 mm;其中海南珊瑚岛总雨量为78.1 mm,3日雨量39.6 mm,3日15时雨量14.6 mm,分别为本次强台风影响时的总雨量、日雨量和时雨量极值。

表2.26.1是强台风"达维"(Damrey)的中心位置和强度。图2.26.1～图2.26.6分别是强台风"达维"(Damrey)路径图、总降水日数图、大风分布图、总降水量图、大风区域演变图和2017年11月4日02时500 hPa高度场图。

表2.26.1 1723号强台风"达维"(Damrey)中心位置和强度

10月31日—11月5日

年	月	日	时	中心位置		中心气压（hPa）	最大风速（m/s）
				北纬（°N）	东经（°E）		
2017	10	31	8	11.1	127.8	1008	13
	10	31	14	10.9	125.9	1008	13
	10	31	20	11.1	124	1005	15
	11	1	2	11.3	122.4	1005	15
	11	1	8	11.6	121.3	1005	15
	11	1	14	11.7	120.3	1005	15
	11	1	20	11.8	119.2	1005	15
	11	2	2	12.1	118.2	1005	15
	11	2	8	12.5	117.5	998	18
	11	2	14	12.9	116.8	995	20

(续表)

年	月	日	时	中心位置		中心气压 （hPa）	最大风速 （m/s）
				北纬（°N）	东经（°E）		
2017	11	2	20	12.9	115.5	988	25
	11	3	2	12.7	114.3	985	28
	11	3	8	12.7	113.5	975	33
	11	3	14	12.8	112.7	970	35
	11	3	20	12.9	111.6	965	38
	11	4	2	12.8	110.3	955	42
	11	4	8	12.6	109.1	965	38
	11	4	14	12.5	108	985	28
	11	4	20	12.5	106.4	1000	18
	11	5	2	13.3	105.5	1004	15
	11	5	8	14	104.6	1008	13
	消散						

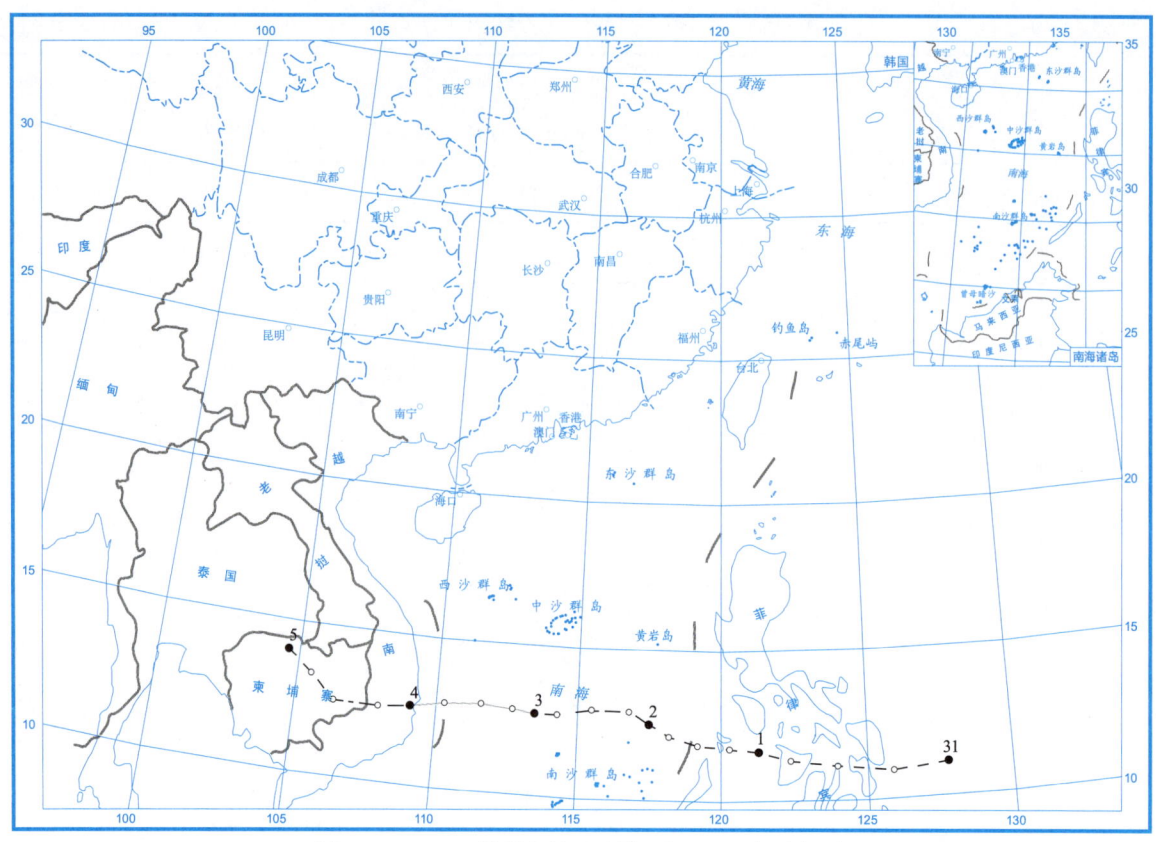

图 2.26.1　1723 号强台风"达维"(Damrey)路径图

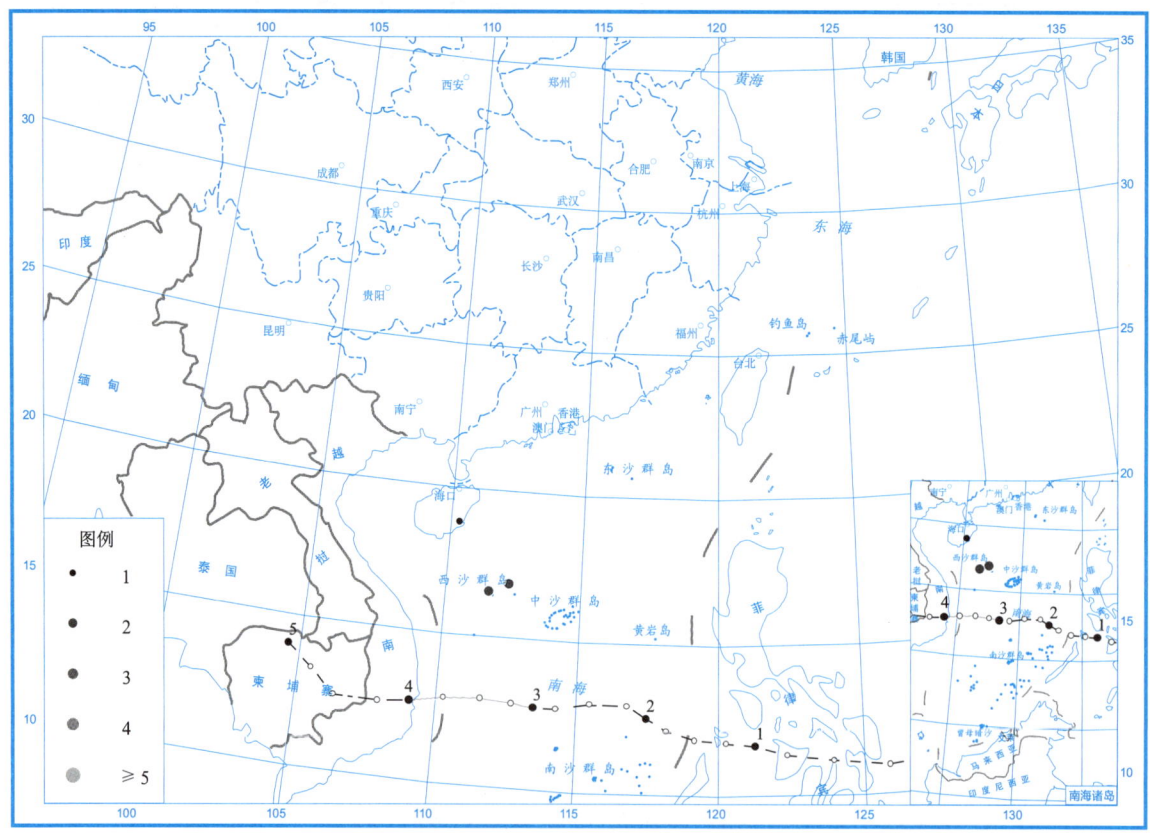

图 2.26.2　1723 号强台风"达维"(Damrey)总降水日数图(11月2—4日)(天)

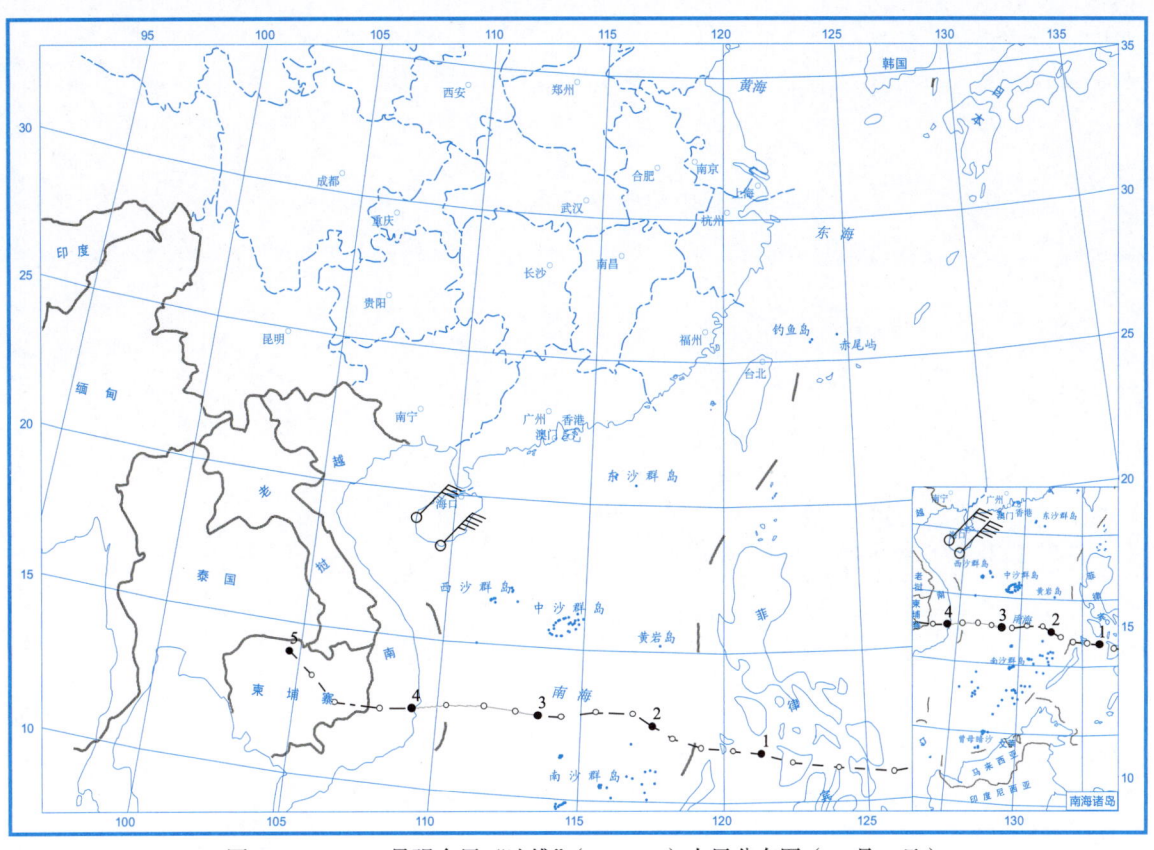

图 2.26.3　1723 号强台风"达维"（Damrey）大风分布图（11 月 4 日）

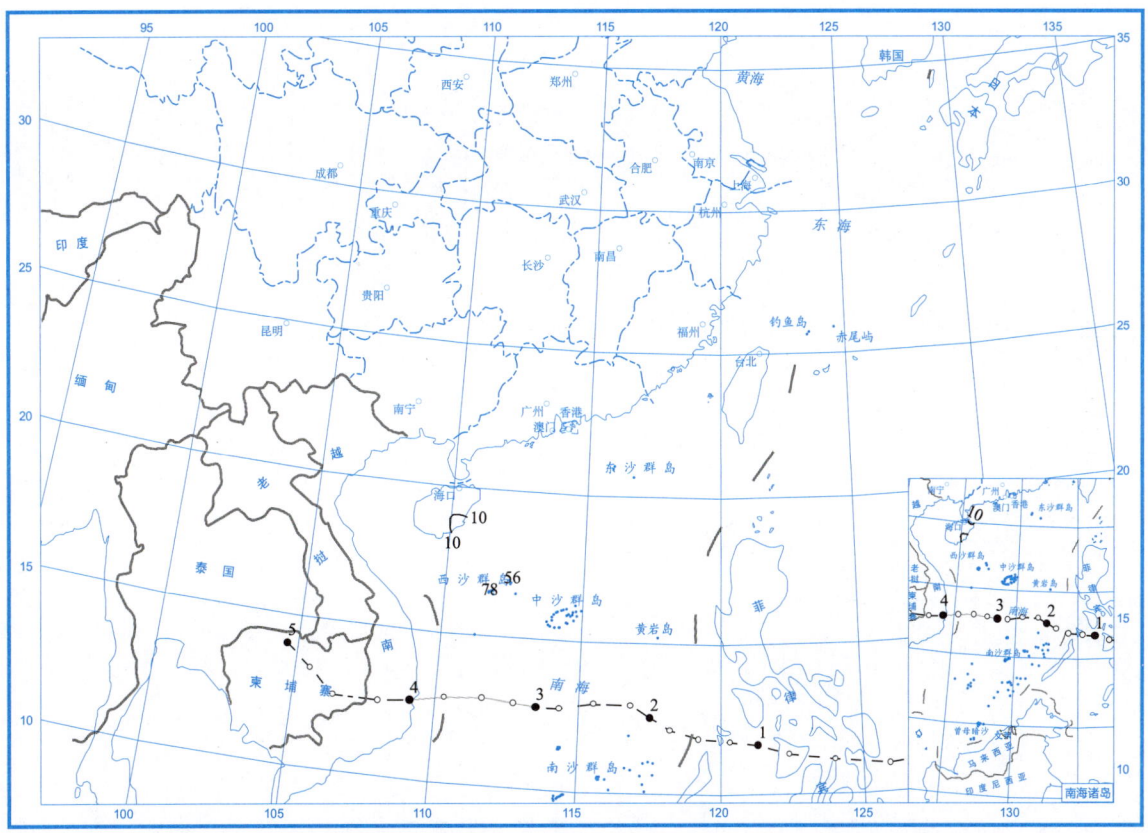

图 2.26.4　1723 号强台风"达维"（Damrey）总降水量图（11 月 2—4 日）（mm）

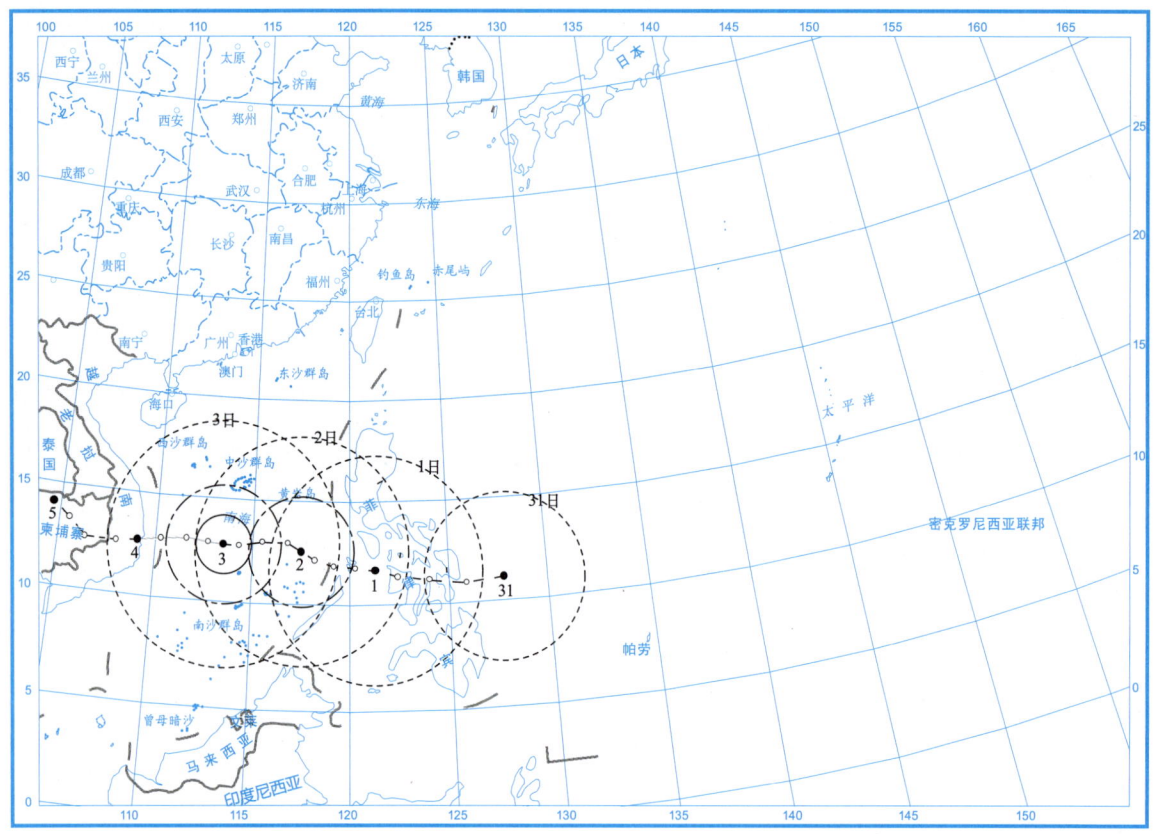

图 2.26.5　1723 号强台风"达维"(Damrey)大风区域演变图

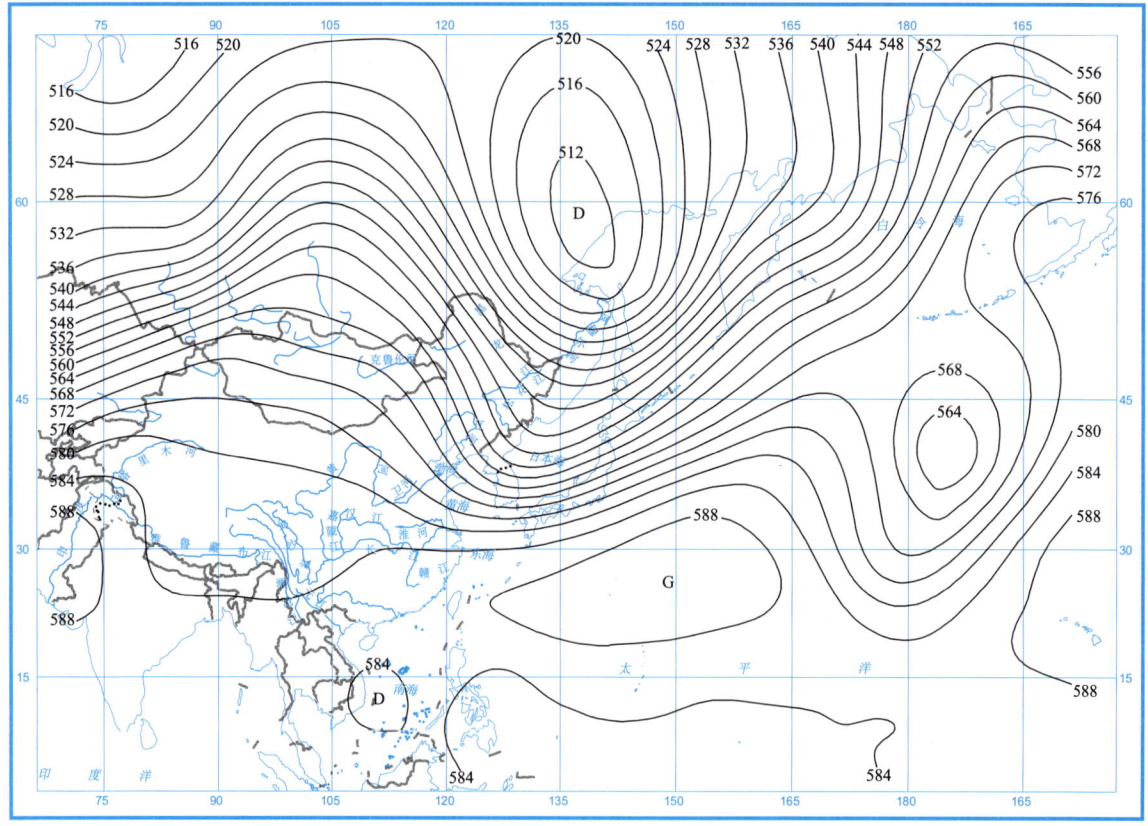

图 2.26.6　2017 年 11 月 4 日 02 时 500 hPa 高度场图（dagpm）

2.27 热带风暴"海葵"(Haikui)

第1724号热带风暴"海葵"(Haikui)是由11月8日凌晨位于帕劳西北约450 km的西北太平洋洋面上一个热带低压发展形成。形成后低压中心向偏西方向移动,9日凌晨在菲律宾萨马岛登陆,登陆后向西北偏西方向移动,经过菲律宾中北部后于10日进入南海海域,08时在南海海域增强为热带风暴,10日下午转向西方向移动,11日在中沙群岛北部海域转向偏西方向移动,12日经过西沙群岛北部海域,夜间减弱为热带低压,13日在距海南省南部沿海附近约100 km的海域上消散。

受热带风暴海葵(Haikui)影响,11月10—11日,海南三亚出现最大风力6级(13.3 m/s)、阵风8级(18.9 m/s),为本次影响过程的风极值。

受其影响,11月11—13日,海南中东部部分、广东珠江口附近及东南部、广西灵山、福建东南部总雨量为10~50 mm;海南琼海和万宁总雨量为50~99 mm,其中万宁总雨量98.7 mm,13日雨量93.2 mm,13日08时雨量28.6 mm,分别为本次热带风暴"海葵"(Haikui)影响时的总雨量、日雨量及时雨量极值。

表2.27.1是热带风暴"海葵"(Haikui)的中心位置和强度。图2.27.1~图2.27.6分别是热带风暴"海葵"(Haikui)路径图、总降水日数图、大风分布图、总降水量图、大风区域演变图和2017年11月12日14时500 hPa高度场图。

表2.27.1 1724号热带风暴"海葵"(Haikui)中心位置和强度

11月8—13日

年	月	日	时	中心位置		中心气压 (hPa)	最大风速 (m/s)
				北纬(°N)	东经(°E)		
2017	11	8	2	10.6	132.2	1006	13
	11	8	8	10.8	130.5	1006	13
	11	8	14	11	128.8	1006	13
	11	8	20	11.4	127	1006	13
	11	9	2	12.2	125.4	1004	15
	11	9	8	12.7	124.1	1004	15
	11	9	14	13.2	122.8	1004	15
	11	9	20	13.8	121.5	1004	15
	11	10	2	14.2	120.3	1002	15
	11	10	8	15	119.2	998	18
	11	10	14	16	118.3	998	18

(续表)

年	月	日	时	中心位置		中心气压（hPa）	最大风速（m/s）
				北纬（°N）	东经（°E）		
2017	11	10	20	16.8	117.7	995	20
	11	11	2	17.2	116.9	995	20
	11	11	8	17.7	115.9	990	23
	11	11	14	17.9	114.9	990	23
	11	11	20	17.9	114.2	990	23
	11	12	2	17.8	113.5	995	20
	11	12	8	17.8	112.9	998	18
	11	12	14	17.6	112.3	998	18
	11	12	20	17.5	111.8	1006	13
	11	13	2	17.5	111.2	1006	13
	11	13	8	17.5	110.6	1006	13
	11	13	14	17.4	110	1006	13
	消散						

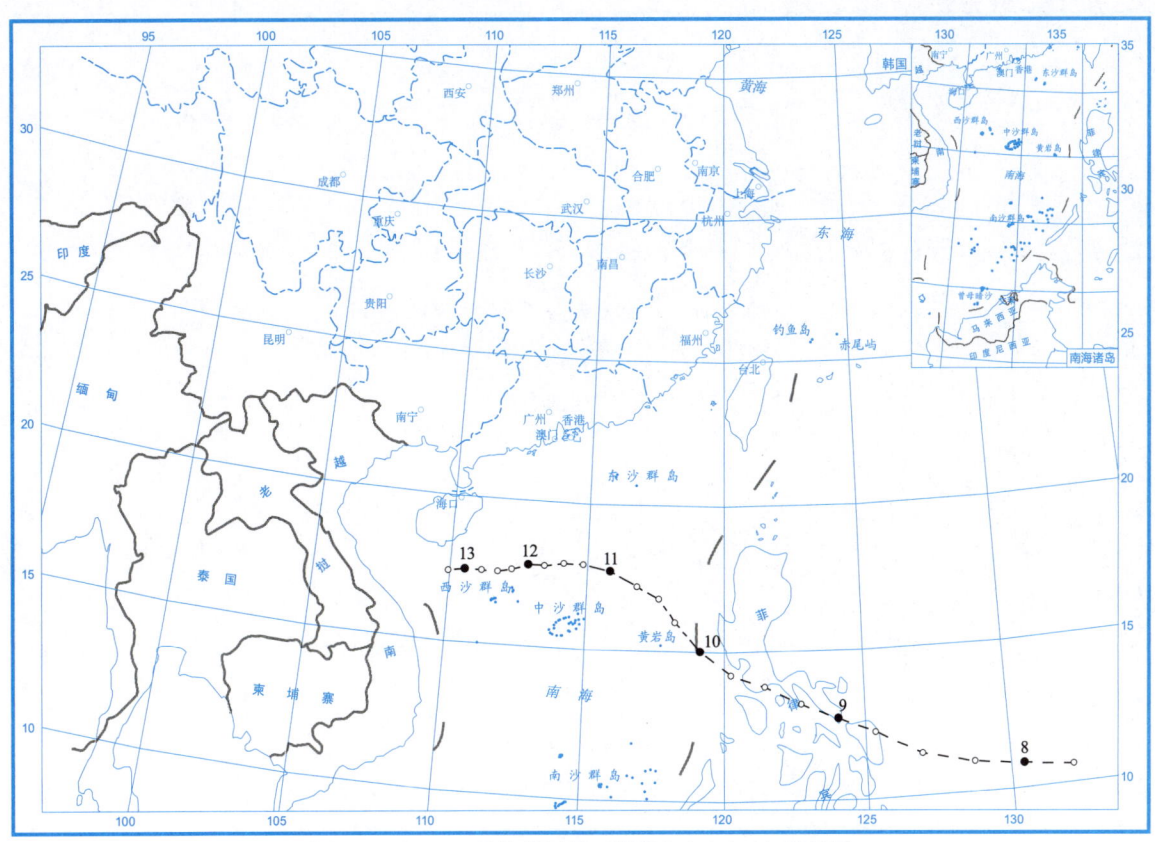

图 2.27.1　1724 号热带风暴"海葵"(Haikui)路径图

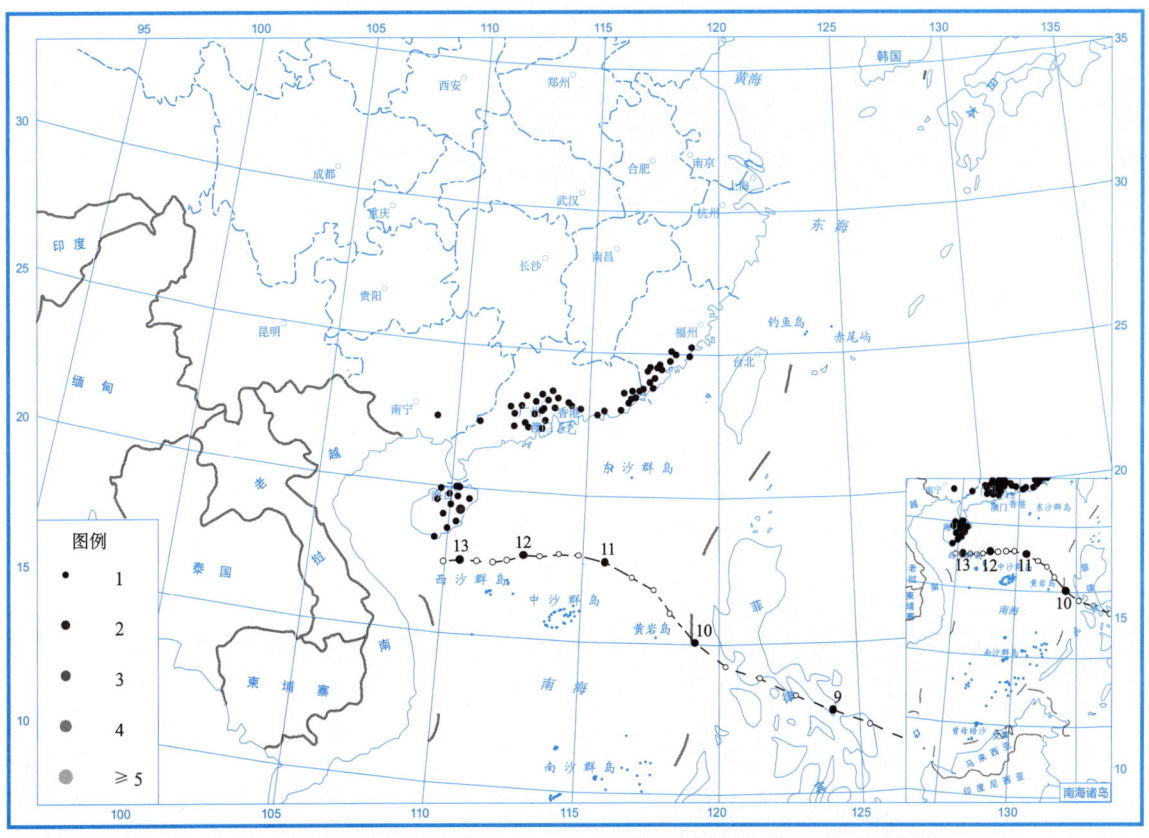

图 2.27.2　1724 号热带风暴"海葵"(Haikui)总降水日数图(11月11—13日)(天)

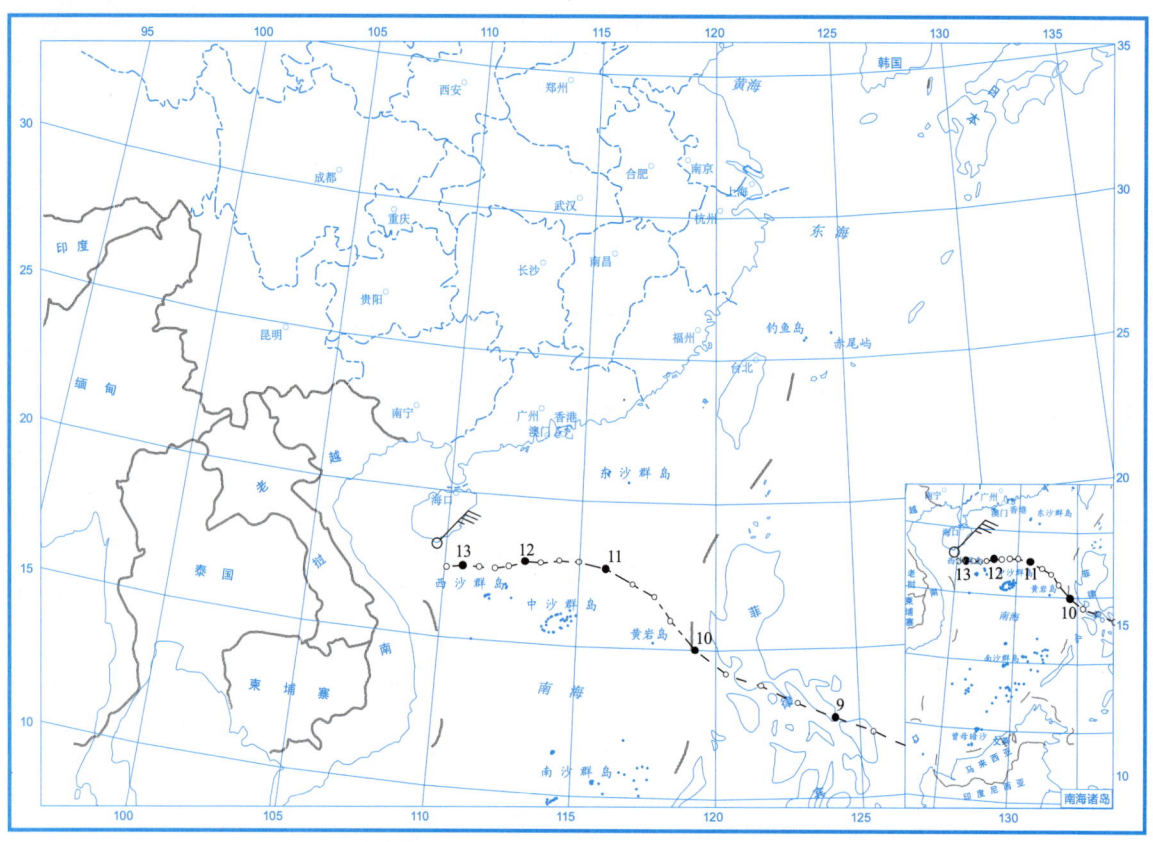

图 2.27.3　1724 号热带风暴"海葵"（Haikui）大风分布图（11 月 10—11 日）

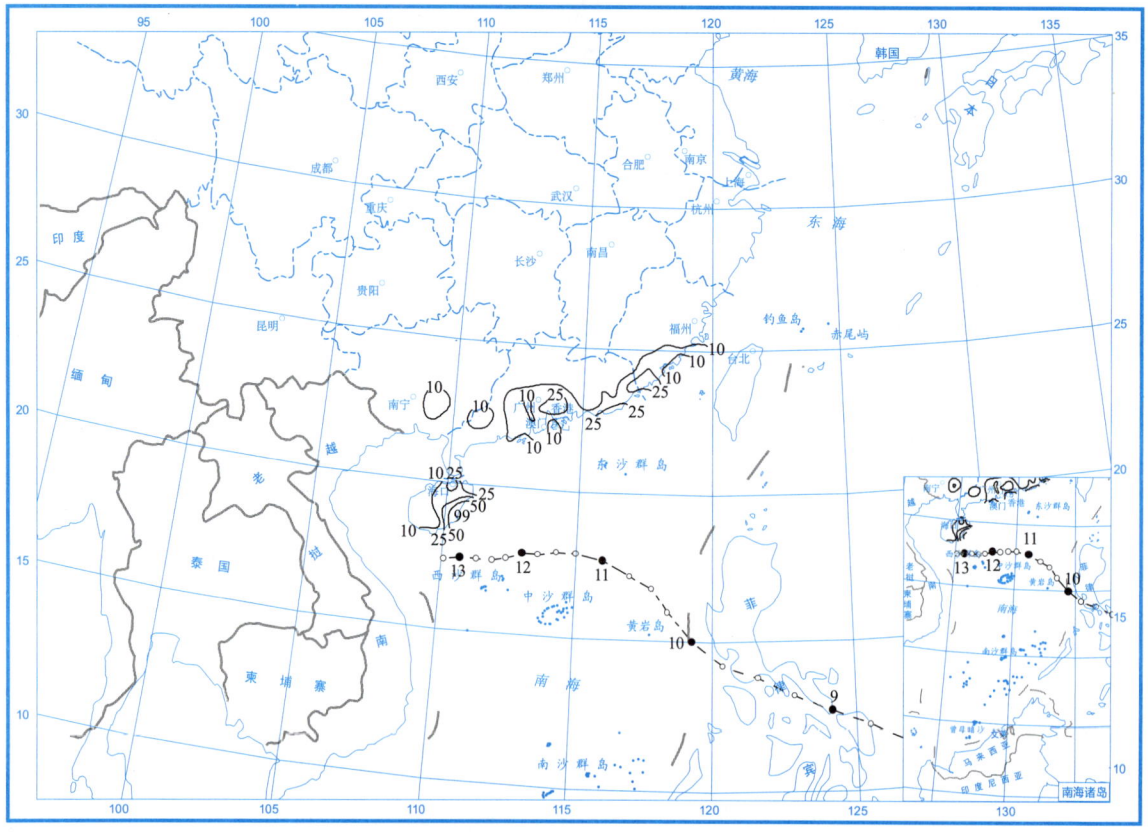

图 2.27.4　1724 号热带风暴"海葵"（Haikui）总降水量图（11 月 11—13 日）（mm）

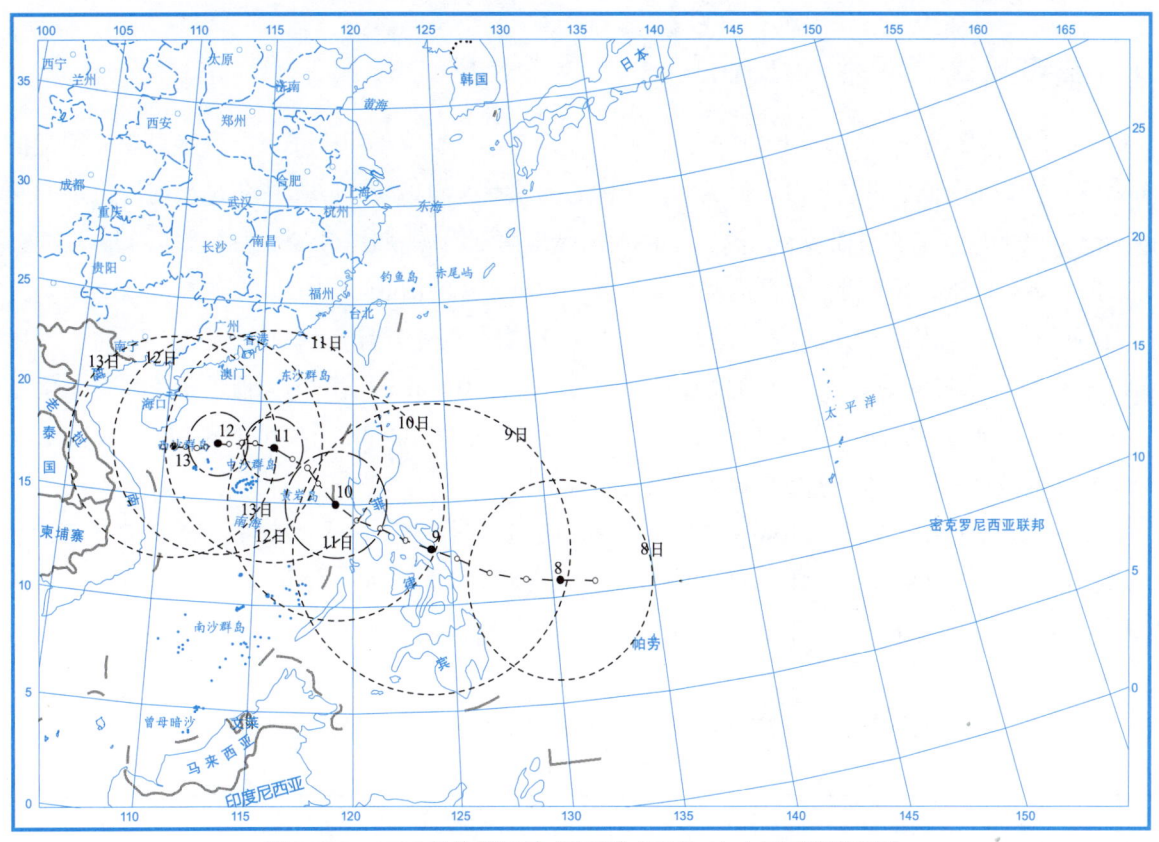

图 2.27.5　1724 号热带风暴 "海葵"（Haikui）大风区域演变图

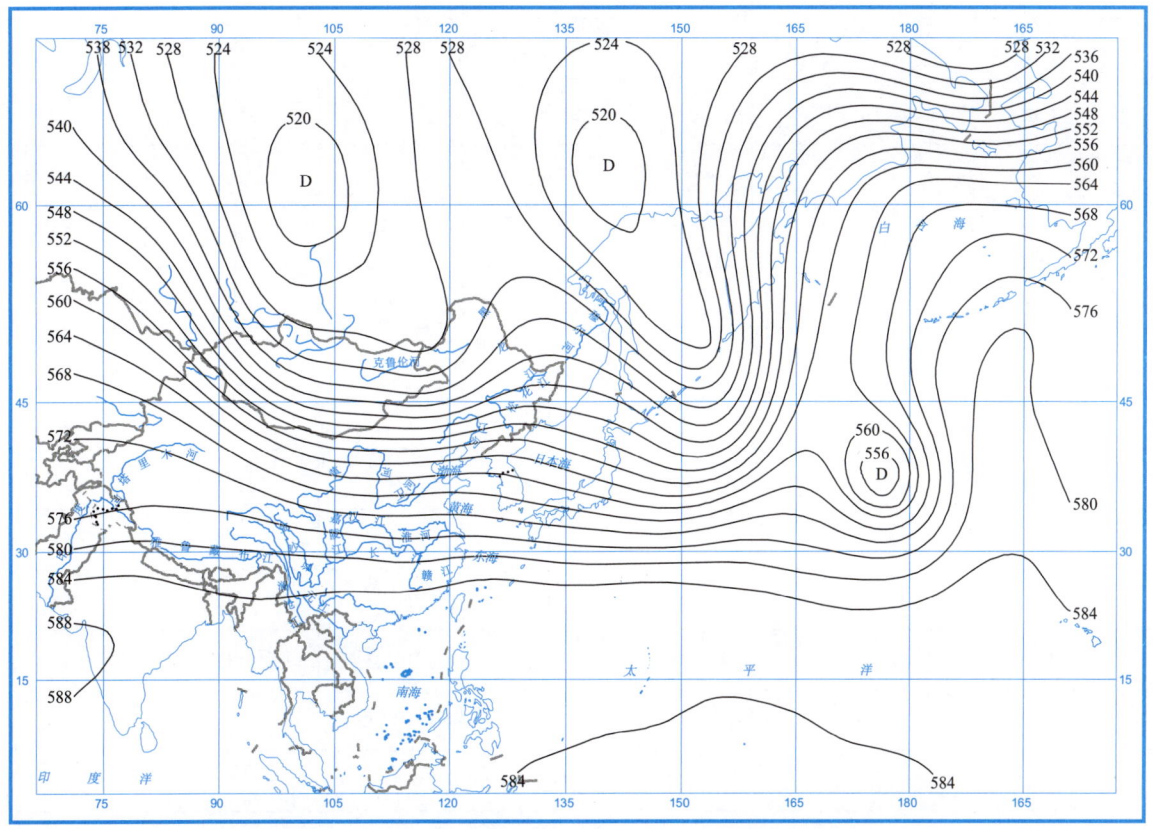

图 2.27.6　2017 年 11 月 12 日 14 时 500 hPa 高度场图（dagpm）

2.28 热带风暴"鸿雁"(Kirogi)

第1725号热带风暴"鸿雁"(Kirogi)是由11月17日下午位于菲律宾三宝颜半岛以东附近的莫罗湾海域上一个热带低压发展形成。形成后低压中心向西北方向移动,17日中午进入南海,18日早晨增强为热带风暴,下午转向偏西方向移动,逐渐向越南南部沿海靠近。19日早晨转向西北方向移动,下午减弱为热带低压,并在越南南部沿海登陆,登陆后迅速减弱消散。

受热带风暴"鸿雁"(Kirogi)影响,11月18—20日,海南珊瑚、海南岛部分、广西东南部部分、广东局部、湖南南部局部、江西赣县总雨量为10~50 mm;海南东南部部分及临高总雨量为50~116 mm。海南万宁总雨量207.4 mm,20日万宁日雨量达202.9 mm,14时雨量为49.4 mm,分别为本次热带风暴影响时的总雨量、日雨量及时雨量极值。

表2.28.1是热带风暴"鸿雁"(Kirogi)的中心位置和强度。图2.28.1~图2.28.5分别是热带风暴"鸿雁"(Kirogi)的路径图、总降水日数图、总降水量图、大风区域演变图和2017年11月18日14时500 hPa高度场图。

表 2.28.1 1725号热带风暴"鸿雁"(Kirogi)中心位置和强度

11月17—19日

年	月	日	时	中心位置		中心气压 (hPa)	最大风速 (m/s)
				北纬(°N)	东经(°E)		
2017	11	17	2	7.3	122.5	1006	13
	11	17	8	8.7	120	1006	13
	11	17	14	9.9	118.2	1004	15
	11	17	20	10.2	117	1004	15
	11	18	2	10.5	116	1004	15
	11	18	8	11	114.8	1000	18
	11	18	14	11.3	113.3	1000	18
	11	18	20	11.1	112.5	1000	18
	11	19	2	10.8	111.7	1000	18
	11	19	8	10.7	110.7	1000	18
	11	19	14	11.3	109.3	1002	15
	11	19	20	12	107.8	1006	13
				消散			

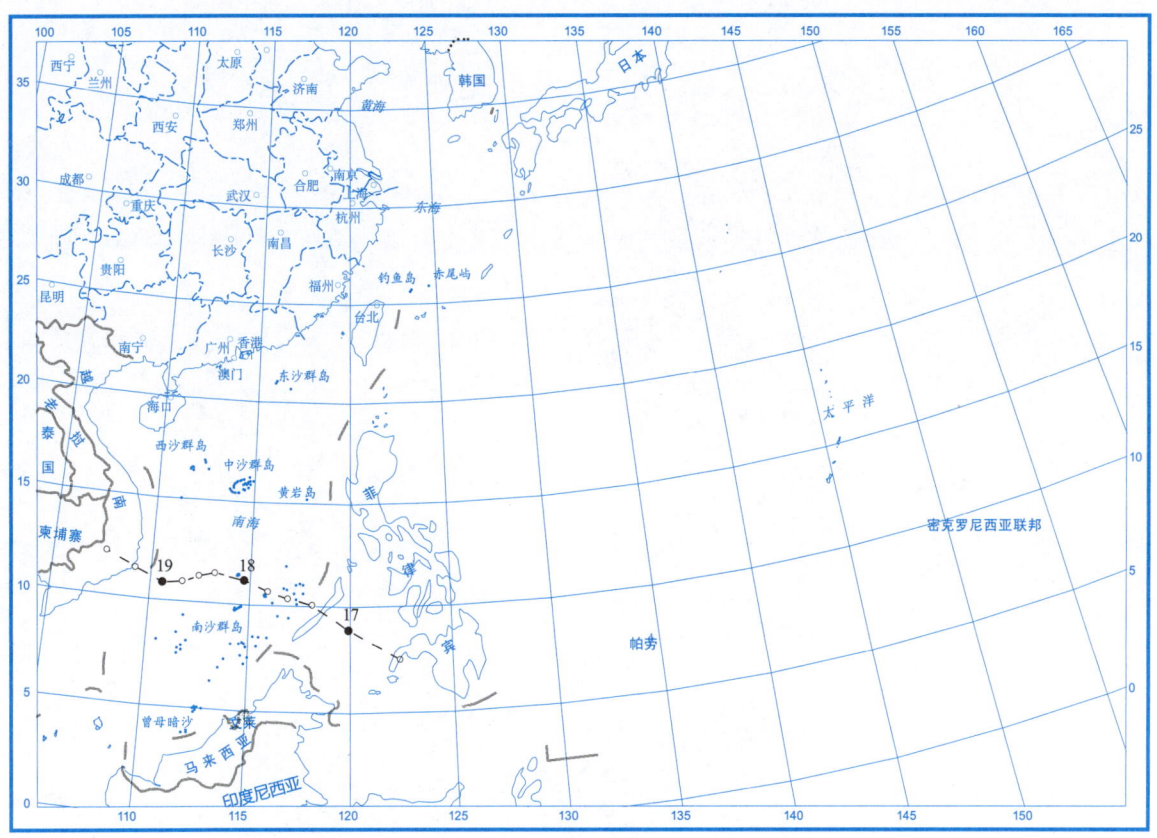

图 2.28.1　1725 号热带风暴"鸿雁"(Kirogi)路径图

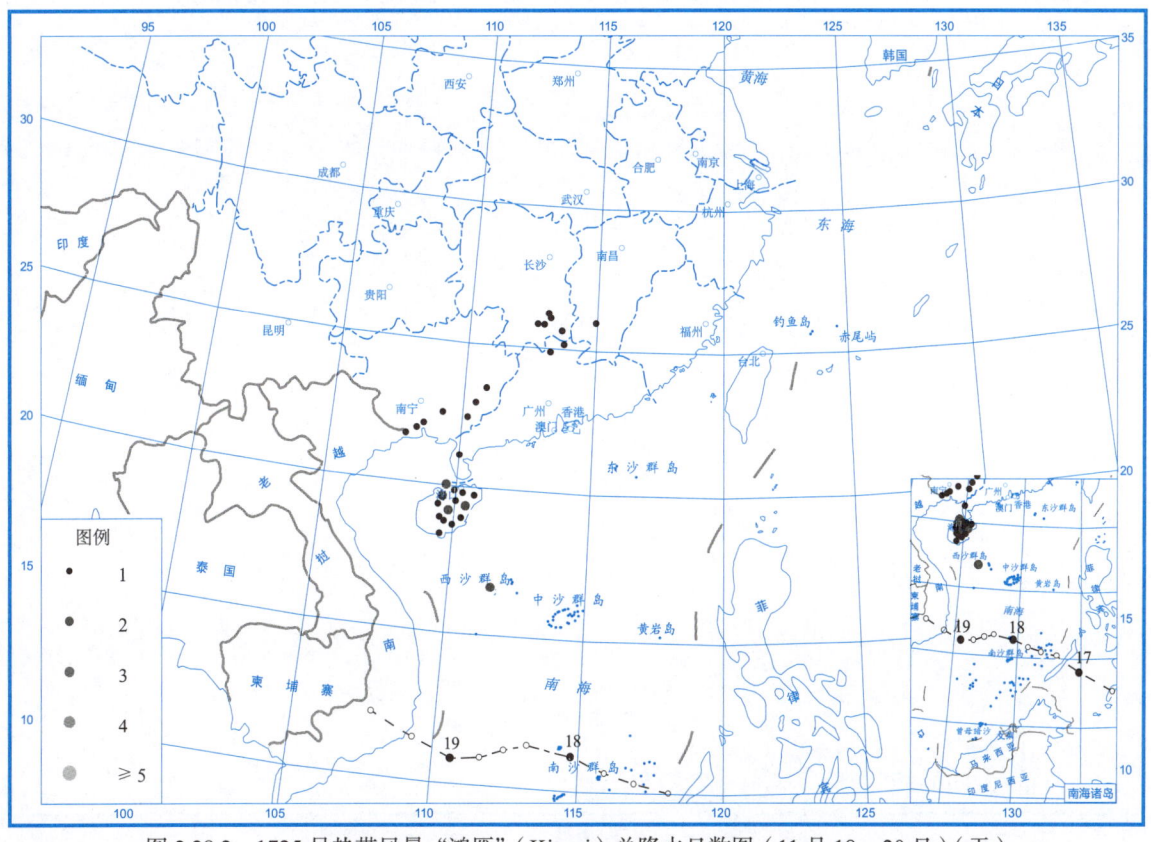

图 2.28.2　1725 号热带风暴"鸿雁"(Kirogi)总降水日数图（11 月 18—20 日）（天）

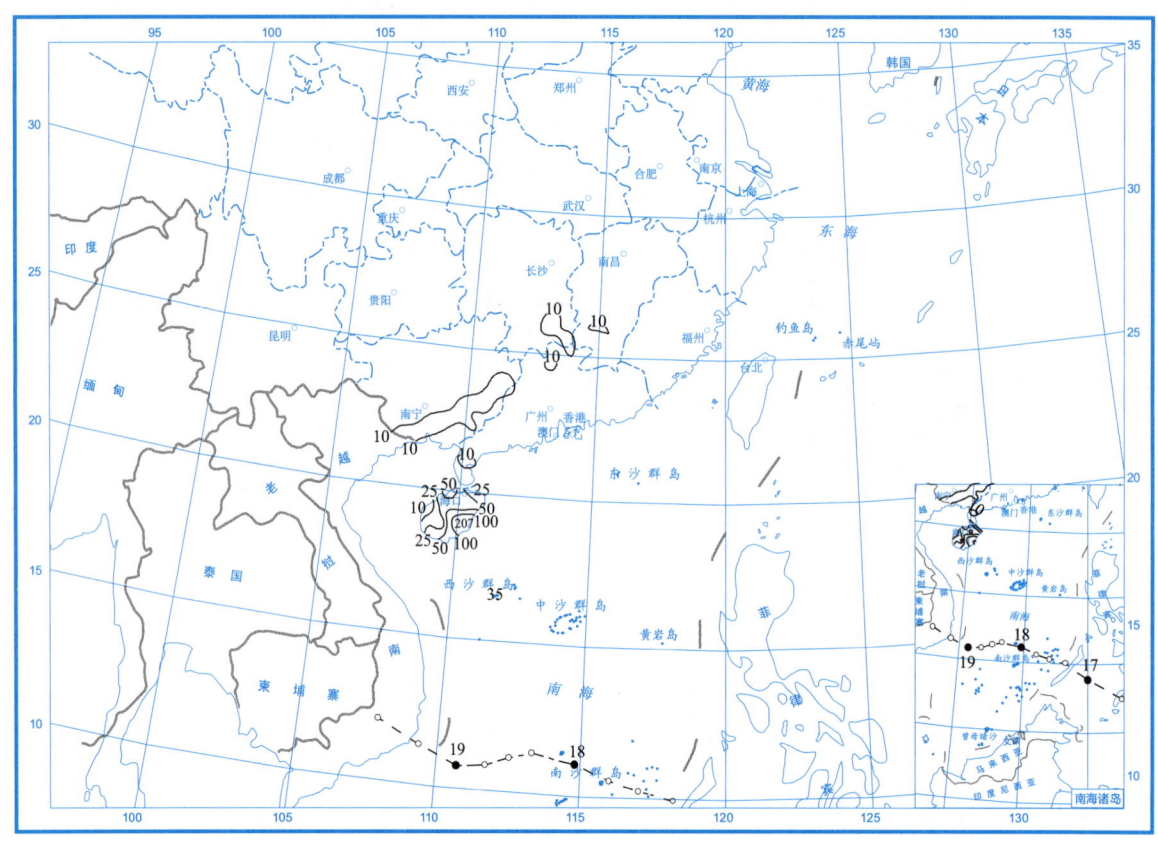

图 2.28.3　1725 号热带风暴"鸿雁"(Kirogi)总降水量图（11 月 18—20 日）(mm)

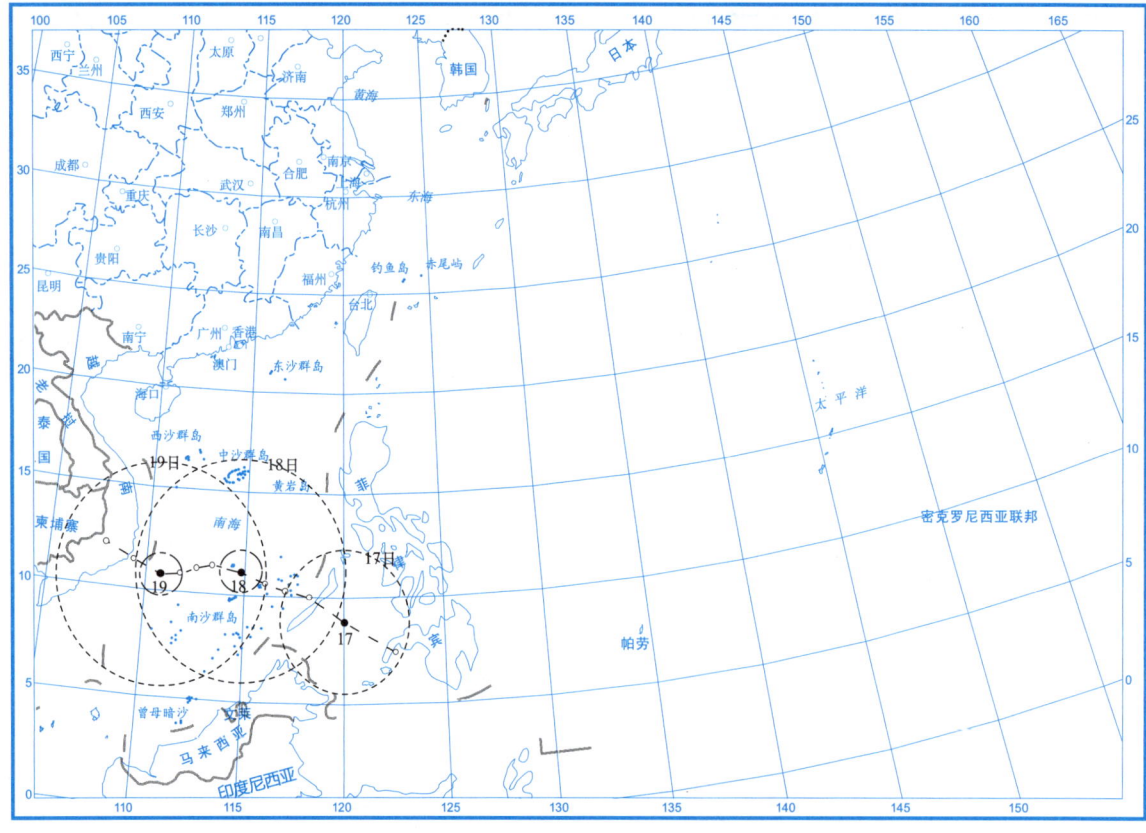

图 2.28.4　1725 号热带风暴"鸿雁"(Kirogi)大风区域演变图

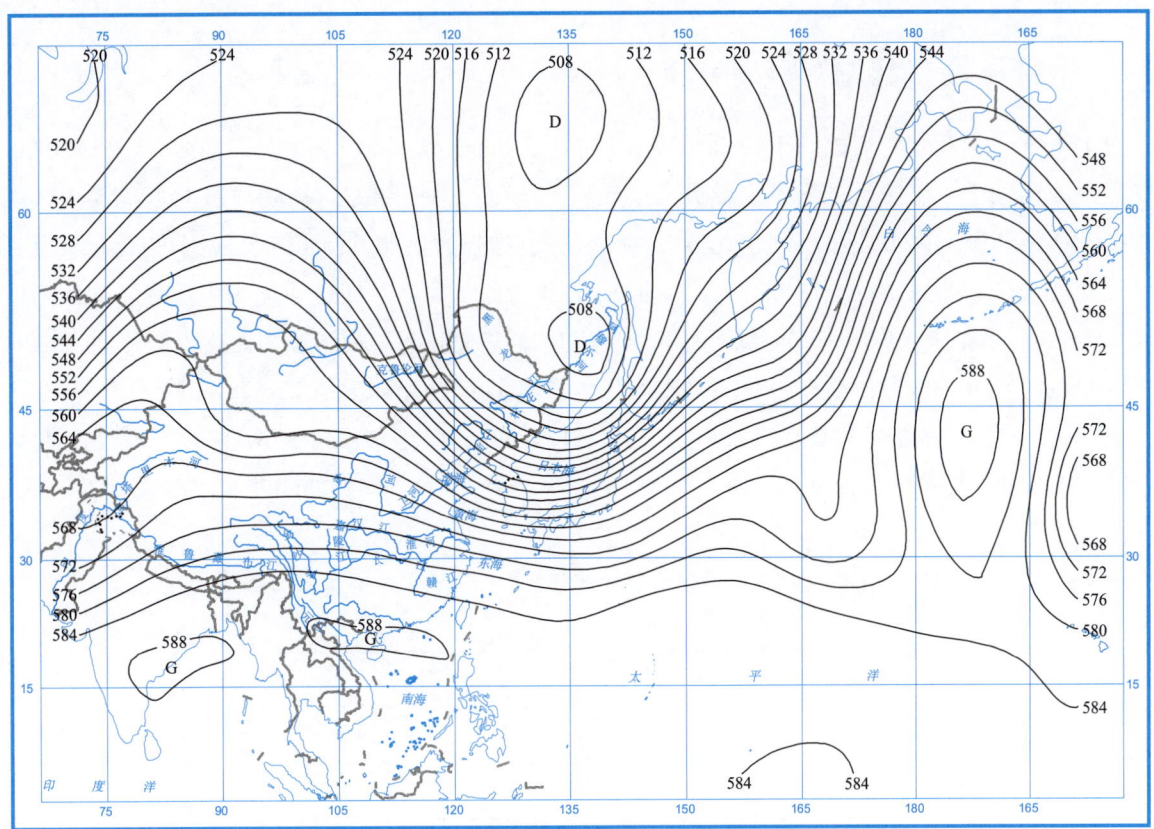

图 2.28.5　2017 年 11 月 18 日 14 时 500 hPa 高度场图（dagpm）

2.29 热带风暴"启德"(Kai-tak)

第 1726 号热带风暴"启德"(Kai-tak)是由 12 月 13 日早晨位于菲律宾萨马岛南部以东约 350 km 的西北太平洋洋面上一个热带低压发展形成。形成后低压中心向西北方向移动,13 日晚间转向偏西方向移动,移速缓慢,14 日下午转向偏北方向移动,强度增强为热带风暴,15 日晚间热带风暴"启德"移向偏西北方向,移速加快,16 日午后在菲律宾萨马岛登陆,之后横过菲律宾中部后转向西南方向移动,于 18 日下午进入南海南部海域,19 日经过南沙群岛附近海域后继续向西南方向移动,22 日凌晨减弱为热带低压,23 日凌晨在距马来西亚东海岸约 100 km 的海域上消散。

表 2.29.1 是热带风暴"启德"(Kai-tak)的中心位置和强度。图 2.29.1～图 2.29.3 分别是热带风暴"启德"(Kai-tak)路径图、大风区域演变图和 2017 年 12 月 19 日 08 时 500 hPa 高度场图。

表 2.29.1 1726 号热带风暴"启德"(Kai-tak)中心位置和强度

12 月 13—23 日

年	月	日	时	中心位置		中心气压 (hPa)	最大风速 (m/s)
				北纬(°N)	东经(°E)		
2017	12	13	8	10.9	129.3	1004	13
	12	13	14	11.2	128.9	1004	13
	12	13	20	11.3	128.5	1004	13
	12	14	2	11.3	128.3	1002	15
	12	14	8	11.3	128.1	1002	15
	12	14	14	11.3	127.9	1000	18
	12	14	20	11.5	127.7	1000	18
	12	15	2	11.6	127.7	1000	18
	12	15	8	11.7	127.7	998	20
	12	15	14	11.8	127.7	998	20
	12	15	20	11.9	127.6	995	23
	12	16	2	12.1	127	995	23
	12	16	8	12.1	126.3	995	23
	12	16	14	12.2	125.7	995	23
	12	16	20	12.2	125.2	995	23
	12	17	2	12.1	124.7	998	20

(续表)

年	月	日	时	中心位置		中心气压（hPa）	最大风速（m/s）
				北纬（°N）	东经（°E）		
2017	12	17	8	12.1	124.1	1000	18
	12	17	14	11.9	122.6	1000	18
	12	17	20	11.4	121.5	1000	18
	12	18	2	10.9	120.6	1000	18
	12	18	8	10.5	119.6	1000	18
	12	18	14	10.3	119	1000	18
	12	18	20	10.2	118	1000	18
	12	19	2	10.1	116.9	1000	18
	12	19	8	10	116.2	1000	18
	12	19	14	9.6	115.5	995	20
	12	19	20	9	114.8	995	20
	12	20	2	8.5	113.9	995	20
	12	20	8	7.9	113.1	995	20
	12	20	14	7.5	112.4	995	20
	12	20	20	7.1	111.7	990	23
	12	21	2	6.8	110.8	990	23
	12	21	8	6.7	110	995	20
	12	21	14	6.5	109.2	998	18
	12	21	20	6.4	108.4	998	18
	12	22	2	6	107.5	1000	15
	12	22	8	5.6	106.7	1004	13
	12	22	14	5.3	105.9	1004	13
	12	22	20	4.7	105.2	1004	13
	12	23	2	4.2	104.6	1004	13
				消散			

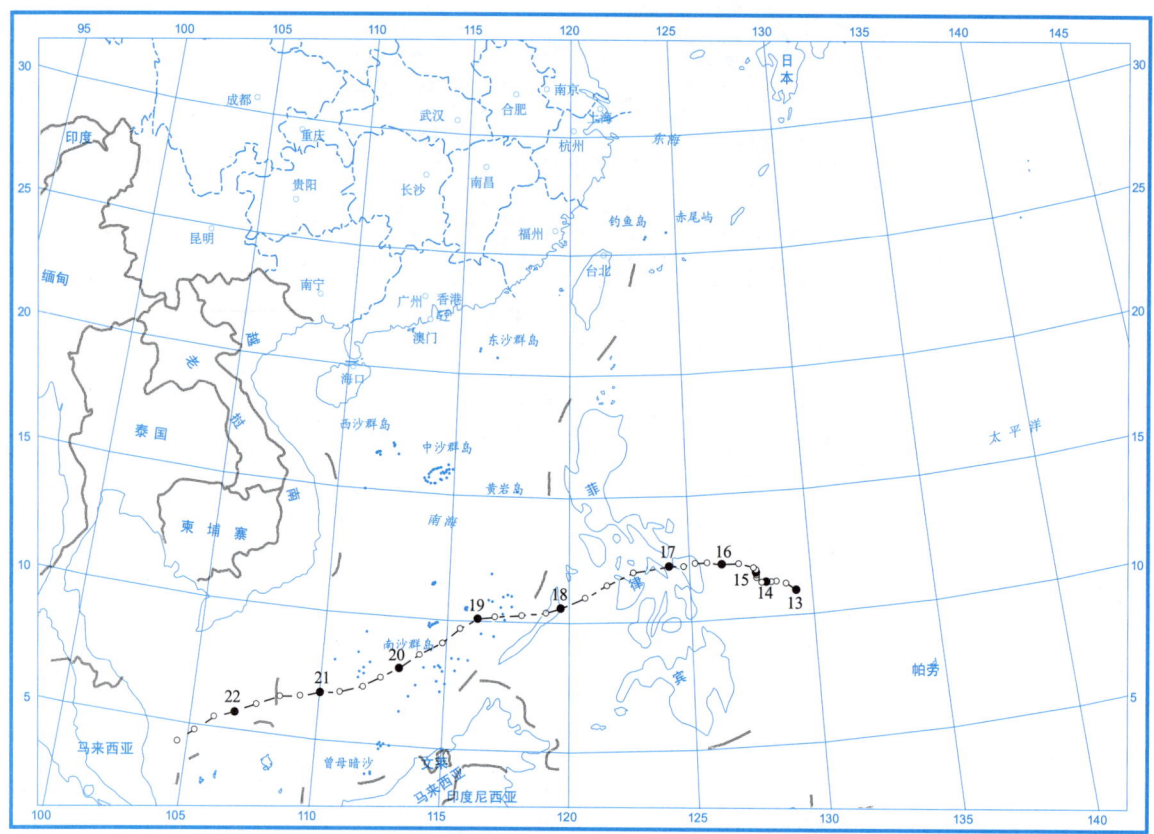

图 2.29.1　1726 号热带风暴"启德"（Kai-tak）路径图

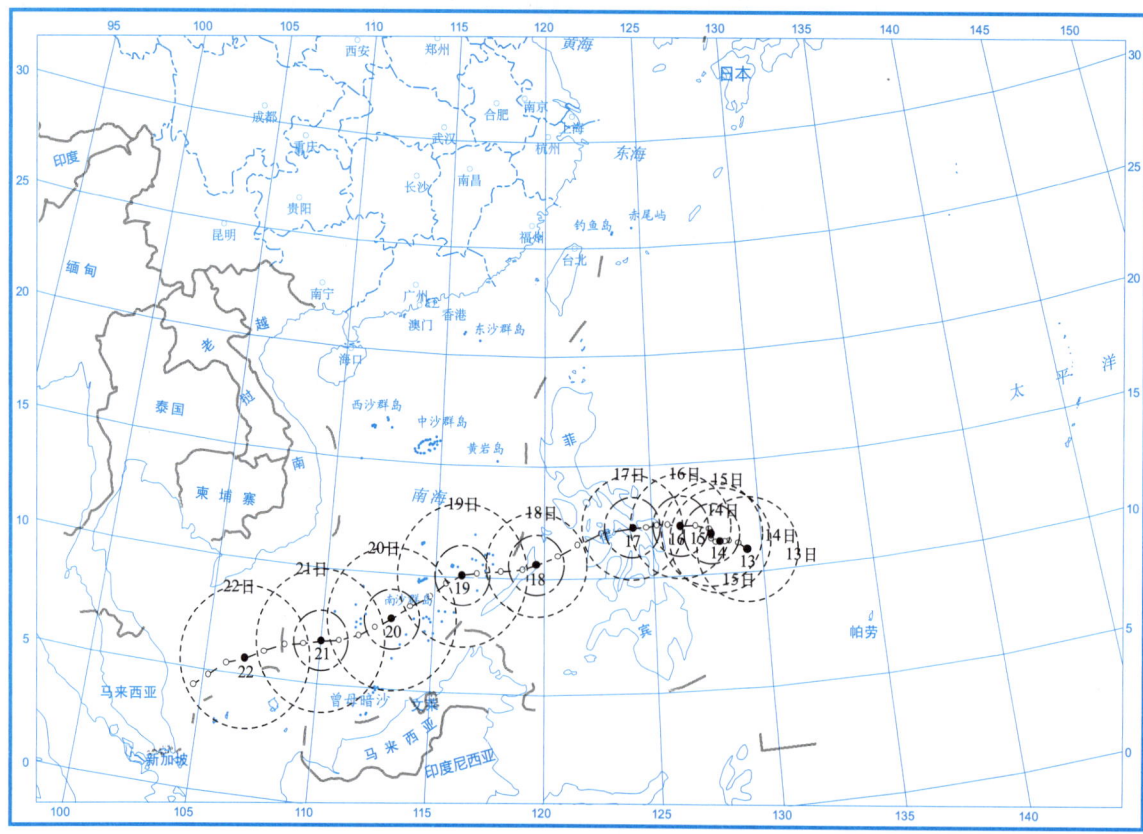

图 2.29.2　1726 号热带风暴"启德"（Kai-tak）大风区域演变图

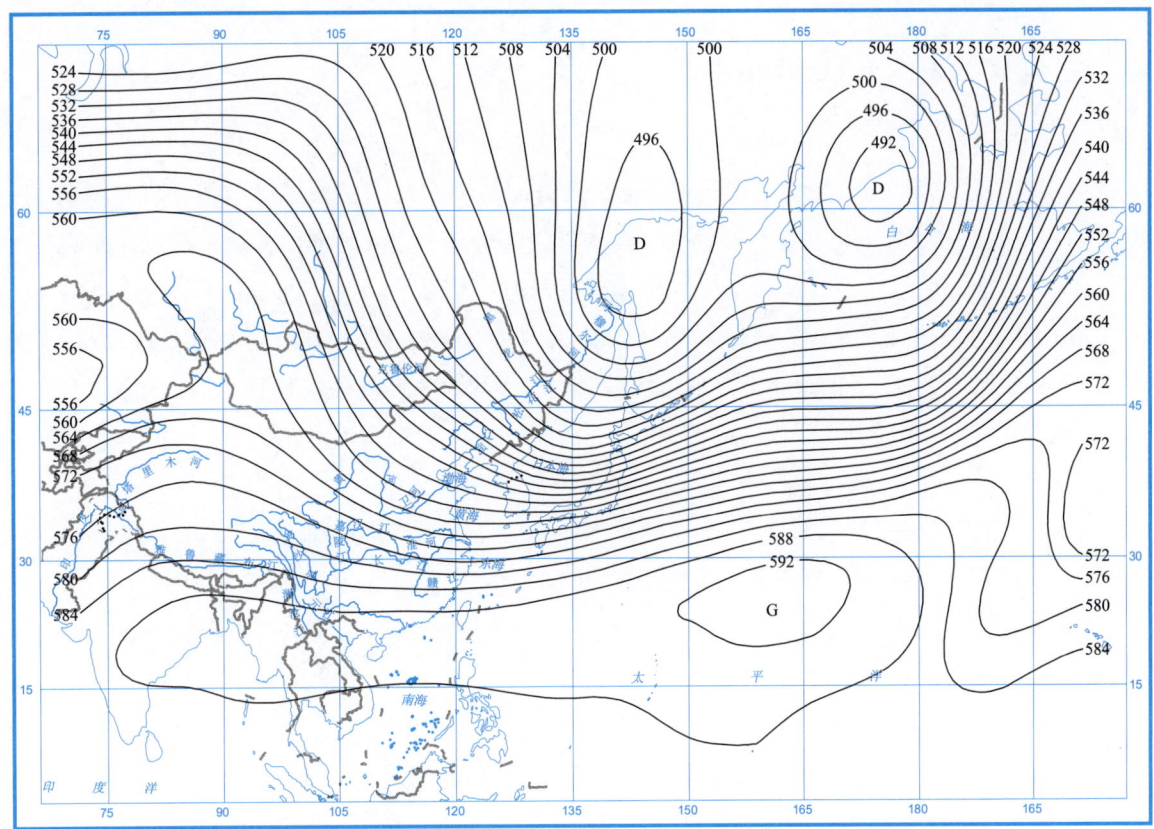

图 2.29.3　2017 年 12 月 19 日 08 时 500 hPa 高度场图（dagpm）

2.30 台风"天秤"(Tembin)

第 1727 号台风"天秤"(Tembin)是由 12 月 20 日早晨位于帕劳西北约 120 km 的西北太平洋洋面上一个热带低压发展形成。形成后低压中心向偏西方向移动,21 日凌晨强度增强为热带风暴,晚间增强为强热带风暴,22 日凌晨在菲律宾棉兰老岛中部沿海登陆,登陆后向西移动,横过菲律宾棉兰老岛中部进入苏禄海海域继续西行,24 日在南海南部海域强度增强为台风,逐渐靠近越南南部海域。25 日下午强度减弱为强热带风暴,晚间减弱热带风暴,26 日 08 时在距越南南端沿海附近海域减弱为热带低压,下午台风"天秤"(Tembin)在距越南南端西海岸约 50 km 的海域上消散。

受台风"天秤"(Tembin)影响,12 月 26 日,海南三亚出现最大风力 6 级(13.1 m/s)、阵风 8 级(20.7 m/s)。

受其影响,12 月 26—27 日,海南万宁、广西龙州和隆安、云南南部局部总雨量为 10~32 mm;其中,云南金平 27 日雨量 31.5 mm,分别为本次台风影响时总雨量和日雨量极值。

台风"天秤"(Tembin)是 2017 年最后一个台风,从生成到消散几乎以一条横线一路向西,完成它的整个生命期。虽此台风强度并不算强,但其登陆菲律宾后带来的降水引发了洪水、泥石流等次生灾害,加之与热带风暴"启德"(Kai-tak)先后登陆菲律宾,使菲律宾受到沉重打击。据菲律宾警方 23 日公布,此次台风已造成至少 200 人死亡,另有 70 人失踪。

表 2.30.1 是台风"天秤"(Tembin)的中心位置和强度。图 2.30.1~图 2.30.5 分别是台风"天秤"(Tembin)路径图、总降水日数图、总降水量图、大风区域演变图和 2017 年 12 月 24 日 20 时 500 hPa 高度场图。

表 2.30.1　1727 号台风"天秤"(Tembin)中心位置和强度

12 月 20—26 日

年	月	日	时	中心位置		中心气压（hPa）	最大风速（m/s）
				北纬（°N）	东经（°E）		
2017	12	20	8	8.3	133.8	1004	13
	12	20	14	8.5	132.7	1004	13
	12	20	20	8.9	131.6	1002	15
	12	21	2	8.8	130.6	1000	18
	12	21	8	8.5	129.7	995	20
	12	21	14	8.2	128.8	990	23
	12	21	20	8	127.7	985	25
	12	22	2	7.8	126.6	982	28
	12	22	8	7.8	125.5	985	25

(续表）

年	月	日	时	中心位置		中心气压（hPa）	最大风速（m/s）
				北纬（°N）	东经（°E）		
2017	12	22	14	7.9	123.9	990	23
	12	22	20	7.9	122.4	990	23
	12	23	2	7.9	121.3	985	25
	12	23	8	7.7	120.3	982	28
	12	23	14	7.6	118.9	982	28
	12	23	20	7.7	117.5	980	30
	12	24	2	8.1	116	975	33
	12	24	8	8.2	114.7	970	35
	12	24	14	8.2	113.2	965	38
	12	24	20	8.3	112.1	965	38
	12	25	2	8.3	111	965	38
	12	25	8	8.3	109.9	970	35
	12	25	14	8.4	108.8	985	25
	12	25	20	8.6	107.5	990	23
	12	26	2	8.5	106.1	995	20
	12	26	8	8.5	104.9	1002	15
	12	26	14	8.4	104.3	1006	13
				消散			

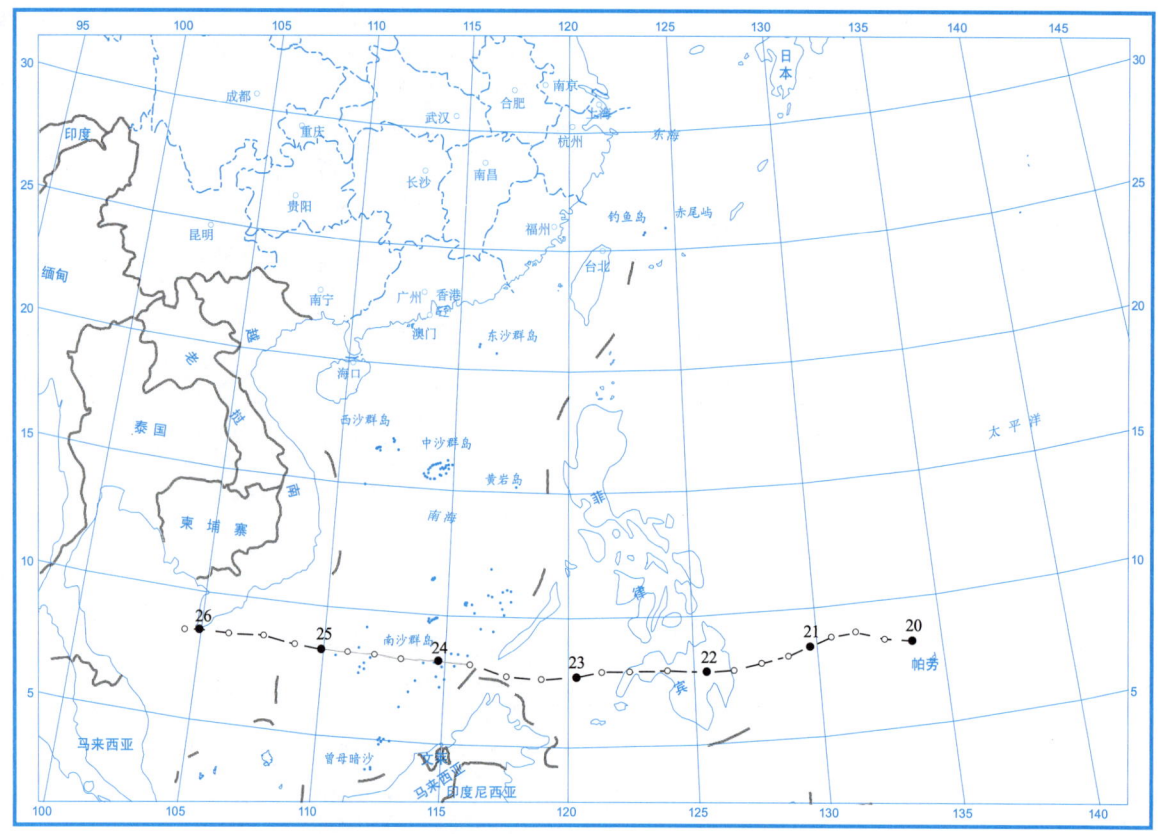

图 2.30.1　1727 号台风"天秤"(Tembin)路径图

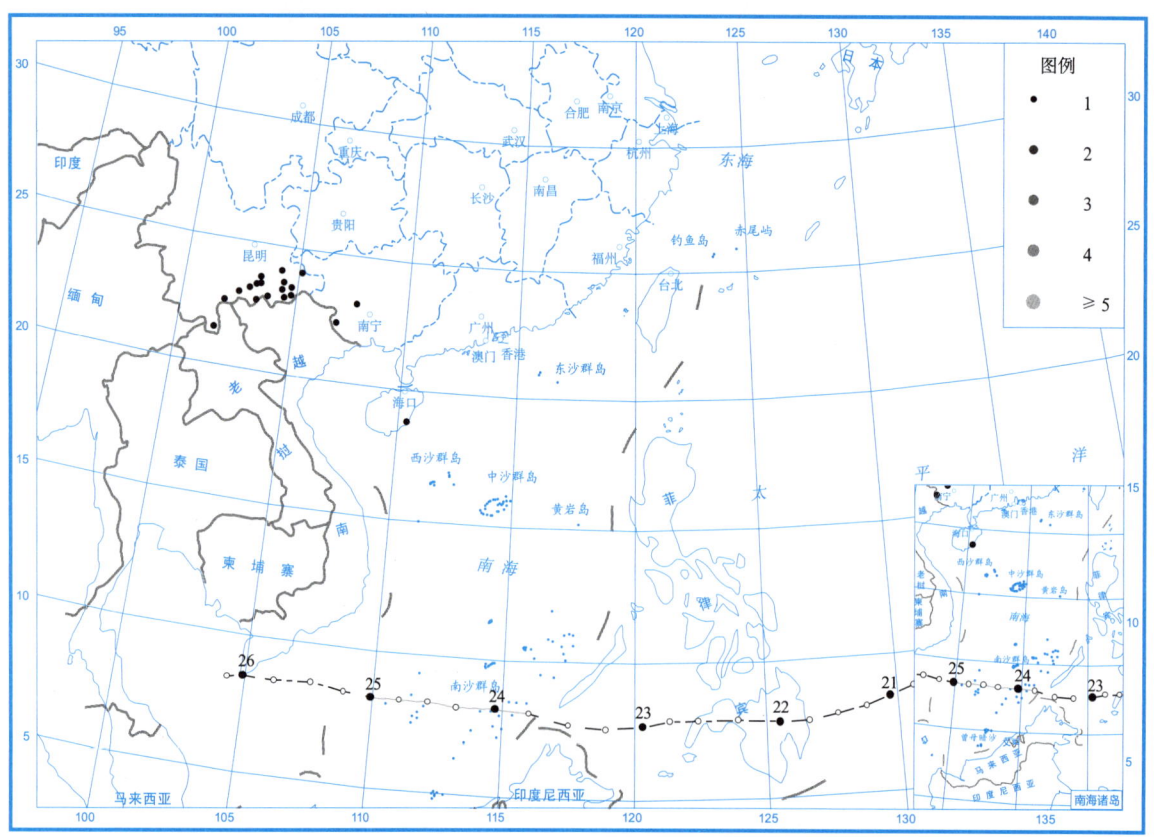

图 2.30.2　1727 号台风"天秤"(Tembin)总降水日数图(12月26—27日)(天)

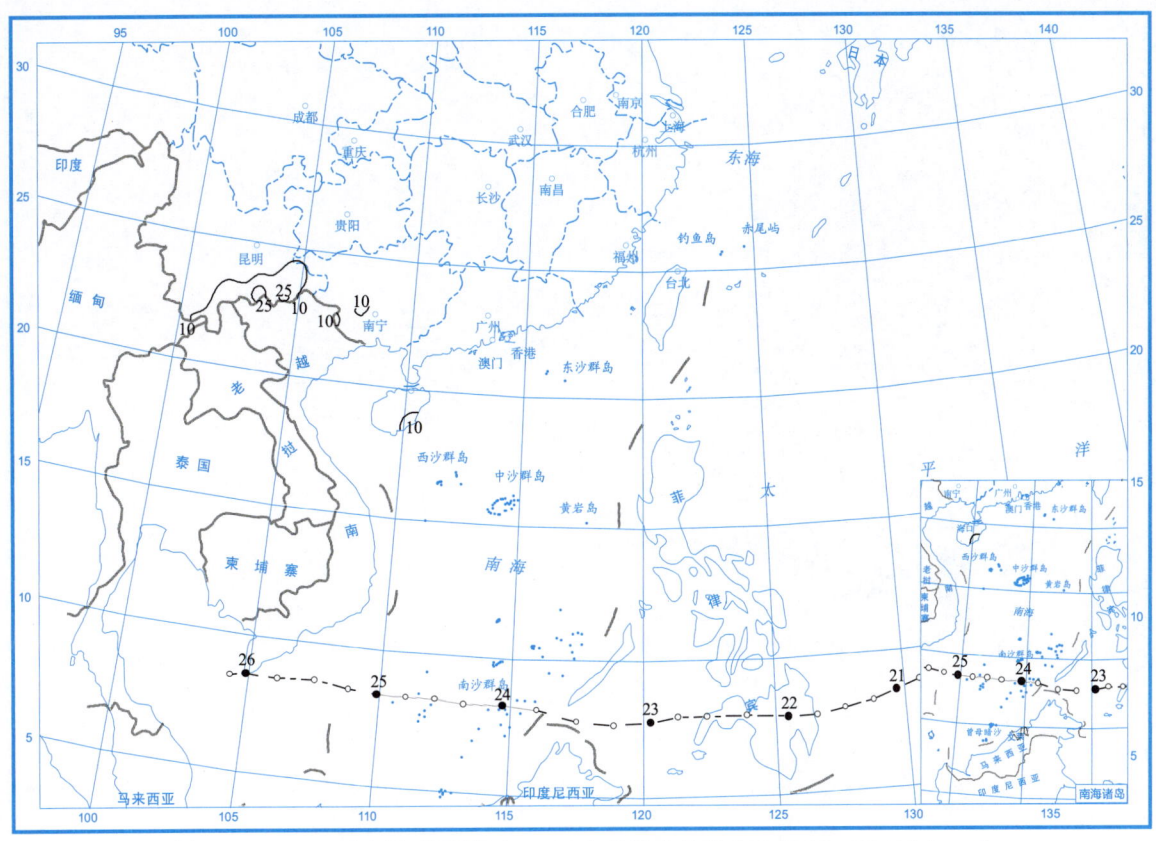

图 2.30.3　1727 号台风"天秤"(Tembin)总降水量图(12 月 26—27 日)(mm)

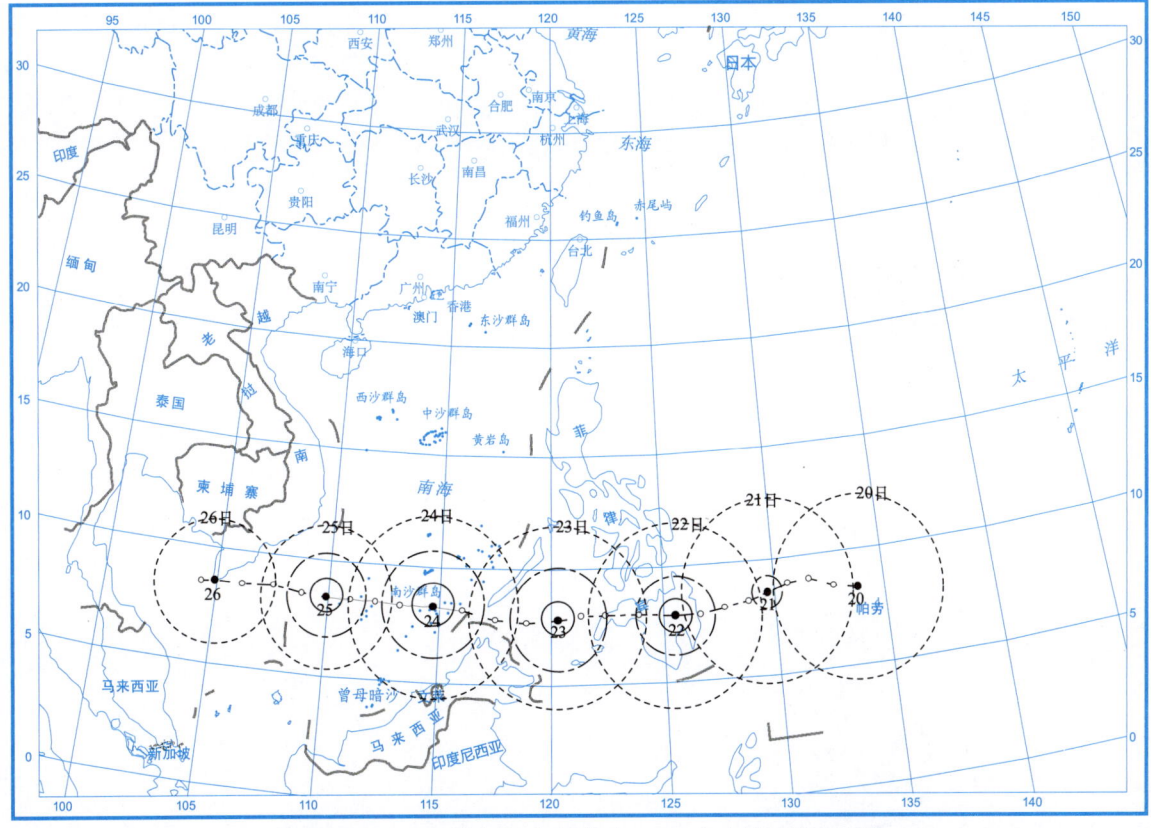

图 2.30.4　1727 号台风"天秤"(Tembin)大风区域演变图

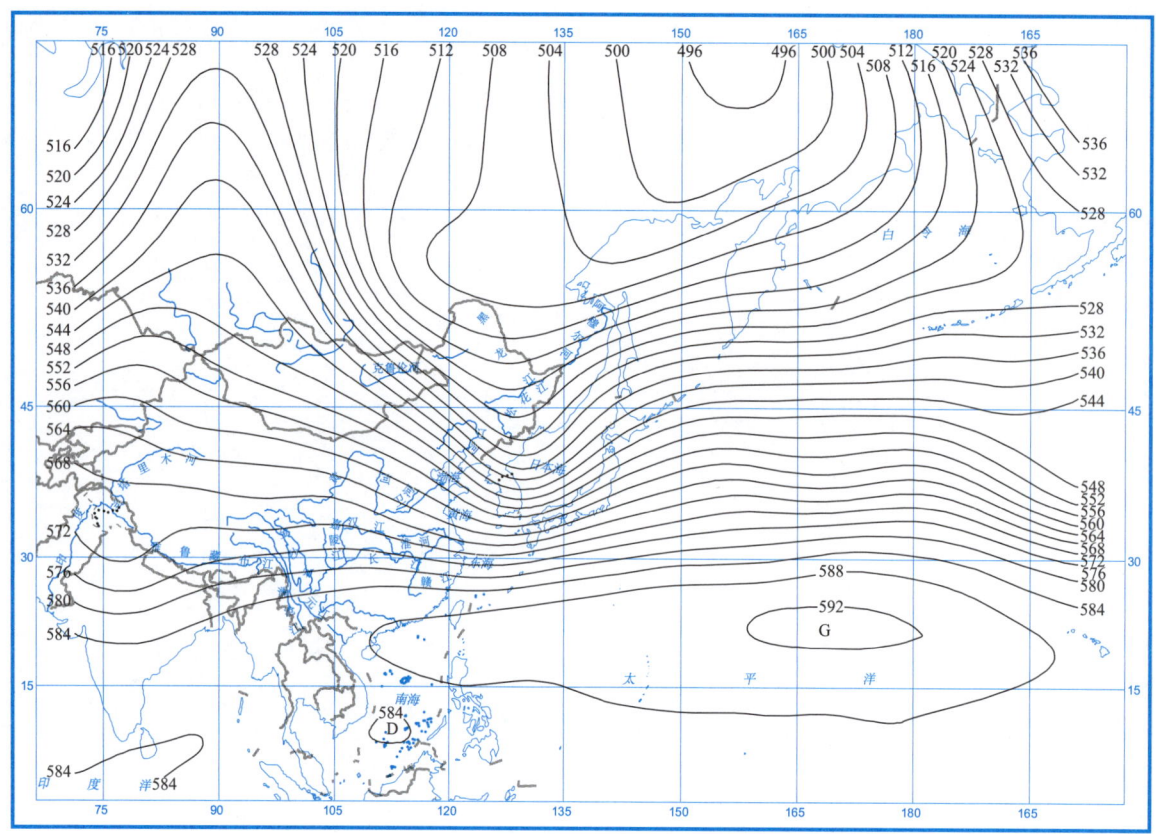

图 2.30.5　2017 年 12 月 24 日 20 时 500 hPa 高度场图（dagpm）

附录 A 台风委员会西北太平洋和南海热带气旋命名方案

表 A.1 台风委员会西北太平洋和南海热带气旋命名表
（2017 年 3 月起执行）

第1列		第2列		第3列		第4列		第5列		备注
英文名	中文名	英文名	中文名	英文名	中文名	英文名	中文名	英文名	中文名	名字来源
Damrey	达维	Kong-rey	康妮	Nakri	娜基莉	Krovanh	科罗旺	Sarika	莎莉嘉	柬埔寨
Haikui	海葵	Yutu	玉兔	Fengshen	风神	Dujuan	杜鹃	Haima	海马	中国
Kirogi	鸿雁	Toraji	桃芝	Kalmaegi	海鸥	Surigae*	舒力基	Meari	米雷	朝鲜
Kai-tak	启德	Man-yi	万宜	Fung-wong	凤凰	Choi-wan	彩云	Ma-on	马鞍	中国香港
Tembin	天秤	Usagi	天兔	Kammuri	北冕	Koguma*	小熊	Tokage	蝎虎	日本
Bolaven	布拉万	Pabuk	帕布	Phanfone	巴蓬	Champi	蔷琵	Nock-ten	洛坦	老挝
Sanba	三巴	Wutip	蝴蝶	Vongfong	黄蜂	In-fa	烟花	Muifa	梅花	中国澳门
Jelawat	杰拉华	Sepat	圣帕	Nuri	鹦鹉	Cempaka*	查帕卡	Merbok	苗柏	马来西亚
Ewiniar	艾云尼	Mun	木恩	Sinlaku	森拉克	Nepartak	尼伯特	Namadol	南玛都	密克罗尼西亚
Maliksi	马力斯	Danas	丹娜丝	Hagupit	黑格比	Lupit	卢碧	Talas	塔拉斯	菲律宾
Gaemi	格美	Nari	百合	Jangmi	蔷薇	Mirinae	银河	Noru	奥鹿	韩国
Prapiroon	派比安	Wipha	韦帕	Mekkhala	米克拉	Nida	妮妲	Kulap	玫瑰	泰国
Maria	玛莉亚	Francisco	范斯高	Higos	海高斯	Omais	奥麦斯	Roke	洛克	美国
Son-Tinh	山神	Lekima	利奇马	Bavi	巴威	Conson	康森	Sonca	桑卡	越南
Ampil	安比	Krosa	罗莎	Maysak	美莎克	Chanthu	灿都	Nesat	纳沙	柬埔寨
Wukong	悟空	Bailu	白鹿	Haishen	海神	Dianmu	电母	Haitang	海棠	中国
Jongdari	云雀	Podul	杨柳	Noul	红霞	Mindulle	蒲公英	Nalgae	尼格	朝鲜
Shanshan	珊珊	Lingling	玲玲	Dolphin	白海豚	Lionrock	狮子山	Banyan	榕树	中国香港
Yagi	摩羯	Kajiki	剑鱼	Kujira	鲸鱼	Kompasu	圆规	Hato	天鸽	日本
Leepi	丽琵	Faxai	法茜	Chan-hom	灿鸿	Namtheun	南川	Pakhar	帕卡	老挝
Bebinca	贝碧嘉	Peipah	琵琶	Linfa	莲花	Malou	玛瑙	Sanvu	珊瑚	中国澳门
Rumbia	温比亚	Tapah	塔巴	Nangka	浪卡	Meranti	莫兰蒂	Mawar	玛娃	马来西亚
Soulik	苏力	Mitag	米娜	Saudel*	沙德尔	Rai	雷伊	Guchol	古超	密克罗尼西亚
Cimaron	西马仑	Hagibis	海贝思	Molave	莫拉菲	Malakas	马勒卡	Talim	泰利	菲律宾
Jebi	飞燕	Neoguri	浣熊	Goni	天鹅	Megi	鲇鱼	Doksuri	杜苏芮	韩国
Mangkhut	山竹	Bualoi	芭洛	Atsani	艾莎尼	Chaba	暹芭	Khanun	卡努	泰国
Barijat	百里嘉	Matmo	麦德姆	Etau	艾涛	Aere	艾利	Lan	兰恩	美国
Trami	潭美	Halong	夏浪	Vamco	环高	Songda	桑达	Saola	苏拉	越南

* 根据 2017 年 2 月亚太经社理事会 / 世界气象组织（ESCAP/WMO）台风委员会第 49 届会议的决定，由"沙德尔"（Saudel）取代"苏迪罗"（Soudelor）、"舒力基"（Surigae）取代"彩虹"（Mujigae）、"小熊"（Koguma）取代"巨爵"（Koppu）、"查帕卡"（Cempaka）取代"茉莉"（Melor）。

** "莫兰蒂"（Meranti）、"莎莉嘉"（Sarika）、"海马"（Haima）、"洛坦"（Nock-ten）从命名表中除名，新的名字将在 2018 年初举行的第 50 届台风委员会届会大会进行审议后，再行给出新的命名。

表A.2 西北太平洋和南海热带气旋名称的意义

第1组			
英文名	中文名	名字来源	意 义
Damrey	达维	柬埔寨	大象
Haikui	海葵	中国	一种形状如花朵的海洋动物
Kirogi	鸿雁	朝鲜	一种候鸟,在朝鲜秋来春去,和台风的活动很相似
Kai-tak	启德	中国香港	香港旧机场名
Tembin	天秤	日本	天秤星座
Bolaven	布拉万	老挝	高原
Sanba	三巴	中国澳门	澳门旅游名胜
Jelawat	杰拉华	马来西亚	一种淡水鱼
Ewiniar	艾云尼	密克罗尼西亚	传统的风暴神(Chuuk语)
Maliksi	马力斯	菲律宾	快速
Gaemi	格美	韩国	蚂蚁
Prapiroon	派比安	泰国	雨神
Maria	玛莉亚	美国	女士名(Chamarro语)
Son-Tinh	山神	越南	山神
Ampil	安比	柬埔寨	罗望子
Wukong	悟空	中国	孙悟空
Jongdar	云雀	朝鲜	云雀
Shanshan	珊珊	中国香港	女孩儿名
Yagi	摩羯	日本	摩羯星座
Leepi	丽琵	老挝	老挝南部最美丽的瀑布
Bebinca	贝碧嘉	中国澳门	澳门牛奶布丁
Rumbia	温比亚	马来西亚	棕榈树
Soulik	苏力	密克罗尼西亚	传统的Pohnpei酋长头衔
Cimaron	西马仑	菲律宾	菲律宾野牛
Jebi	飞燕	韩国	燕子
Mangkhut	山竹	泰国	一种水果
Barijat	百里嘉	美国	沿岸地区受风浪影响的意思(马绍尔语)
Trami	潭美	越南	一种花

（续表）

第 2 组			
英文名	中文名	名字来源	意 义
Kong-rey	康妮	柬埔寨	高棉传说中的可爱女孩儿
Yutu	玉兔	中国	神话传说中的兔子
Toraji	桃芝	朝鲜	朝鲜深山中的一种花，开花时无声无息不惹人注意，花能食用和入药
Man-yi	万宜	中国香港	海峡名，现为水库
Usagi	天兔	日本	天兔星座
Pabuk	帕布	老挝	大淡水鱼
Wutip	蝴蝶	中国澳门	一种昆虫
Sepat	圣帕	马来西亚	一种淡水鱼
Mun	木恩	密克罗尼西亚	六月的意思（Yapese 语）
Danas	丹娜丝	菲律宾	经历
Nari	百合	韩国	一种花
Wipha	韦帕	泰国	女士名字
Francisco	范斯高	美国	男子名（Chamarro 语）
Lekima	利奇马	越南	一种水果
Krosa	罗莎	柬埔寨	鹤
Bailu	白鹿	中国	白色的鹿，意指吉祥
Podul	杨柳	朝鲜	一种在城乡均有种植的树，闷热天气时人们喜欢在其树荫下休息聊天
Lingling	玲玲	中国香港	女孩儿名
Kajiki	剑鱼	日本	剑鱼星座
Faxai	法茜	老挝	女士名字
Peipah	琵琶	中国澳门	一种在澳门受欢迎的宠物鱼
Tapah	塔巴	马来西亚	一种淡水鱼
Mitag	米娜	密克罗尼西亚	女士名字（Yap 语）
Hagibis	海贝思	菲律宾	褐雨燕
Neoguri	浣熊	韩国	狗
Bualoi	芭洛	泰国	泰式椰奶
Matmo	麦德姆	美国	大雨
Halong	夏浪	越南	越南一海湾名

(续表)

第 3 组			
英文名	中文名	名字来源	意 义
Nakri	娜基莉	柬埔寨	一种花
Fengshen	风神	中国	神话中的风之神
Kalmaegi	海鸥	朝鲜	一种海鸟
Fung-wong	凤凰	中国香港	山峰名
Kammuri	北冕	日本	北冕星座
Phanfone	巴蓬	老挝	动物
Vongfong	黄蜂	中国澳门	一类昆虫
Nuri	鹦鹉	马来西亚	一种蓝色冠羽的鹦鹉
Sinlaku	森拉克	密克罗尼西亚	传说中的 Kosrae 女神
Hagupit	黑格比	菲律宾	鞭子
Jangmi	蔷薇	韩国	花名
Mekkhala	米克拉	泰国	雷天使
Higos	海高斯	美国	无花果（Chamarro 语）
Bavi	巴威	越南	越南北部一山名
Maysak	美莎克	柬埔寨	一种树
Haishen	海神	中国	神话中的大海之神
Noul	红霞	朝鲜	红色的天空
Dolphin	白海豚	中国香港	生活在香港水域的中华白海豚，亦是香港的吉祥物
Kujira	鲸鱼	日本	鲸鱼星座
Chan-hom	灿鸿	老挝	一种树
Linfa	莲花	中国澳门	一种花
Nangka	浪卡	马来西亚	一种水果
Saudel	沙德尔	密克罗尼西亚	传说中的将领"苏迪罗"的首席守卫/士兵
Molave	莫拉菲	菲律宾	一种常用于制造家具的硬木
Goni	天鹅	韩国	一种鸟
Atsani	艾莎尼	泰国	闪电
Etau	艾涛	美国	风暴云（Palauan）
Vamco	环高	越南	越南南部一河流

(续表)

第 4 组			
英文名	中文名	名字来源	意　义
Krovanh	科罗旺	柬埔寨	一种树
Dujuan	杜鹃	中国	一种花
Surigae	舒力基	朝鲜	一种鹰
Choi-wan	彩云	中国香港	天上的云彩
Koguma	小熊	日本	小熊星座
Champi	蔷琵	老挝	一种花
In-Fa	烟花	中国澳门	烟花
Cempaka	查帕卡	马来西亚	以其芬芳的花闻名的植物
Nepartak	尼伯特	密克罗尼西亚	著名的勇士（Kosrae 语）
Lupit	卢碧	菲律宾	残酷
Mirinae	银河	韩国	宇宙的银河
Nida	妮妲	泰国	女士名字
Omais	奥麦斯	美国	漫游（Palauan 语）
Conson	康森	越南	古迹
Chanthu	灿都	柬埔寨	一种花
Dianmu	电母	中国	神话中的雷电之神
Mindulle	蒲公英	朝鲜	一种小黄花，春天开放，蒲公英属，是朝鲜妇女淳朴识礼的象征
Lionrock	狮子山	中国香港	香港一座远眺九龙半岛的山峰名称
Kompasu	圆规	日本	圆规星座
Namtheun	南川	老挝	河
Malou	玛瑙	中国澳门	玛瑙
Meranti	莫兰蒂	马来西亚	一种树
Rai	雷伊	密克罗尼西亚	雅浦岛石币
Malakas	马勒卡	菲律宾	强壮，有力
Megi	鲇鱼	韩国	鱼
Chaba	暹芭	泰国	热带花
Aere	艾利	美国	风暴（Marshalese 语）
Songda	桑达	越南	越南西北部一河

第5组			
英文名	中文名	名字来源	意 义
Sarika	莎莉嘉	柬埔寨	雀类鸟
Haima	海马	中国	一种海洋动物
Meari	米雷	朝鲜	回波
Ma-on	马鞍	中国香港	山峰名
Tokage	蝎虎	日本	蝎虎星座
Nock-ten	洛坦	老挝	鸟
Muifa	梅花	中国澳门	一种花
Merbok	苗柏	马来西亚	一种鸟
Namadol	南玛都	密克罗尼西亚	著名的Pohnpei废墟
Talas	塔拉斯	菲律宾	锐利
Noru	奥鹿	韩国	狍鹿
Kulap	玫瑰	泰国	一种花
Roke	洛克	美国	男子名（Chamarro语）
Sonca	桑卡	越南	一种会唱歌的鸟
Nesat	纳沙	柬埔寨	渔夫
Haitang	海棠	中国	花
Nalgae	尼格	朝鲜	有生气，自由翱翔
Banyan	榕树	中国香港	一种树
Hato	天鸽	日本	天鸽星座
Pakhar	帕卡	老挝	生长在湄公河下游的一种淡水鱼
Sanvu	珊瑚	中国澳门	一种水生物
Mawar	玛娃	马来西亚	玫瑰花
Guchol	古超	密克罗尼西亚	一种香料（调味品）（Yapese语）
Talim	泰利	菲律宾	明显的边缘
Doksuri	杜苏芮	韩国	一种猛禽
Khanun	卡努	泰国	泰国水果
Lan	Lan	美国	风暴的意思（马绍尔语）
Saola	苏拉	越南	越南最近发现的一种珍贵动物

附录 B 2017 年热带气旋在西北太平洋和南海活动时的气象卫星云图

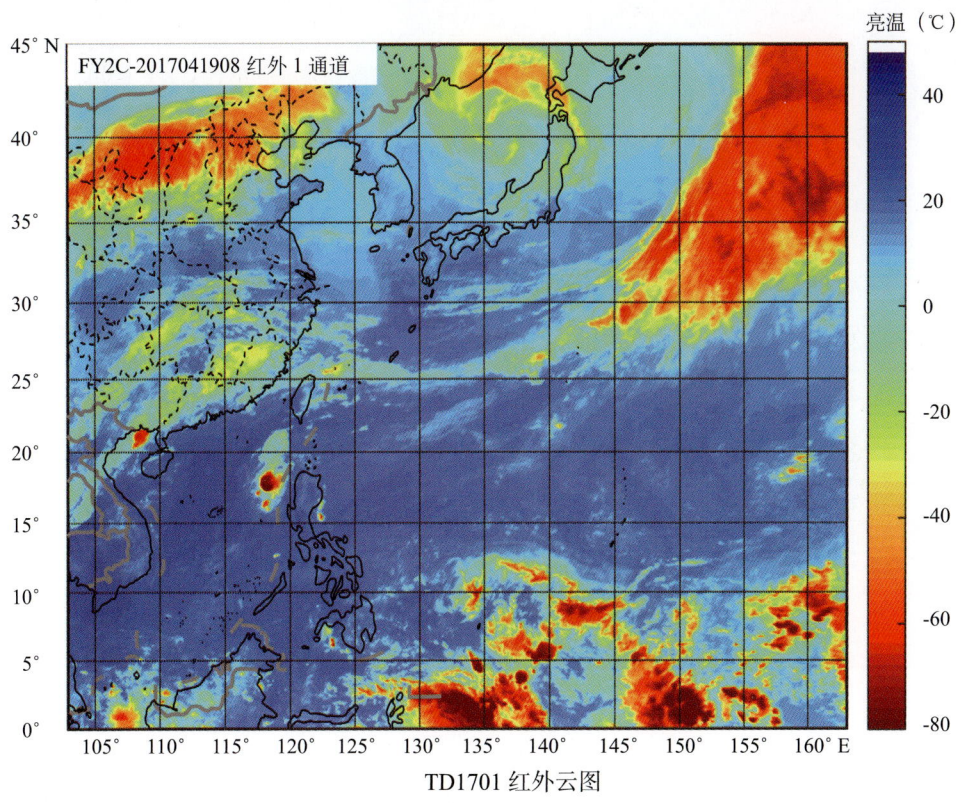

TD1701 红外云图

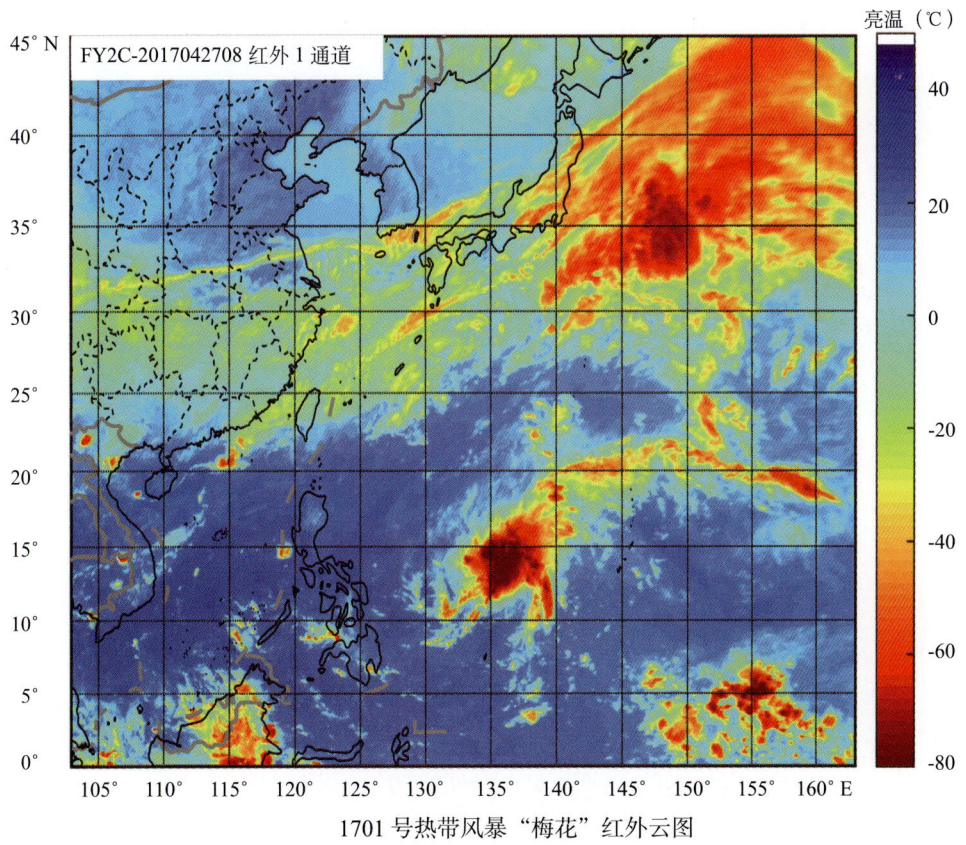

1701 号热带风暴"梅花"红外云图

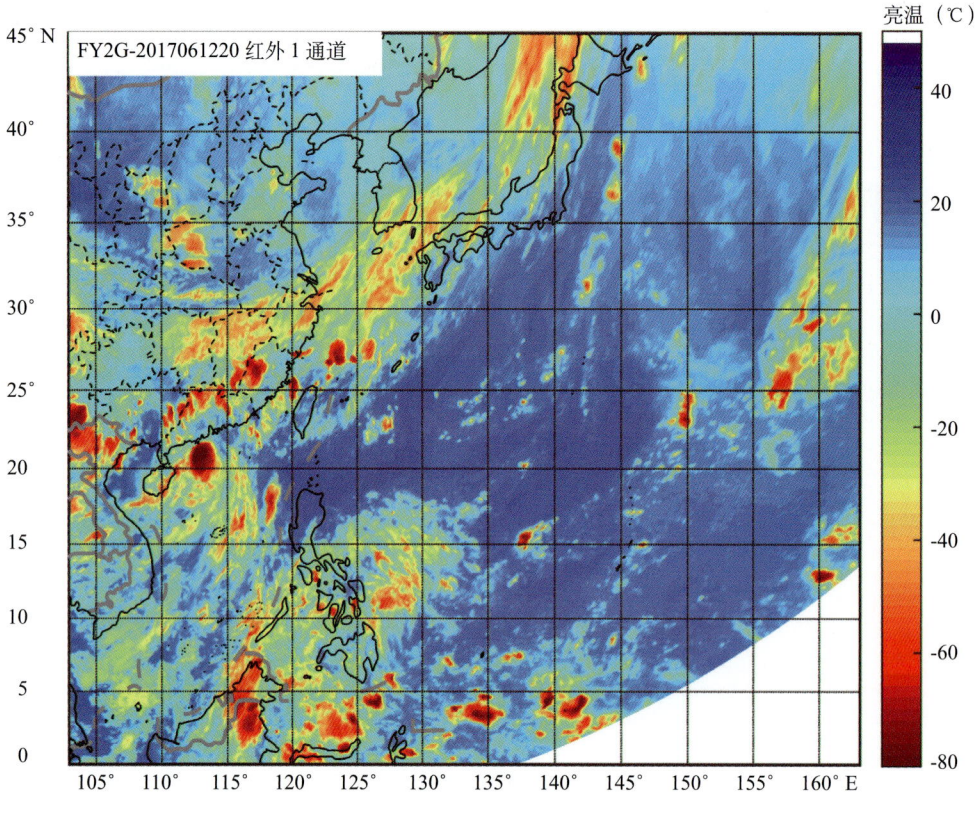

1702号强热带风暴"苗柏"红外云图

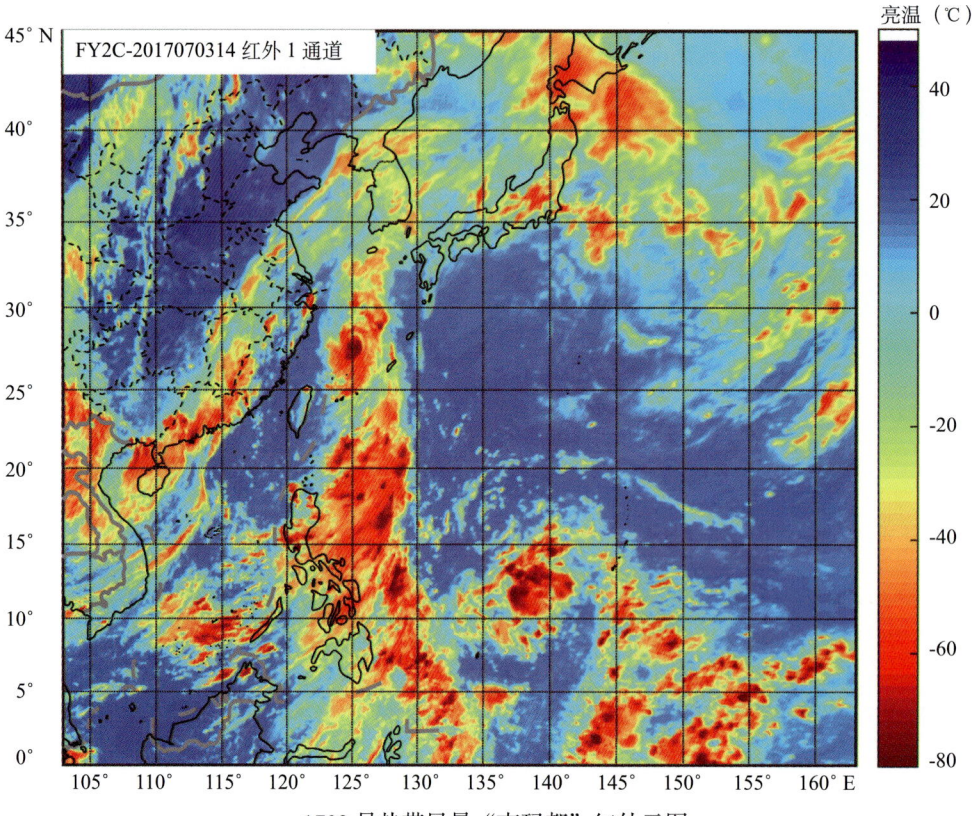

1703号热带风暴"南玛都"红外云图

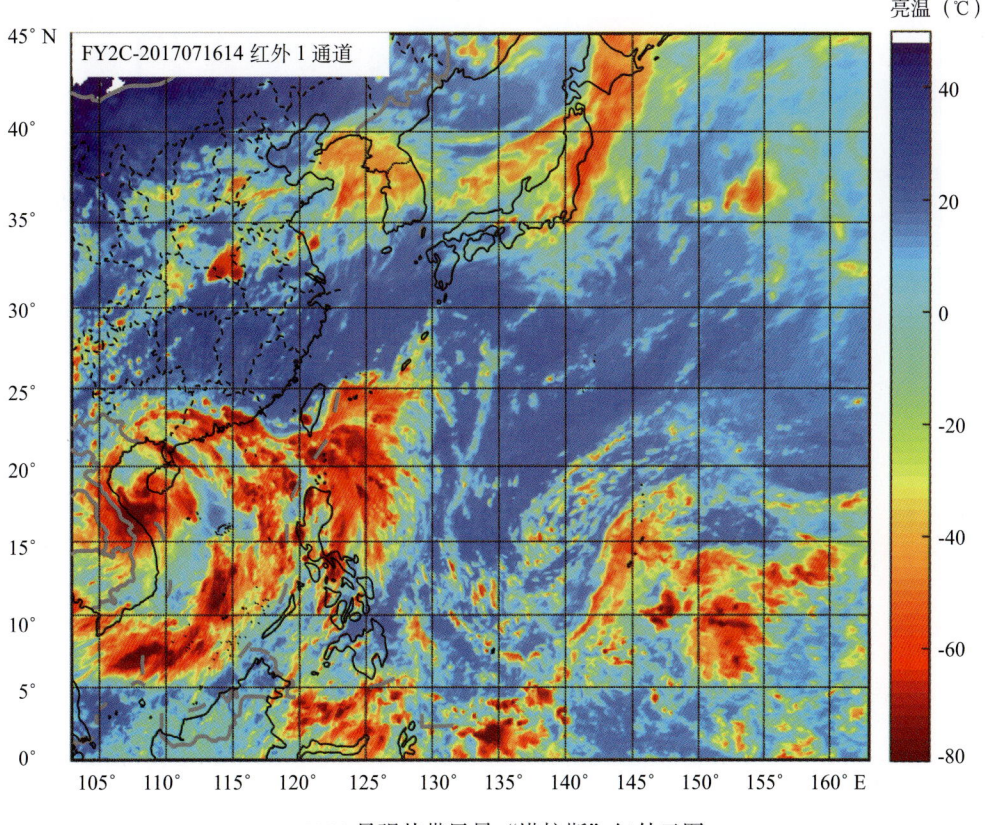

1704号强热带风暴"塔拉斯"红外云图

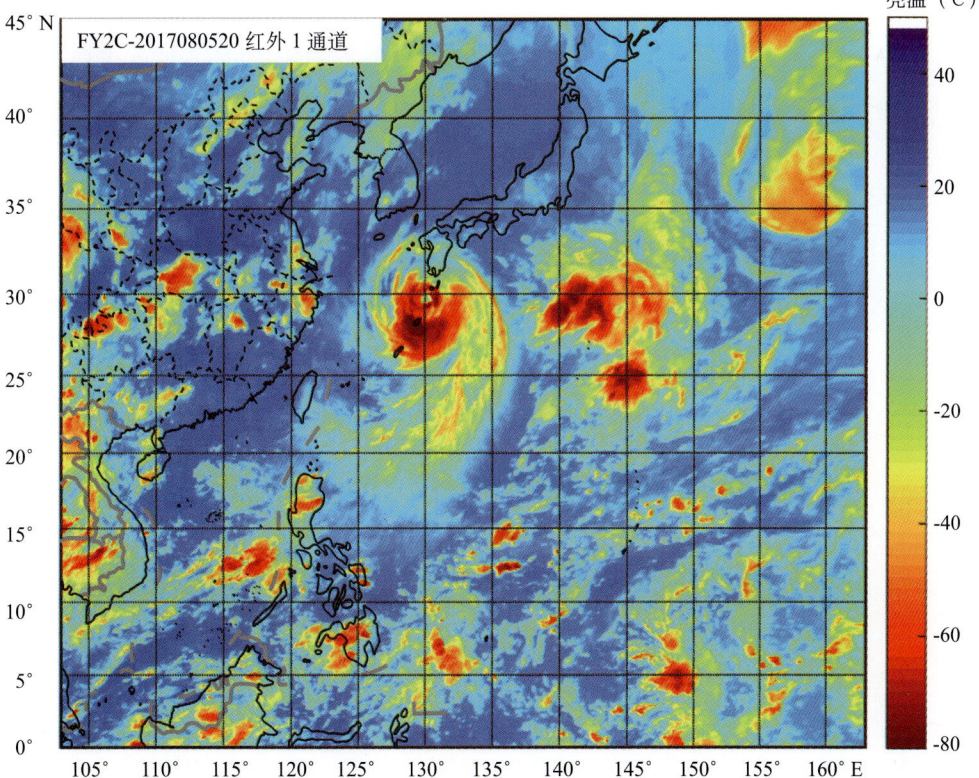

1705号超强台风"奥鹿"红外云图

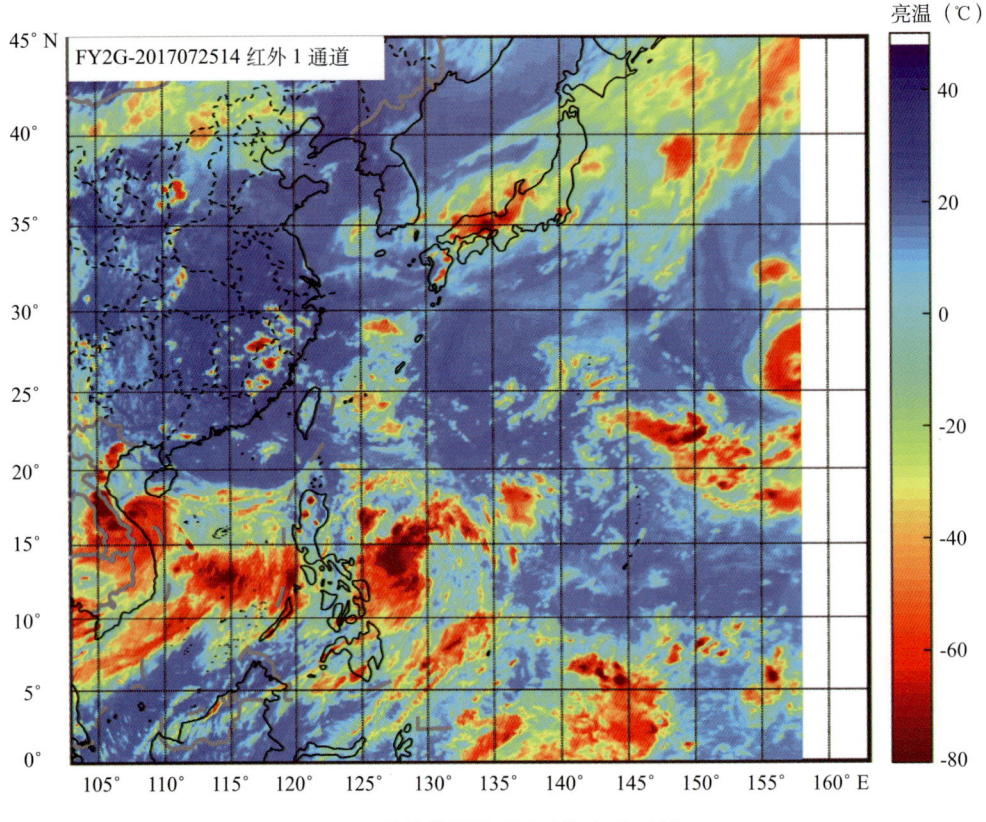

1706 号热带风暴"玫瑰"红外云图

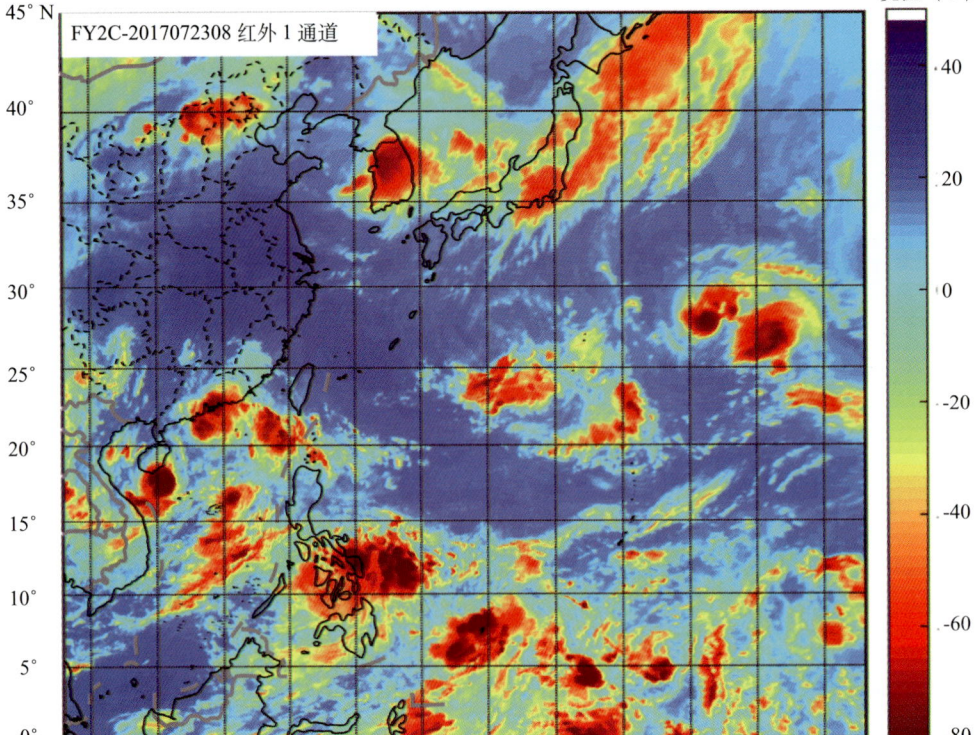

1707 号热带风暴"洛克"红外云图

附录 B

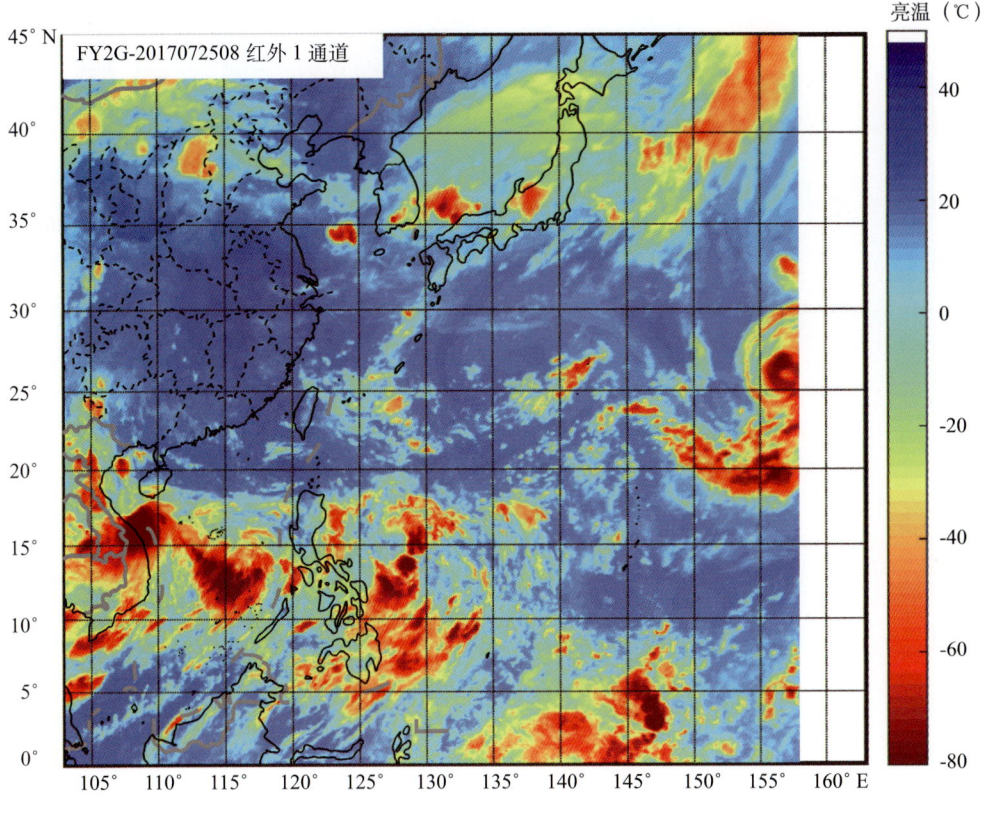

1708 号热带风暴 "桑卡" 红外云图

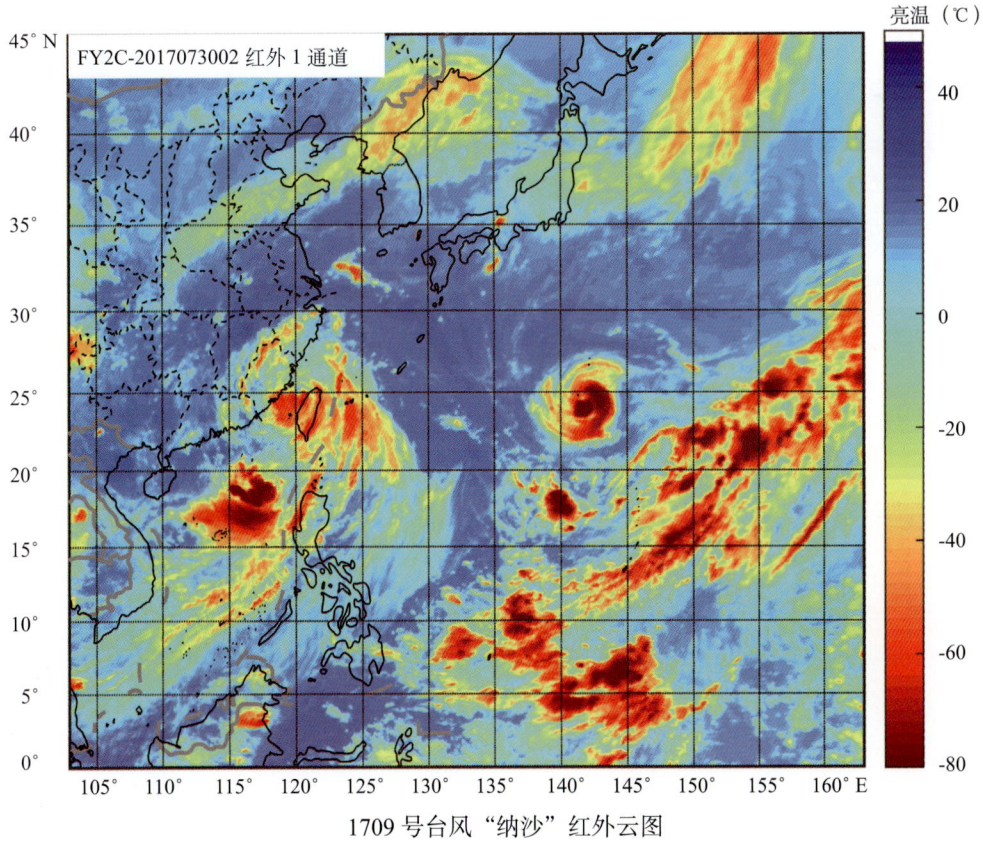

1709 号台风 "纳沙" 红外云图

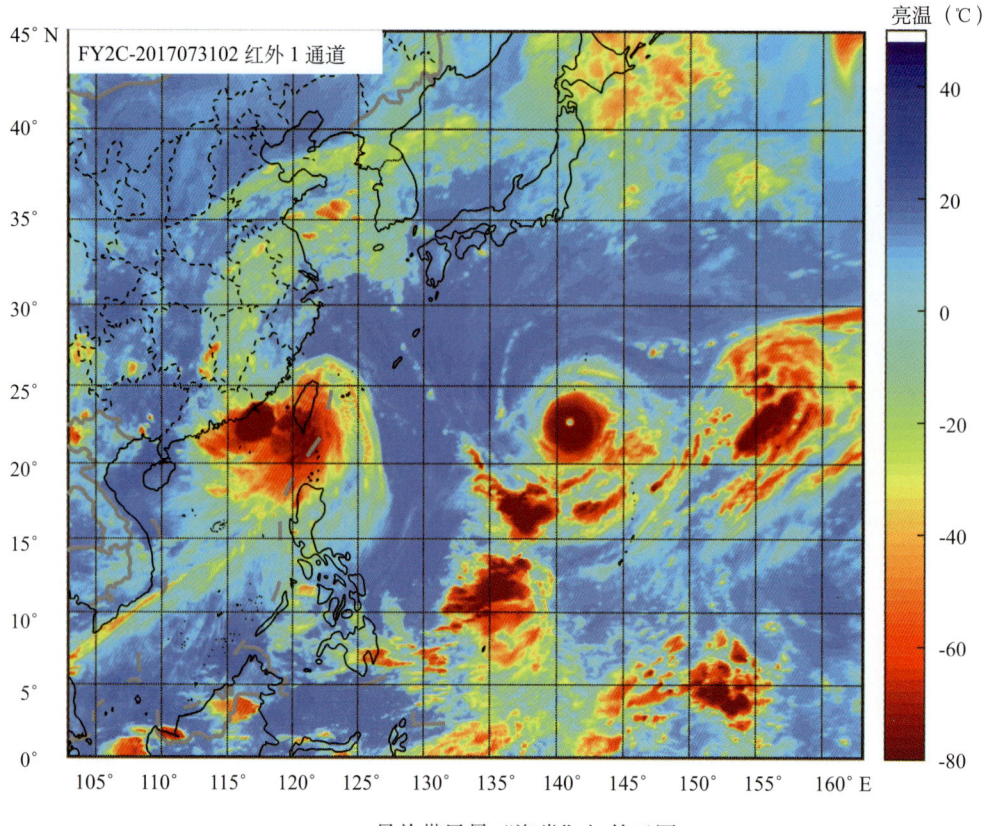

1710号热带风暴"海棠"红外云图

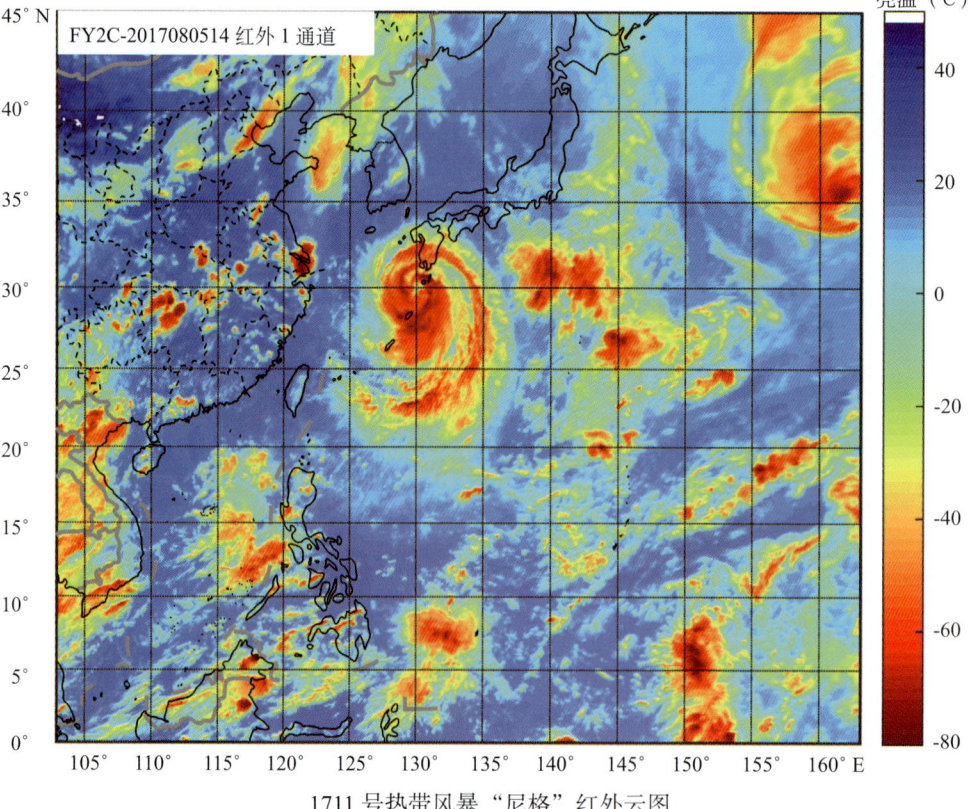

1711号热带风暴"尼格"红外云图

附录 B

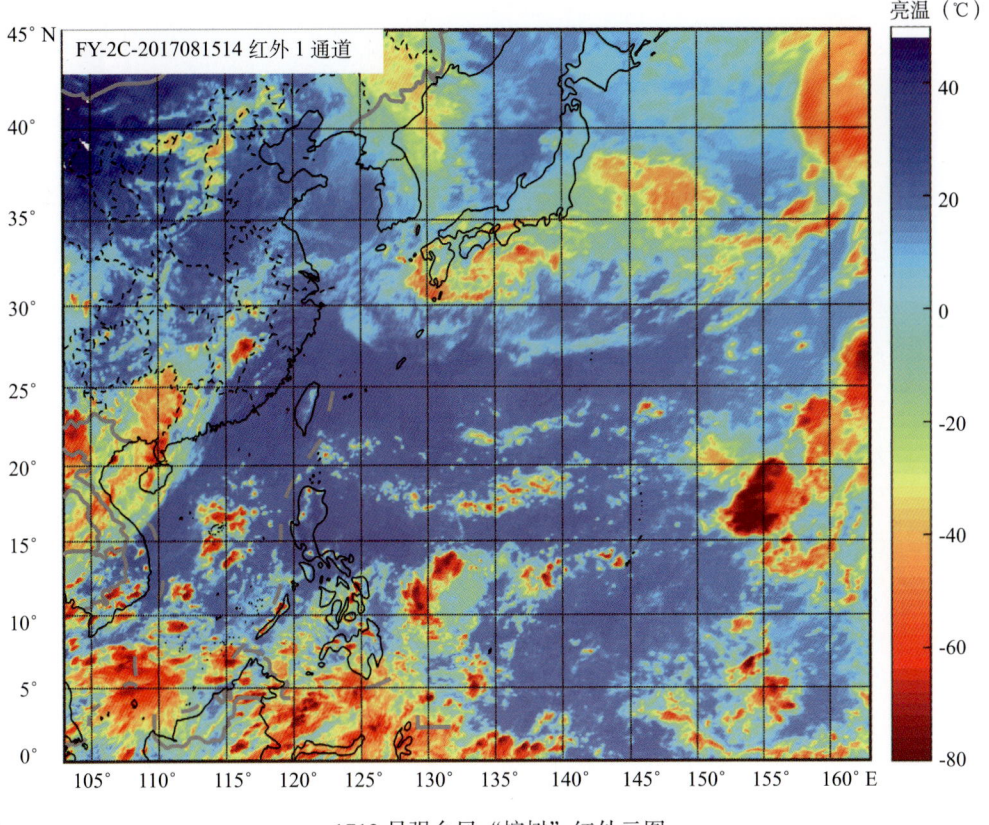

1712 号强台风"榕树"红外云图

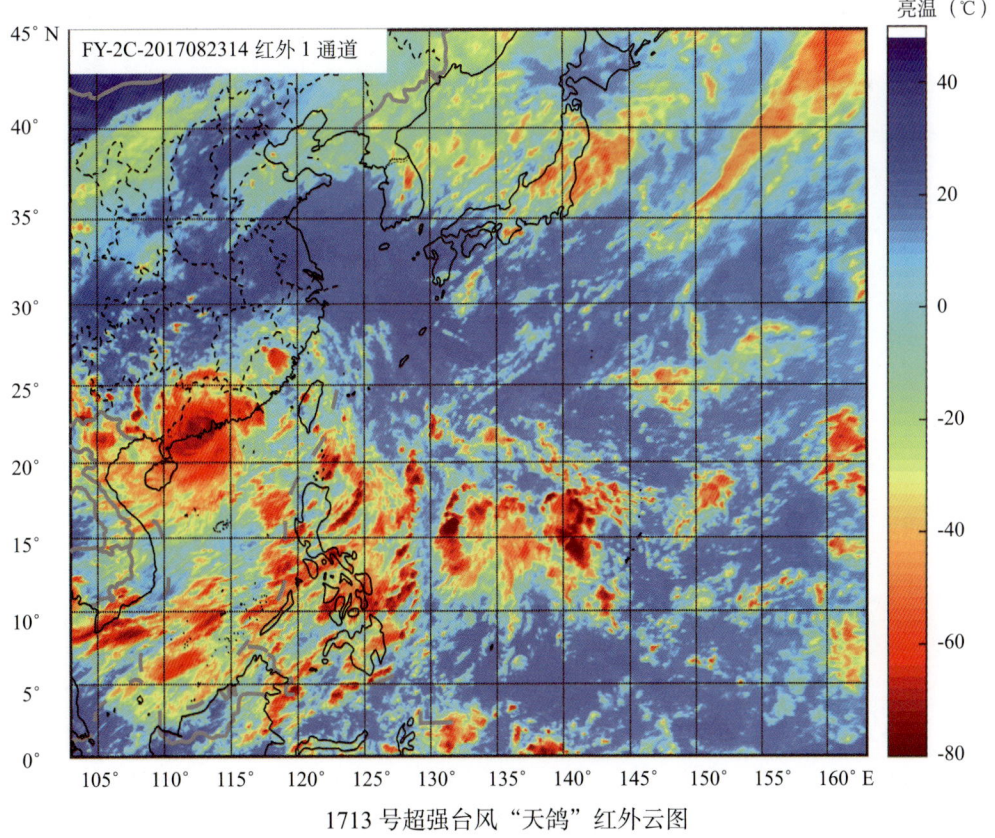

1713 号超强台风"天鸽"红外云图

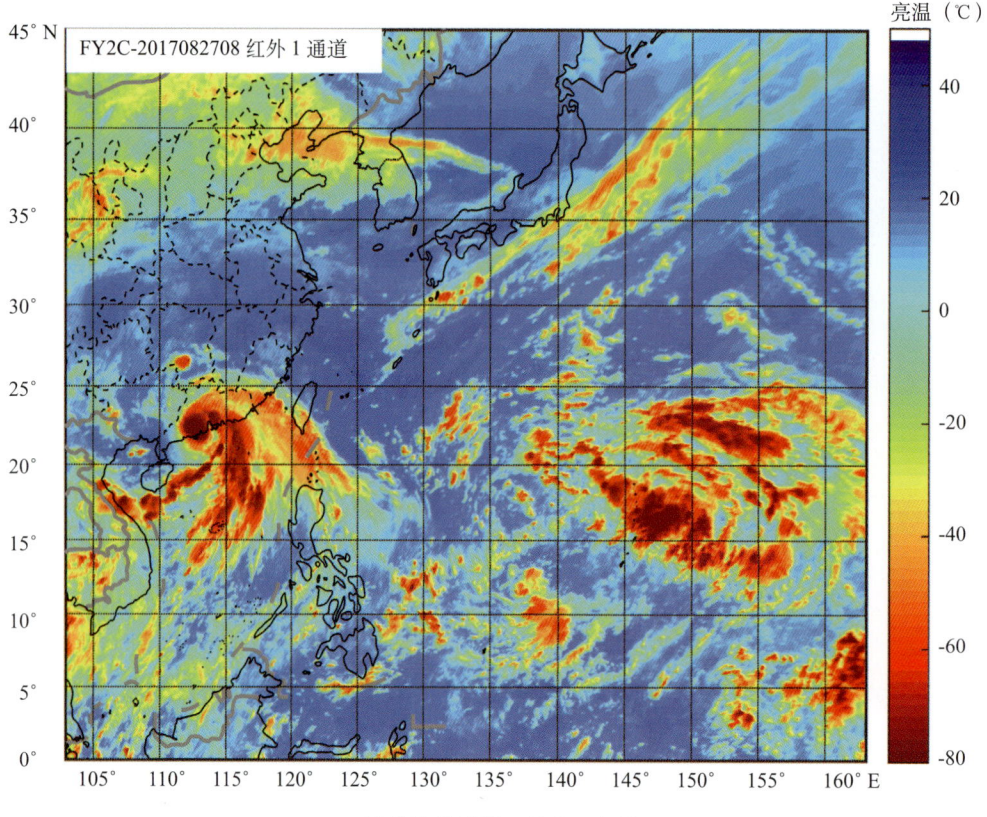

1714号强热带风暴"帕卡"红外云图

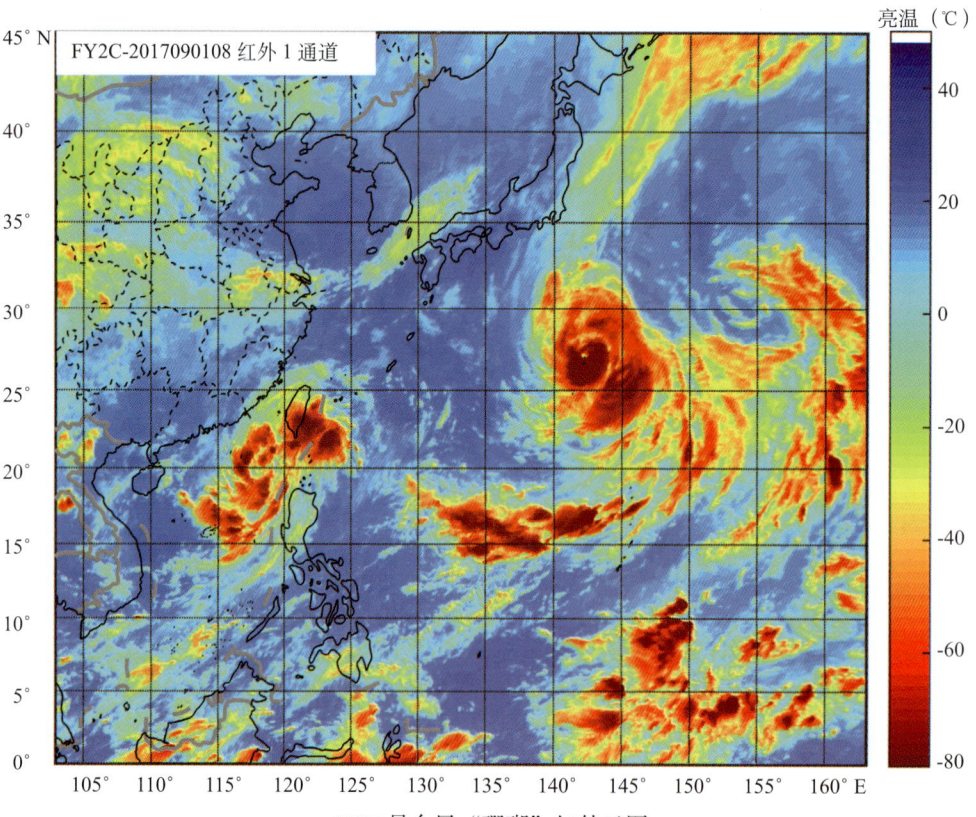

1715号台风"珊瑚"红外云图

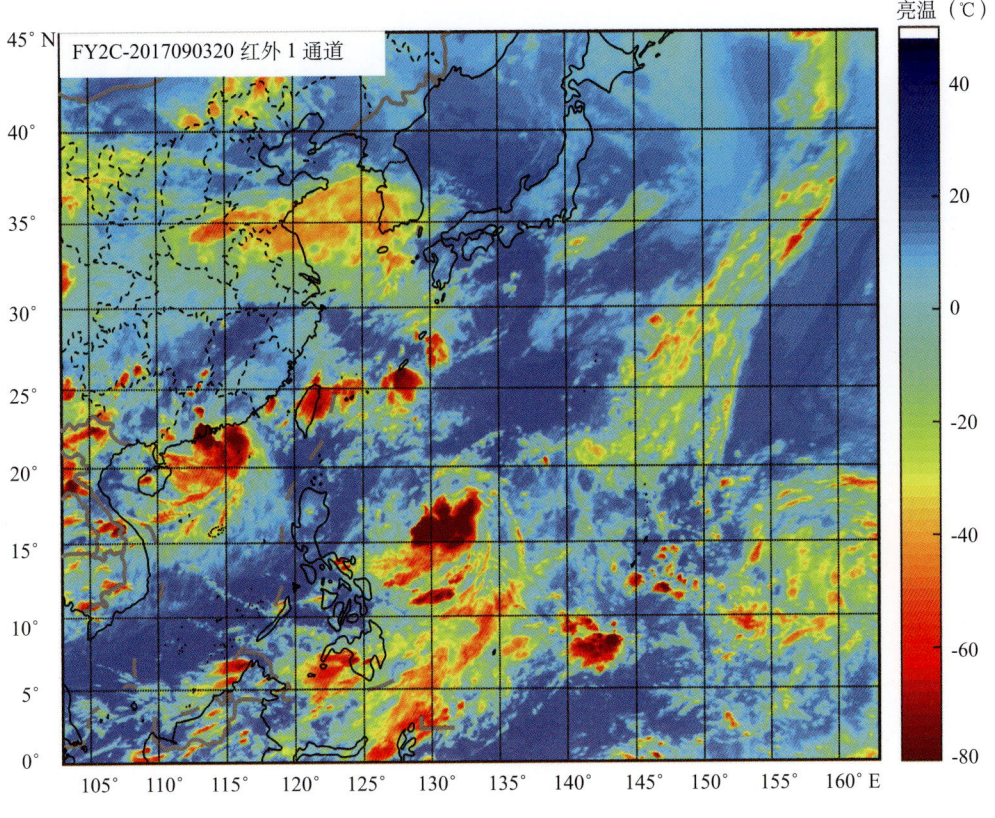

1716号强热带风暴"玛娃"红外云图

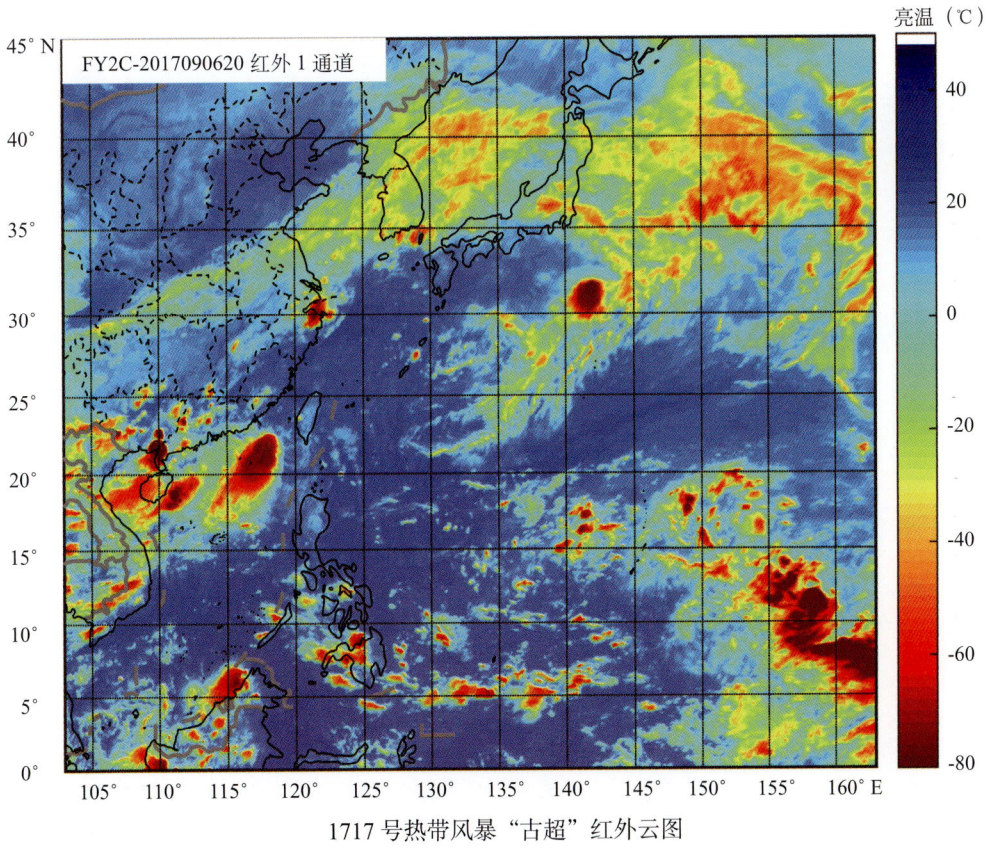

1717号热带风暴"古超"红外云图

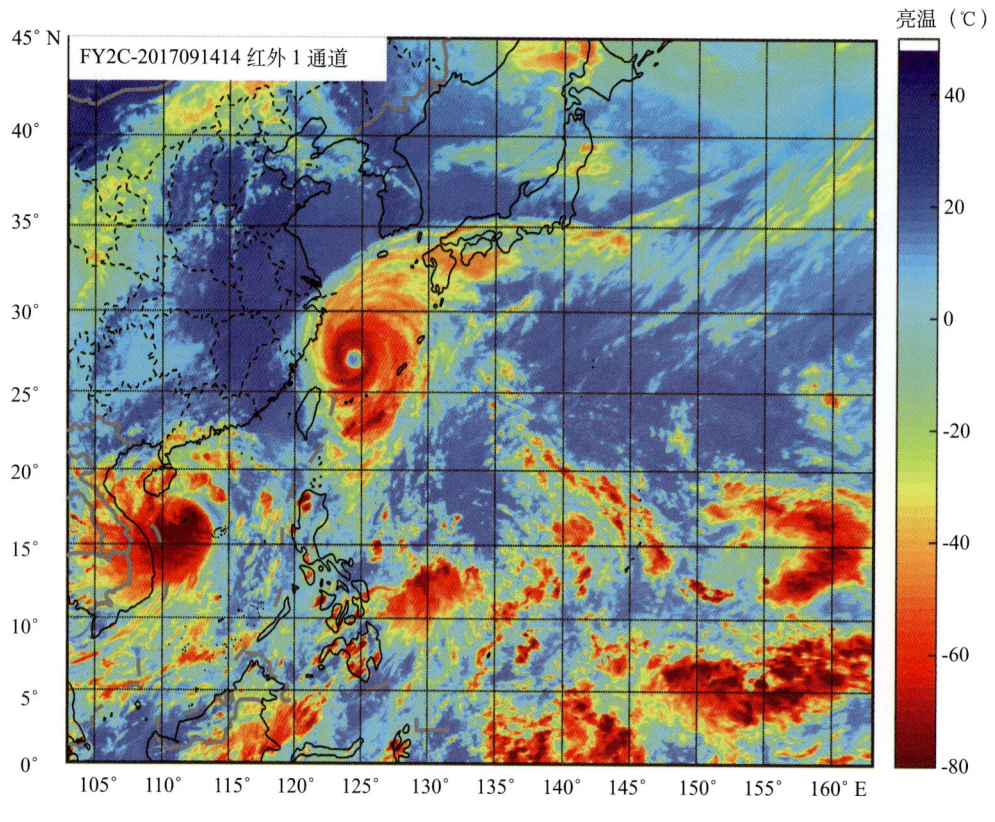

1718号超强台风"泰利"红外云图

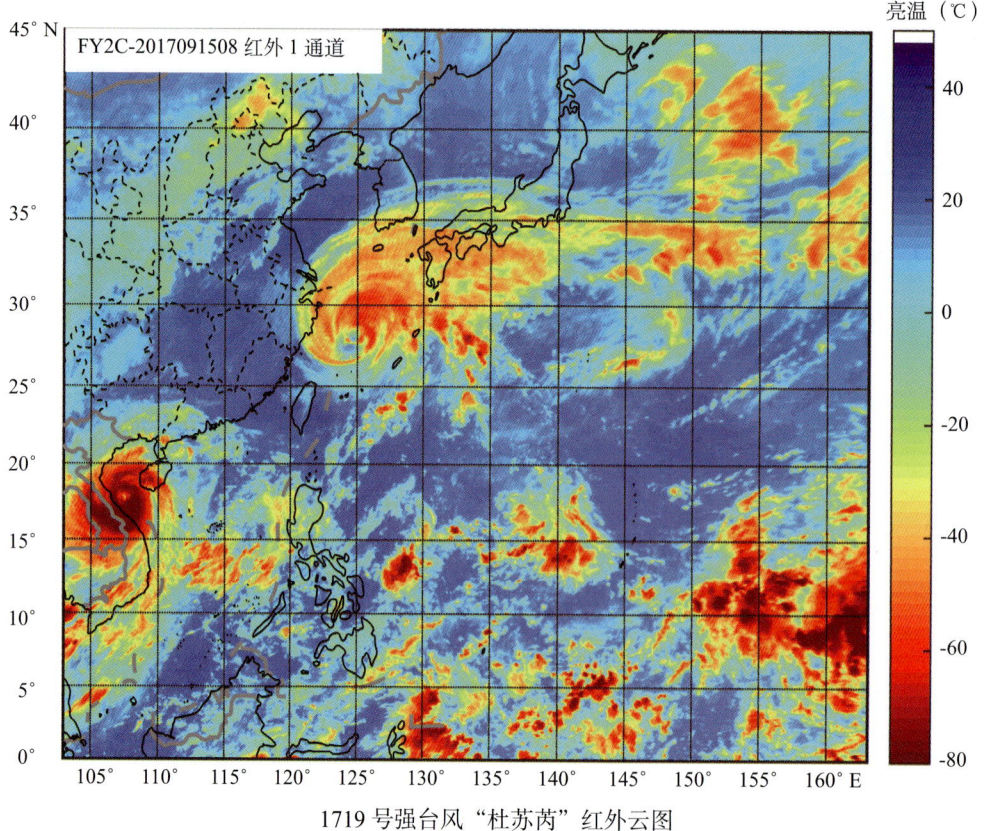

1719号强台风"杜苏芮"红外云图

附录 B

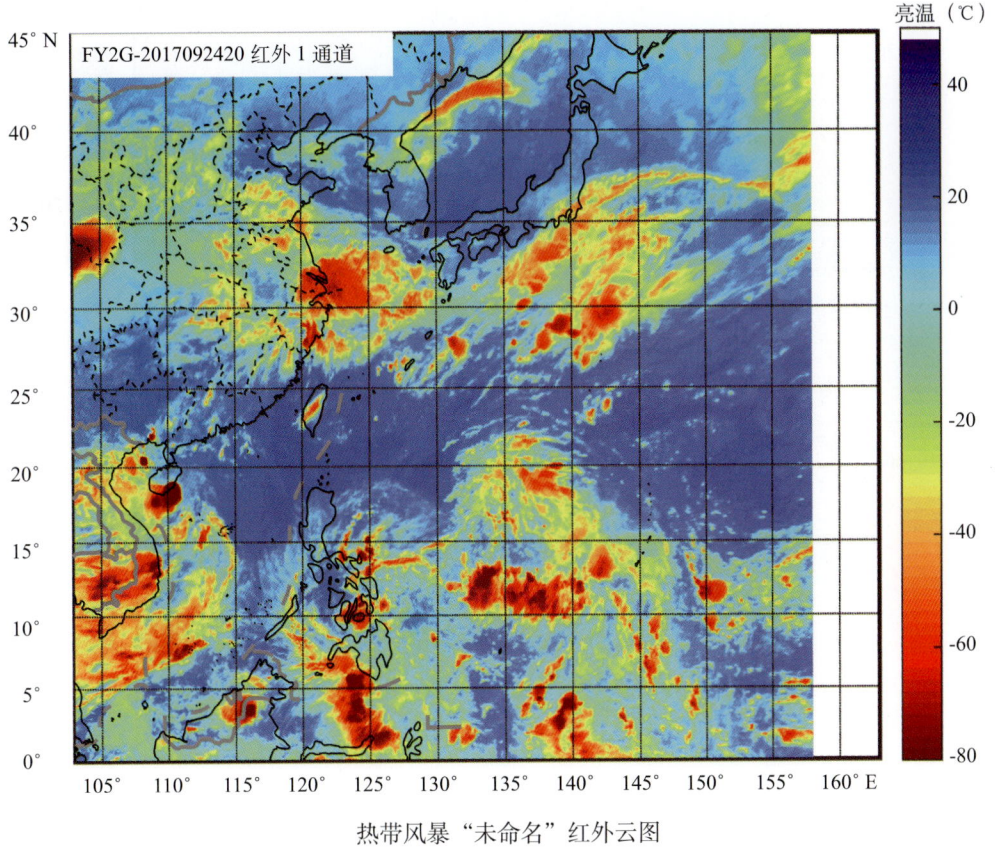

热带风暴"未命名"红外云图

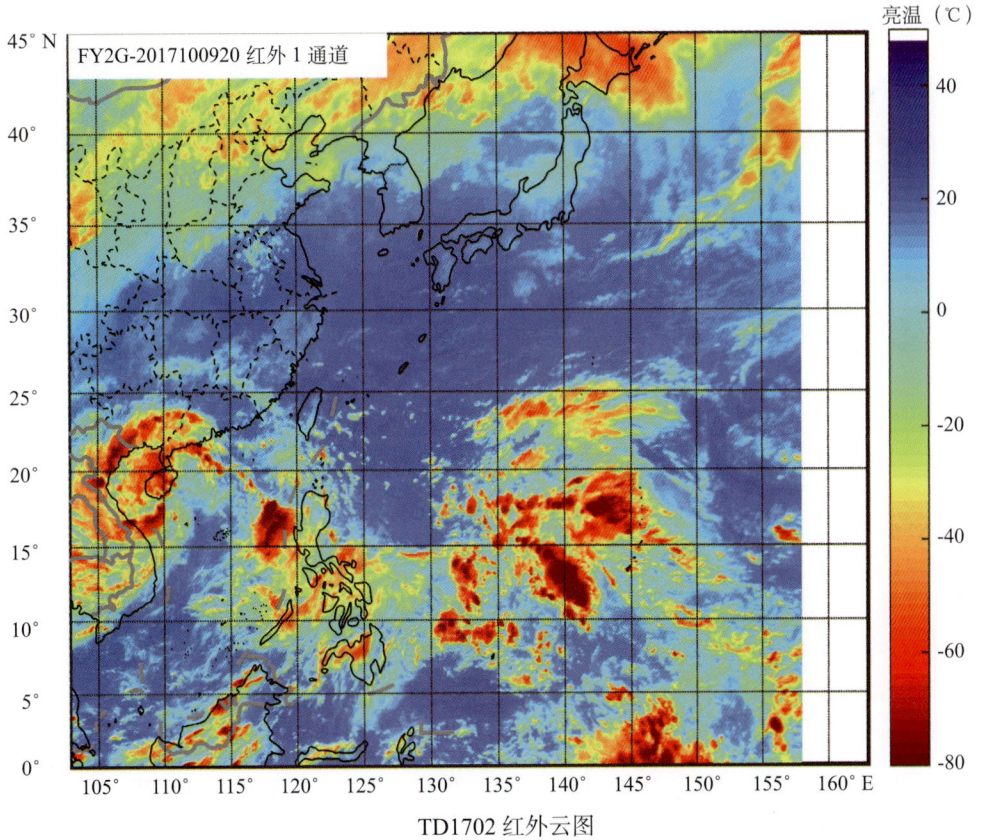

TD1702 红外云图

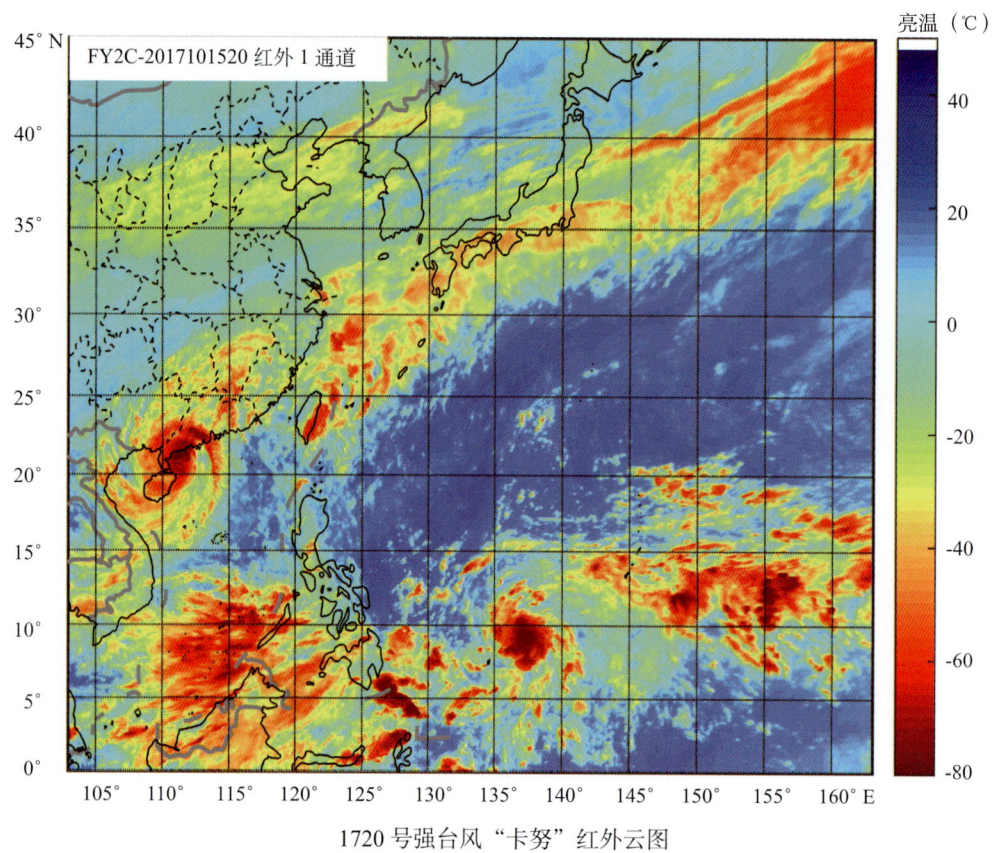

1720号强台风"卡努"红外云图

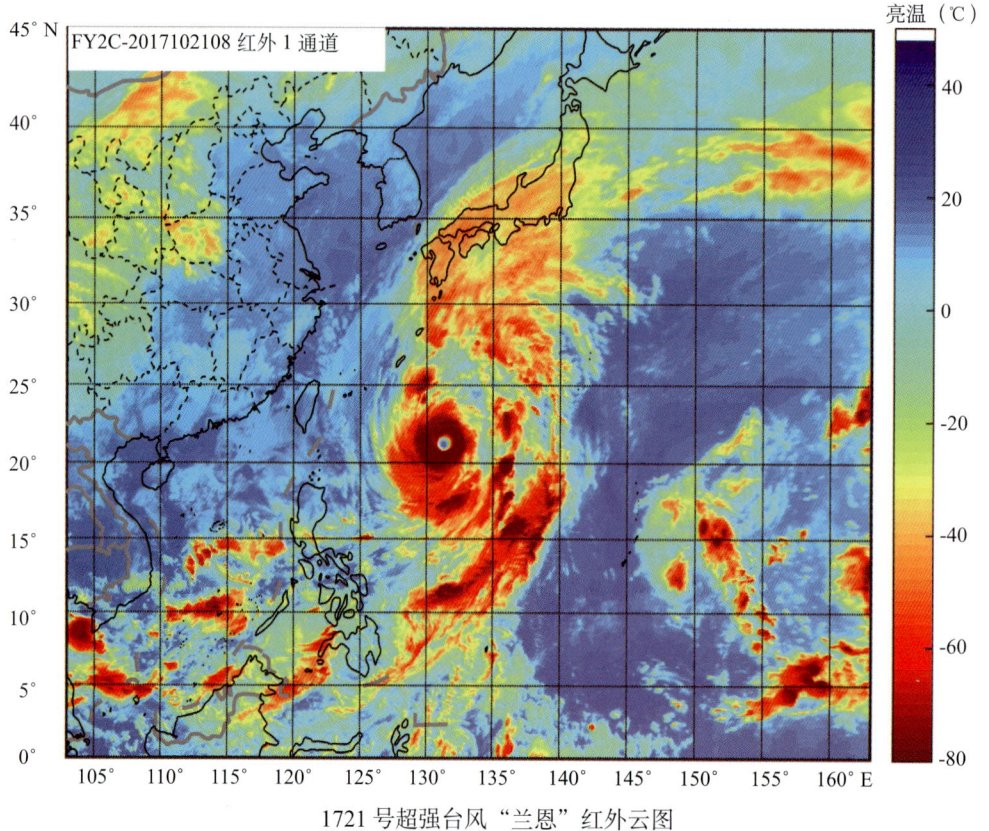

1721号超强台风"兰恩"红外云图

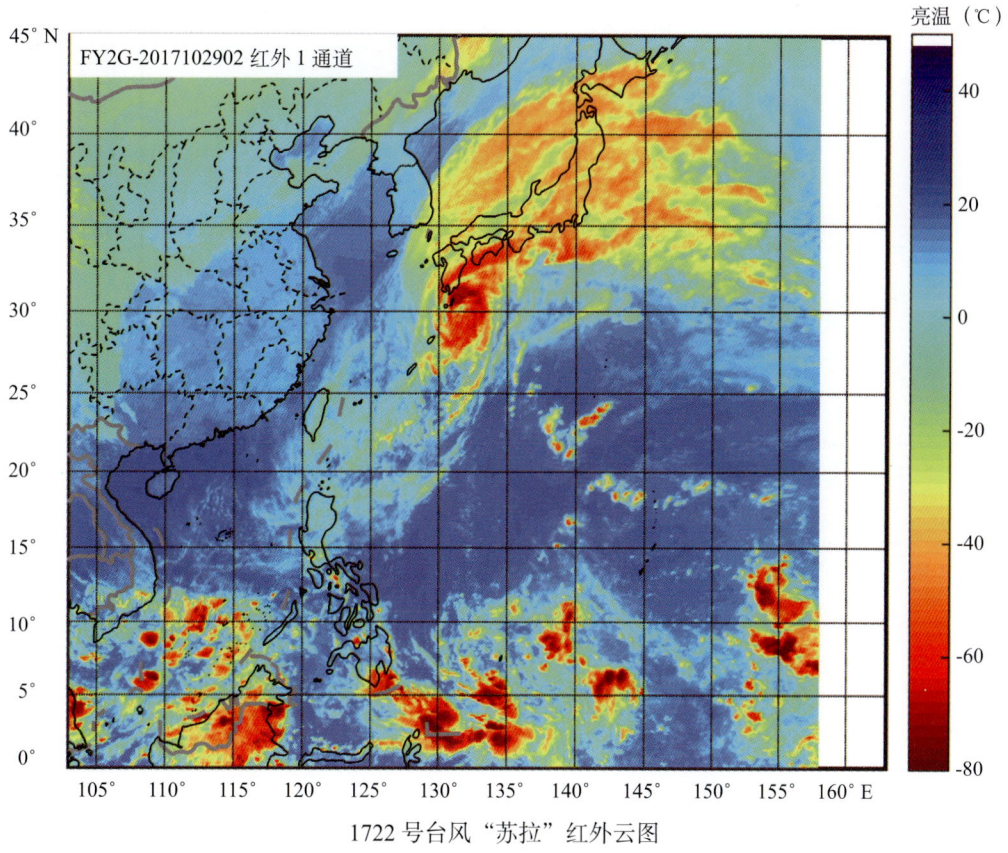
1722号台风"苏拉"红外云图

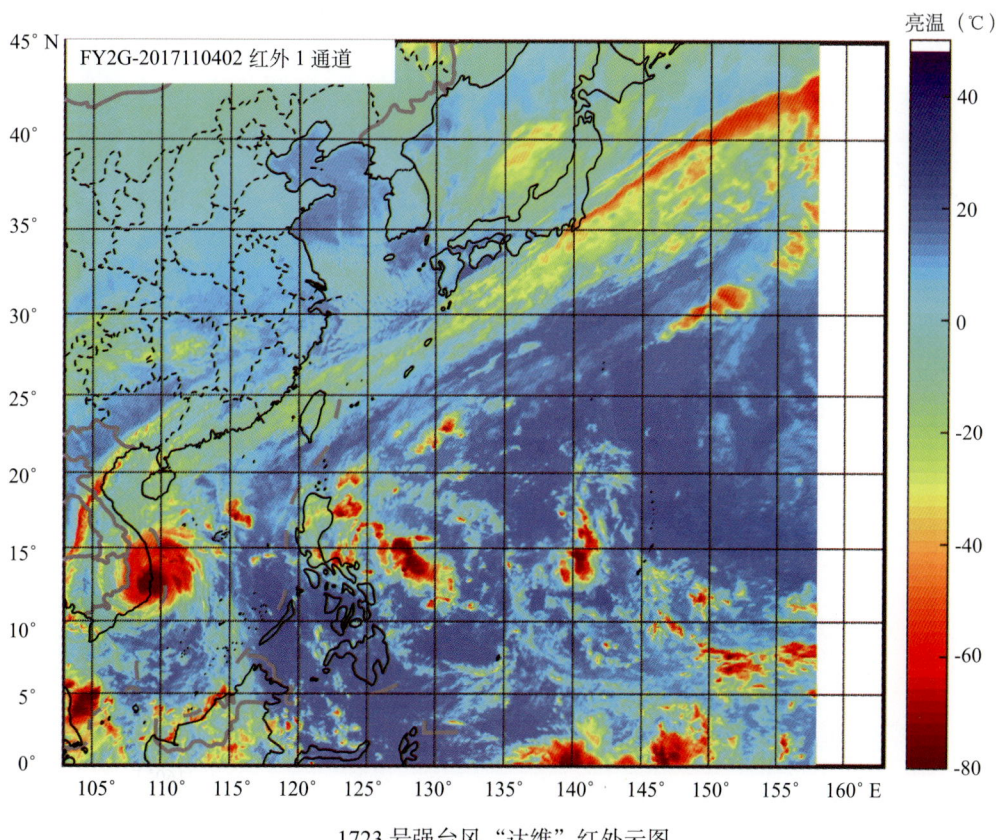
1723号强台风"达维"红外云图

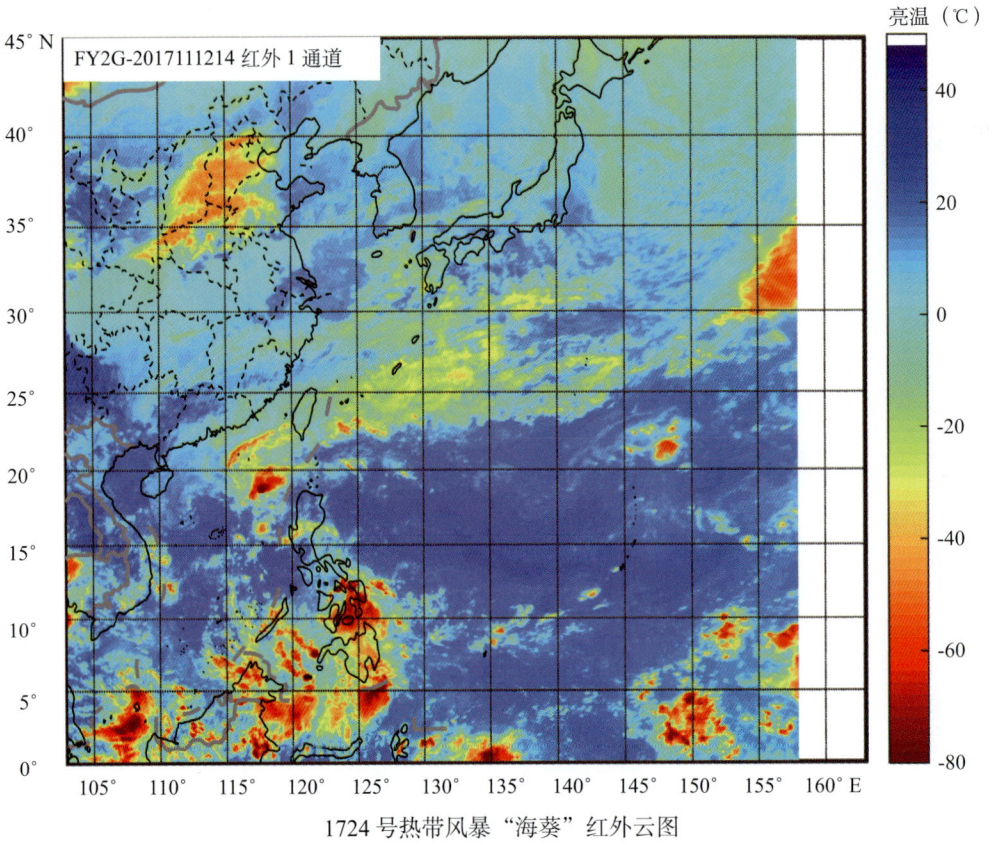

1724号热带风暴"海葵"红外云图

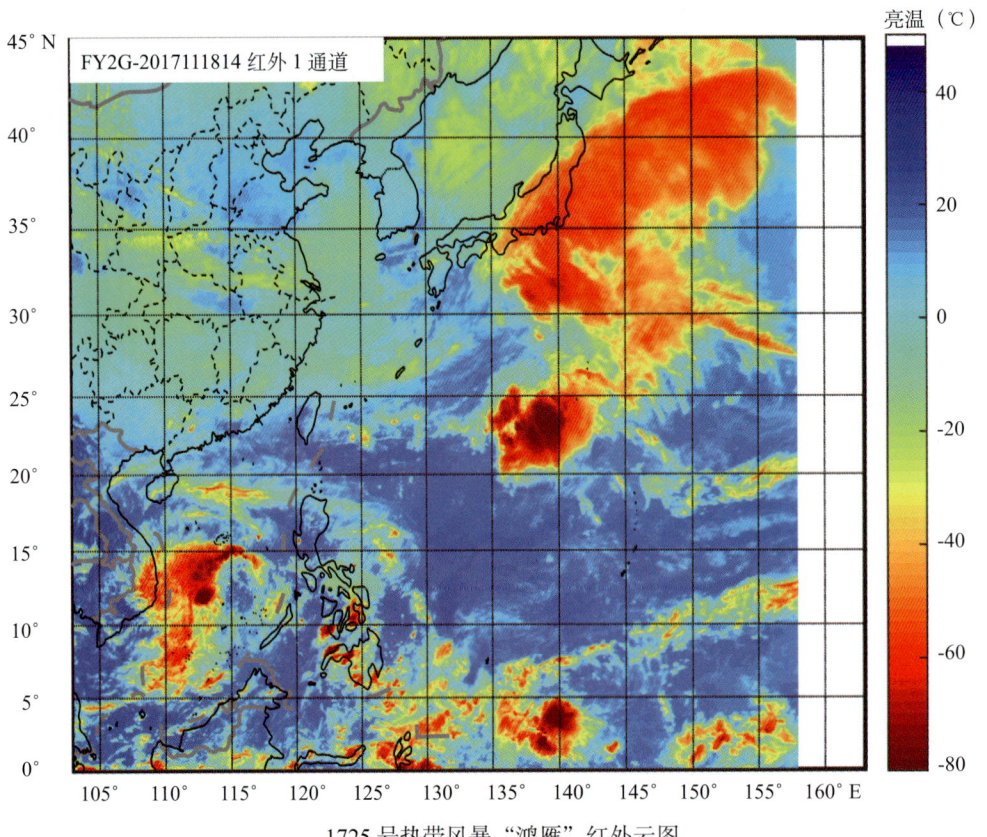

1725号热带风暴"鸿雁"红外云图

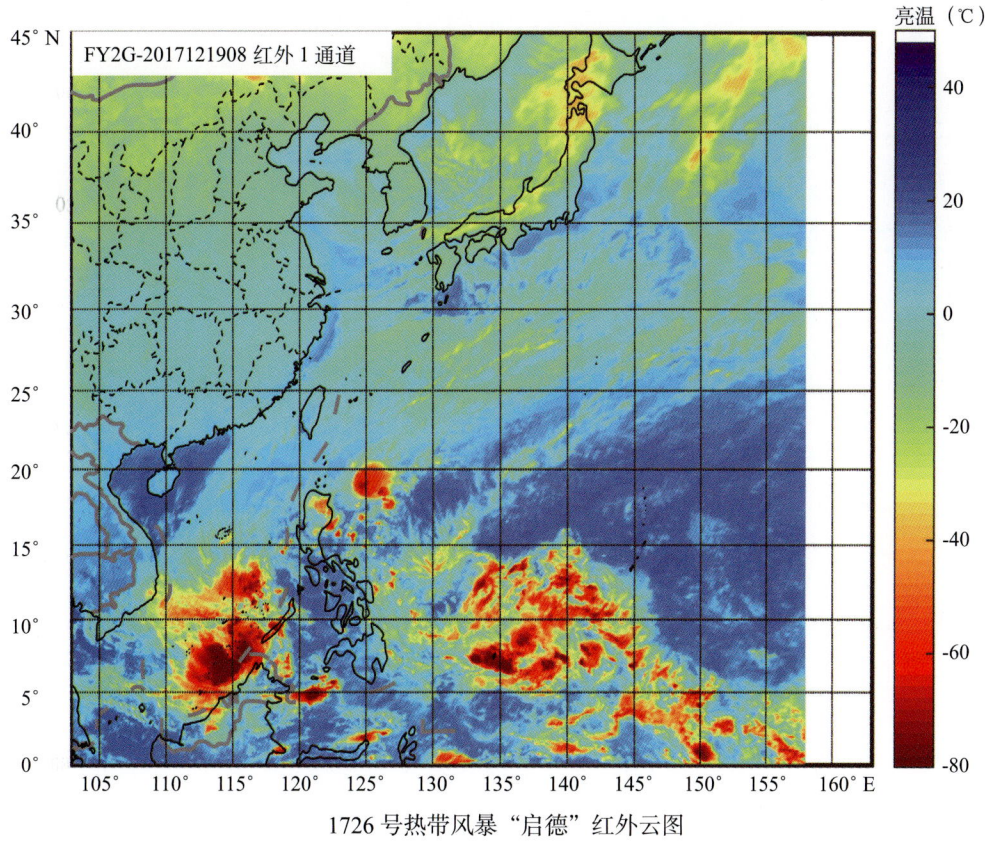

1726 号热带风暴"启德"红外云图

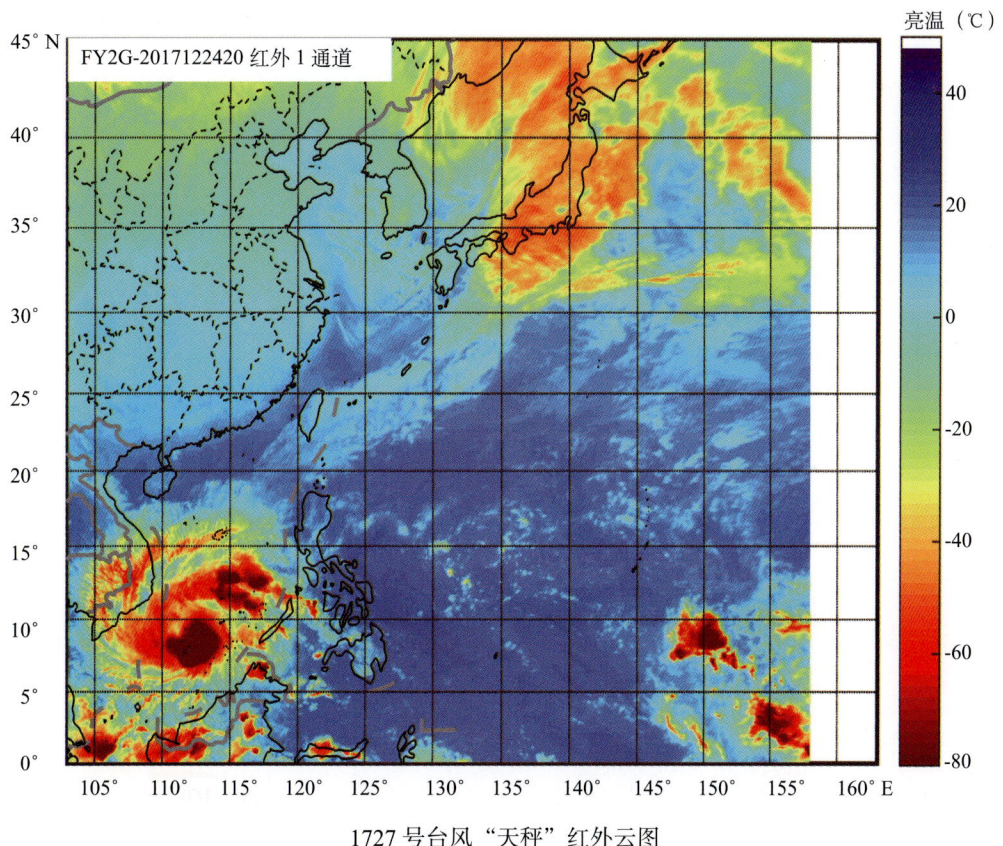

1727 号台风"天秤"红外云图